编审委员会

主　任　　侯建国

副主任　　窦贤康　　陈初升
　　　　　　张淑林　　朱长飞

委　员（按姓氏笔画排序）

方兆本	史济怀	古继宝	伍小平
刘　斌	刘万东	朱长飞	孙立广
汤书昆	向守平	李曙光	苏　淳
陆夕云	杨金龙	张淑林	陈发来
陈华平	陈初升	陈国良	陈晓非
周学海	胡化凯	胡友秋	俞书勤
侯建国	施蕴渝	郭光灿	郭庆祥
奚宏生	钱逸泰	徐善驾	盛六四
龚兴龙	程福臻	蒋　一	窦贤康
褚家如	滕脉坤	霍剑青

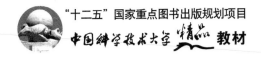

"十二五"国家重点图书出版规划项目

中国科学技术大学精品教材

王国燕 张致远／编著

Introduction to Digital Video Culture

数字影像文化导论

中国科学技术大学出版社

内 容 简 介

本书从介绍我国数字影像及其创作的历史和现状入手，阐述数字影像的相关知识和技术，对其发展的趋势和方向，在商业、文化、娱乐和艺术等多个价值创造的层面上进行了系统、全面的探讨。本书分为3个部分，第1部分包括第1至3章，为理论篇；第2部分包括第4至6章，为技术篇；第3部分包括第7至11章，为文化形态篇。

本书可供高等院校人文社科专业和其他相关专业学生作为教材使用，也可作为大学生人文素质教育课的教材使用，同时还可以为从事数字影像等方面的研究者提供参考。

图书在版编目(CIP)数据

数字影像文化导论/王国燕，张致远编著.—合肥：中国科学技术大学出版社，2014.12

(中国科学技术大学精品教材)

"十二五"国家重点图书出版规划项目

ISBN 978-7-312-03564-7

Ⅰ.数… Ⅱ.①王… ②张… Ⅲ.数字控制摄像机—基本知识 Ⅳ.TN948.41

中国版本图书馆 CIP 数据核字（2014）第 271120 号

中国科学技术大学出版社出版发行
安徽省合肥市金寨路96号，230026
http://press.ustc.edu.cn
合肥华星印务有限责任公司印刷
全国新华书店经销

开本：710 mm×960 mm　1/16　印张：16.25　插页：2　字数：309千
2014年12月第1版　2014年12月第1次印刷
定价：31.00元

总　　序

　　2008年,为庆祝中国科学技术大学建校五十周年,反映建校以来的办学理念和特色,集中展示教材建设的成果,学校决定组织编写出版代表中国科学技术大学教学水平的精品教材系列.在各方的共同努力下,共组织选题281种,经过多轮严格的评审,最后确定50种入选精品教材系列.

　　五十周年校庆精品教材系列于2008年9月纪念建校五十周年之际陆续出版,共出书50种,在学生、教师、校友以及高校同行中引起了很好的反响,并整体进入国家新闻出版总署的"十一五"国家重点图书出版规划.为继续鼓励教师积极开展教学研究与教学建设,结合自己的教学与科研积累编写高水平的教材,学校决定,将精品教材出版作为常规工作,以《中国科学技术大学精品教材》系列的形式长期出版,并设立专项基金给予支持.国家新闻出版总署也将该精品教材系列继续列入"十二五"国家重点图书出版规划.

　　1958年学校成立之时,教员大部分来自中国科学院的各个研究所.作为各个研究所的科研人员,他们到学校后保持了教学的同时又作研究的传统.同时,根据"全院办校,所系结合"的原则,科学院各个研究所在科研第一线工作的杰出科学家也参与学校的教学,为本科生授课,将最新的科研成果融入到教学中.虽然现在外界环境和内在条件都发生了很大变化,但学校以教学为主、教学与科研相结合的方针没有变.正因为坚持了科学与技术相结合、理论与实践相结合、教学与科研相结合的方针,并形成了优良的传统,才培养出了一批又一批高质量的人才.

　　学校非常重视基础课和专业基础课教学的传统,这也是她特别成功的原因之一.当今社会,科技发展突飞猛进、科技成果日新月异,没有扎实的基础知识,很难在科学技术研究中作出重大贡献.建校之初,华罗庚、吴有训、严济慈等老一辈科学家、教育家就身体力行,亲自为本科生讲授基础课.他们以渊博的学识、精湛的讲课艺术、高尚的师德,带出一批又一批杰出的年轻教员,培养了一届又一届优秀学生.入选精品教材系列的绝大部分是基础课或专业基础课的教材,其作者大多直接或间接受到过这些老一辈科学家、教育家的教诲和影响,因此在教材中也贯穿着这些先辈的教育教学理念与科学探索精神.

改革开放之初,学校最先选派青年骨干教师赴西方国家交流、学习,他们在带回先进科学技术的同时,也把西方先进的教育理念、教学方法、教学内容等带回到中国科学技术大学,并以极大的热情进行教学实践,使"科学与技术相结合、理论与实践相结合、教学与科研相结合"的方针得到进一步深化,取得了非常好的效果,培养的学生得到全社会的认可.这些教学改革影响深远,直到今天仍然受到学生的欢迎,并辐射到其他高校.在入选的精品教材中,这种理念与尝试也都有充分的体现.

中国科学技术大学自建校以来就形成的又一传统是根据学生的特点,用创新的精神编写教材.进入我校学习的都是基础扎实、学业优秀、求知欲强、勇于探索和追求的学生,针对他们的具体情况编写教材,才能更加有利于培养他们的创新精神.教师们坚持教学与科研的结合,根据自己的科研体会,借鉴目前国外相关专业有关课程的经验,注意理论与实际应用的结合,基础知识与最新发展的结合,课堂教学与课外实践的结合,精心组织材料、认真编写教材,使学生在掌握扎实的理论基础的同时,了解最新的研究方法,掌握实际应用的技术.

入选的这些精品教材,既是教学一线教师长期教学积累的成果,也是学校教学传统的体现,反映了中国科学技术大学的教学理念、教学特色和教学改革成果.希望该精品教材系列的出版,能对我们继续探索科教紧密结合培养拔尖创新人才,进一步提高教育教学质量有所帮助,为高等教育事业作出我们的贡献.

中国科学技术大学校长
中国科学院院士
第三世界科学院院士

前　言

　　随着我国经济、社会和文化事业的全面发展,越来越多的数字产品得到普及运用。日新月异的数字产品在提升人们物质、精神双重生活品质的同时,也推动了与数字、数码产品相关的工具、设备与影像创作的持续进步。近年来,关于影像创作可谓"旧时王谢堂前燕,飞入寻常百姓家",往昔遥不可及的梦想变得越来越容易实现。数字影像浪潮开始在我国民间涌现。传统、主流影视创作的思维在改变,草根作品逐渐冒出并呈井喷之势,大众化创作的品质和品位都在逐渐提升,加上政策上的继续放宽和人文思想的进一步释放、拓展,数字影像制作的前景似乎一片美好,草根与精英共舞的时代即将来临。

　　自从 1995 年全世界第一台数字摄像机问世以来,短短十几年的时间里,国内外数字摄像机的发展运用和数字影像制作的繁荣与市场需求形成了互相推动促进的良好局面。然而,数字影像的发展与计算机的发展是紧密相关的。当计算处于数值计算阶段,个人电脑上的视频创作便无从谈起。而在网络传播技术与内容飞速发展的现阶段,数字影像相关的行业和产业均实现了质变飞跃。究其原因,主要有以下几个方面:(1) 个人电脑功能不断增强而购买成本却逐渐降低,从而使得电脑设备更加普及。(2) 数码相机、数字摄像机等设备快速优化升级并且性价比越来越高,使得普通家庭和个人均能购买。(3) 有关影视编辑、合成、后期处理以及效果优化等数字处理方式的不断强化,如相关软件的功能和运用等方面,极大地方便了个体创作者独立系统性的创作。(4) 网络时代的用户分化和个性化表达的需要,导致网络视频盛行,也直接刺激了数字影像的需求和数字影像作品的流行。(5) 人们在物质生活日益丰富之后,对精神享受层次的追求便有了更高的目标。(6) 影视广告的商业作用得以放大,低成本高品质的影视广告制作、更新与投放的需求日渐增多。

　　关于数字影像的使用和创作,有两类人群不得不提。一是我国第一代的独立纪录片创作者,他们怀揣梦想与艰难的现实环境相抗衡,制作出了享誉中外的优秀纪录片。二是近年来十分火爆的大学生 DV 创作群体,他们不缺乏 DV 软硬件装备,不缺乏时间和精力以及创作热情,但在创作的思维和作品的内涵上面仍有大幅提高的空间。尽管在创作质量上遭受普遍质疑,但后续的发展潜力十分可期。而且数字影像作品在记录、文化、娱乐与商业等多个层面上进行着价值创造、传播与传递。

　　从目前微电影、网络剧、手机视频、网络视频的盛行以及带来的巨大产业态势上,可以看到数字影像已克服当前各种障碍寻求到更大的进步和突破。关于数字影像发展的趋势和方向,在商业、文化、娱乐和艺术等多个价值创造的层面上,均可大有作为,值得探讨和学习的空间之巨大,是毋庸置疑的。

　　本书分为 3 个部分。第 1 部分包括第 1 至 3 章,为理论篇;第 2 部分包括第 4 至 6 章,为技术篇;第 3 部分包括第 7 至 11 章,为文化形态篇。本书的撰写过程中,本人的两名研究生,中国科学技术大学科技传播与科技政策系的张致远同学编写了大约 9 万字的内容,马润语同学编写了有关网络剧大约 2.6 万字的内容。非常感谢两位同学在本书的编写过程中付出的大量劳动和辛勤努力。这些积累和收获是我的,也是你们的!

王国燕

2014 年 7 月

目　　次

总序 ·· (ⅰ)

前言 ·· (ⅲ)

第1部分　理论篇

第1章　数字影像理论与影像文化 ·· (3)
1.1　数字影像概述 ·· (3)
　1.1.1　数字影像的概念 ·· (3)
　1.1.2　数字影像的类型 ·· (5)
1.2　数字影像的产生背景 ·· (7)
　1.2.1　视觉文化盛行 ·· (7)
　1.2.2　视觉传播兴起 ·· (10)
1.3　符号学和解释学 ·· (12)
　1.3.1　符号学中的影像编码 ·· (12)
　1.3.2　解释学中的影像解读 ·· (14)
1.4　艺术美学 ··· (16)
　1.4.1　数字影像艺术 ·· (16)
　1.4.2　数字影像美学 ·· (20)
1.5　人类学和文化意义 ··· (22)
　1.5.1　影像人类学 ··· (22)
　1.5.2　大众文化 ·· (23)
1.6　数字影像传播 ··· (25)

1.6.1　控制研究 …………………………………………………（25）
   1.6.2　传播方式 …………………………………………………（26）
   1.6.3　内容分析 …………………………………………………（28）
   1.6.4　受众研究 …………………………………………………（30）
   1.6.5　效果研究 …………………………………………………（30）

第2章　数字影像价值与影像文化革命 ………………………………（32）
  2.1　数字影像的基础性价值 ………………………………………（32）
   2.1.1　低成本制作 …………………………………………………（32）
   2.1.2　便捷性使用 …………………………………………………（33）
   2.1.3　艺术表达更容易 ……………………………………………（33）
  2.2　数字影像的市场价值 …………………………………………（34）
   2.2.1　技术价值 ……………………………………………………（35）
   2.2.2　文化价值 ……………………………………………………（36）
   2.2.3　商业价值 ……………………………………………………（37）
  2.3　平民影视的兴起 ………………………………………………（38）
   2.3.1　家庭影视 ……………………………………………………（39）
   2.3.2　网络视频 ……………………………………………………（39）
   2.3.3　独立纪录片 …………………………………………………（40）
  2.4　草根DV的价值 ………………………………………………（41）
   2.4.1　记录现实与生活 ……………………………………………（44）
   2.4.2　创意与艺术 …………………………………………………（44）
   2.4.3　商业传播的价值 ……………………………………………（45）
  2.5　大学生DV ……………………………………………………（45）
   2.5.1　生存现状 ……………………………………………………（46）
   2.5.2　影像话语 ……………………………………………………（46）
   2.5.3　传播流程 ……………………………………………………（47）
   2.5.4　价值实现 ……………………………………………………（47）
  2.6　影视新格局 ……………………………………………………（48）
   2.6.1　数字影像制作导致的影视革命 ……………………………（48）

2.6.2　由技术走向艺术的升华 …………………………………………（48）
　　2.6.3　从高端走向平民化的趋势 ………………………………………（49）

第3章　数字影像的发展前景 ……………………………………………（51）
　3.1　数字影像与电影 ………………………………………………………（51）
　3.2　数字影像与电视节目 …………………………………………………（52）
　3.3　数字影像与网络 ………………………………………………………（52）
　3.4　数字影像与商业 ………………………………………………………（53）
　3.5　数字影像与文化产业 …………………………………………………（54）

第2部分　技术篇

第4章　数字影像创作知识与技术 ………………………………………（57）
　4.1　常见定义与释义 ………………………………………………………（57）
　　4.1.1　模拟视频 ……………………………………………………………（57）
　　4.1.2　数字视频与模拟视频的差异 ………………………………………（57）
　　4.1.3　视频摄像机 …………………………………………………………（59）
　4.2　摄像机工作原理 ………………………………………………………（60）
　　4.2.1　专业摄像机 …………………………………………………………（60）
　　4.2.2　便携式DV摄像机 …………………………………………………（61）
　4.3　存储方式、格式与介质 ………………………………………………（61）
　　4.3.1　存储方式 ……………………………………………………………（61）
　　4.3.2　存储格式 ……………………………………………………………（62）
　　4.3.3　介质类别与说明 ……………………………………………………（63）
　4.4　传感器介绍 ……………………………………………………………（64）
　　4.4.1　传感器类型 …………………………………………………………（64）
　　4.4.2　传感器数目 …………………………………………………………（64）
　4.5　维护与保养 ……………………………………………………………（65）
　　4.5.1　品质与选购 …………………………………………………………（65）
　　4.5.2　日常维护与保养 ……………………………………………………（66）
　4.6　拍摄与制作技术 ………………………………………………………（68）

  4.6.1 DV片拍摄采集的注意事项 ……………………………………（68）
  4.6.2 剪辑、合成与特效 …………………………………………………（71）
  4.6.3 艺术化的体现 ………………………………………………………（74）

第5章 数字影像创作理念与方法 …………………………………………（85）
5.1 创作理念的基础 …………………………………………………………（85）
  5.1.1 源自生活的记录 ……………………………………………………（86）
  5.1.2 来自艺术的构想 ……………………………………………………（86）
  5.1.3 个性化的叙事方式 …………………………………………………（87）
5.2 方案与脚本 ………………………………………………………………（87）
  5.2.1 创作立意 ……………………………………………………………（88）
  5.2.2 影片方案 ……………………………………………………………（88）
  5.2.3 脚本创作 ……………………………………………………………（88）
5.3 实现手法 …………………………………………………………………（89）
  5.3.1 写实 …………………………………………………………………（90）
  5.3.2 写意 …………………………………………………………………（90）
  5.3.3 超现实 ………………………………………………………………（90）
5.4 技术与艺术的演绎 ………………………………………………………（91）
  5.4.1 数字影像拍摄技巧详解 ……………………………………………（91）
  5.4.2 后期制作的技术 ……………………………………………………（92）
  5.4.3 技术与艺术的融合 …………………………………………………（96）
  5.4.4 文化与艺术化的升华 ………………………………………………（99）

第6章 数字影像艺术 …………………………………………………………（100）
6.1 传统艺术 …………………………………………………………………（100）
  6.1.1 传统艺术概述 ………………………………………………………（100）
  6.1.2 传统艺术与数字影像技术的融合 …………………………………（101）
6.2 影像技术中的艺术 ………………………………………………………（102）
  6.2.1 数字影像技术 ………………………………………………………（102）
  6.2.2 数字影像技术中的艺术创造 ………………………………………（102）
  6.2.3 数学与数字影像艺术 ………………………………………………（103）

  6.2.4 物理学与数字影像艺术 ……………………………………… (104)
  6.2.5 生物学与数字影像艺术 ……………………………………… (105)
 6.3 影像艺术中的技术 ……………………………………………………… (105)
  6.3.1 网络多媒体技术 ……………………………………………… (105)
  6.3.2 影像装置 ……………………………………………………… (107)
  6.3.3 三维技术 ……………………………………………………… (108)
  6.3.4 数字动画技术 ………………………………………………… (108)
  6.3.5 虚拟现实技术 ………………………………………………… (109)
 6.4 人文数字影像艺术 ……………………………………………………… (110)
  6.4.1 数字影像内容建构中的人文思潮 …………………………… (110)
  6.4.2 数字影像形式表达中的人文美学 …………………………… (111)
 6.5 反思 ……………………………………………………………………… (113)
  6.5.1 当代技术对艺术理念的冲击 ………………………………… (113)
  6.5.2 现代艺术中的思潮反哺技术 ………………………………… (114)

第3部分 文化形态篇

第7章 多形态DV影像 ……………………………………………………… (117)
 7.1 认识DV ………………………………………………………………… (117)
  7.1.1 关于DV的概念 ……………………………………………… (117)
  7.1.2 对DV的初步认识 …………………………………………… (117)
 7.2 DV的发展历史 ………………………………………………………… (118)
  7.2.1 DV摄像机的发展历程 ……………………………………… (118)
  7.2.2 DV制作软件的介绍 ………………………………………… (120)
  7.2.3 我国DV作品创作历程 ……………………………………… (121)
 7.3 DV的运用现状 ………………………………………………………… (122)
  7.3.1 独立纪录片 …………………………………………………… (122)
  7.3.2 大学生DV …………………………………………………… (123)
  7.3.3 视频的网络传播 ……………………………………………… (124)
 7.4 DV制作的现实意义 …………………………………………………… (124)
  7.4.1 平民化的表达 ………………………………………………… (124)

  7.4.2　个性化的视野 ……………………………………………… (125)
  7.4.3　多元化的产业趋势 …………………………………………… (125)

第8章　微电影 ……………………………………………………………… (126)

 8.1　认识微电影 …………………………………………………………… (126)
  8.1.1　微电影的概念 …………………………………………………… (126)
  8.1.2　微电影和DV短片 ……………………………………………… (127)
 8.2　微电影的前世今生 …………………………………………………… (128)
  8.2.1　微电影的历史 …………………………………………………… (128)
  8.2.2　微电影的发展现状 ……………………………………………… (130)
 8.3　微电影的题材解析 …………………………………………………… (131)
  8.3.1　草根恶搞型 ……………………………………………………… (131)
  8.3.2　青春爱情型 ……………………………………………………… (132)
  8.3.3　励志奋斗型 ……………………………………………………… (133)
  8.3.4　感人亲情型 ……………………………………………………… (134)
  8.3.5　唯美风景型 ……………………………………………………… (134)
 8.4　微电影的制作流程 …………………………………………………… (136)
 8.5　微电影的营销特征 …………………………………………………… (137)
  8.5.1　宣传软性化 ……………………………………………………… (137)
  8.5.2　成本低廉化 ……………………………………………………… (138)
  8.5.3　传播便捷化 ……………………………………………………… (138)
  8.5.4　广告电影化 ……………………………………………………… (139)
 8.6　微电影的未来发展 …………………………………………………… (139)
  8.6.1　内容为王，创意致胜 …………………………………………… (139)
  8.6.2　保证品质，打造品牌 …………………………………………… (141)
  8.6.3　丰富类型，培养人才 …………………………………………… (141)
  8.6.4　扩大传播，规模盈利 …………………………………………… (142)

第9章　独立纪录片 ………………………………………………………… (143)

 9.1　独立纪录片的相关介绍 ……………………………………………… (143)
  9.1.1　什么是独立纪录片 ……………………………………………… (143)

9.1.2　独立纪录片的意义 ……………………………………… (145)
9.1.3　重大事件回放及影响 …………………………………… (145)
9.2　独立纪录片的价值 …………………………………………… (146)
9.2.1　现实价值 ………………………………………………… (146)
9.2.2　历史价值 ………………………………………………… (147)
9.2.3　文艺价值 ………………………………………………… (148)
9.2.4　商业价值 ………………………………………………… (148)
9.3　独立纪录片的特性 …………………………………………… (149)
9.3.1　创作独立性 ……………………………………………… (149)
9.3.2　视角独特性 ……………………………………………… (149)
9.3.3　立意现实性 ……………………………………………… (150)
9.3.4　坚持理性写意 …………………………………………… (150)
9.4　独立 DV 纪录片的前景分析 ………………………………… (151)
9.4.1　个人 DV 纪录片制作前景 ……………………………… (151)
9.4.2　DV 纪录片主流化发展趋势 …………………………… (151)
9.4.3　草根与主流的整合 ……………………………………… (151)
9.4.4　DV 纪录片的综合发展 ………………………………… (151)

第10章　网络剧 ……………………………………………………… (153)

10.1　网络剧的定义 ………………………………………………… (153)
10.2　网络剧的特点 ………………………………………………… (154)
10.2.1　网络剧的传播特点 …………………………………… (154)
10.2.2　网络剧的台本特点 …………………………………… (155)
10.2.3　网络剧的传播效果研究分析 ………………………… (158)
10.3　网络剧的发展和现状分析 …………………………………… (161)
10.3.1　网络剧的石器时代 …………………………………… (161)
10.3.2　中国网络剧的多样化发展 …………………………… (162)
10.3.3　网络动画剧 …………………………………………… (164)
10.4　网络剧的专业化走向 ………………………………………… (166)
10.4.1　网络剧的专业化 ……………………………………… (166)

10.4.2 网络剧和"一云多屏"时代 …………………………………… (169)
　　10.4.3 网络剧的营销模式探索 …………………………………… (171)
10.5 其他网络视频 ………………………………………………………… (179)
　　10.5.1 网络综艺节目 ……………………………………………… (179)
　　10.5.2 草根自制网络视频 ………………………………………… (182)

第11章 网络视频与手机视频 …………………………………………… (185)

11.1 网络视频 ……………………………………………………………… (185)
　　11.1.1 网络视频的概念 …………………………………………… (185)
　　11.1.2 中国网络视频的发展历程 ………………………………… (186)
　　11.1.3 网络视频技术与制作 ……………………………………… (188)
11.2 手机视频 ……………………………………………………………… (189)
　　11.2.1 手机视频的概念 …………………………………………… (189)
　　11.2.2 手机视频的发展现状 ……………………………………… (190)
　　11.2.3 手机视频节目制作 ………………………………………… (193)
　　11.2.4 手机视频广告 ……………………………………………… (193)

附录 ……………………………………………………………………………… (195)

附录1　中国科学技术大学 DV 案例 ………………………………………… (195)
附录2　中国科大:我们 DV,我们快乐 ……………………………………… (235)
附录3　影像的窗户:DV 传播与大学形象塑造 …………………………… (240)

第1部分

理论篇

第1章 数字影像理论与影像文化

1.1 数字影像概述

1.1.1 数字影像的概念

我们生活在一个视觉的时代,每天都会和不同的影像接触,我们需要知道如何解读这些影像,否则可能成为一个视觉文盲,这对于任何人来说都是难以接受的,换句话说,视觉文盲可能才是这个时代真正的"文盲"。

在传统的文本阅读时代,我们早早地就被教会了如何正确理解句子的意思,如何使用恰当的文法策略,如何正确地表达意义;而在视觉时代,却没有老师会教我们如何正确理解影像的含义,我们要更多地通过自身的领悟和学习来提高,电视就是主要通过影像来进行交流的视觉媒体,想想当今的国际事件,有多少信息是你通过影像得来的,美国总统选举奥巴马的电视演讲,爆炸的"挑战者号"航天飞机分叉的水蒸气尾迹,被劫持的飞机碎片撞入世贸中心时的爆炸火焰,春节中国各地争相庆祝的烟火,东北粮食丰收时黄灿灿的稻米,南方罕见大雪带来的交通堵塞,这些信息都是通过影像来传播的。而手机和网络上的视频影像,大学生的DV短片甚至包括现在流行的微电影,都可以看成是数字影像。

在学会正确解读数字影像的意义之前,我们必须明确数字影像的概念。从纯技术的角度来说,数字影像通常又被称为数字图像,即数字化的影像。它基本上是一个二维矩阵,每个点称为像元。像元空间坐标和灰度值均已离散化,且灰度值随其点位坐标而异。数字影像既可直接在航天或航空遥感的扫描式传感器成像时产生,并记录在磁带上;也可利用影像数字化装置对模拟相片进行数字化,也记录在数字磁带上。数字影像像元数及像元灰度的量化级数,通常取 2 的整数次幂。一般灰度量化级数最多为 2^8 即 256 级。数字影像表达方式可通过傅里叶变换由"空间域"形式转变为"频率域"形式,且可进行各种数字图像处理,如数据压缩、影像增强、自动分类等。

日常生活中通常不会理解得这么复杂,作者把数字影像定义为使用数字化摄像设备进行拍摄,使用专业电脑软件进行剪辑,具有数字化特征的视觉符号。从狭义上来说,区分于普通的(模拟)电视机和模拟摄像机,数字影像特指的是 Digital Video,可以理解成"数字视频、数字影视"的意思。它是由索尼(Sony)、松下(Panasonic)、胜利(Jvc)、夏普(Sharp)、东芝(Toshiba)和佳能(Canon)等多家著名家电巨头联合制定的一种数字格式。而从广义上来说,使用普通的(模拟)电视机和模拟摄像机拍摄出来的作品也可以被称为数字影像。

DV 摄像机与影视专业摄像机相比,特别是与广播级摄像机或者高清摄像机相比较,除了体积小、价格便宜以外,还有分辨率较低等区别。作者接触最多的就是松下 180A 广播级摄像机,体积较小、价格较低、轻便灵活,适合普通的影视爱好者。而影视专业摄像机如 Betacam SP、DVCAM 和 DVCPRO 等则非常昂贵,也较笨重。

DV 摄像机的结构从根本上讲和现在顶级的数字压缩视频记录系统,如 Digital Betacam(DB),并没有实质上的区别。DV 和 DB 都是分量格式,分别对磁带上的亮度(Y)和两路色度(R-Y 和 B-Y)信号进行编码。DV 使用 13.5 MHz 采样率(同 DB 一样),但 DB 用 4∶2∶2 编码来增加彩色保真度,而 DV 是 4∶1∶1 编码。DB 用 10 比特代码来提高信噪比;而 DV 是 8 比特。DB 一般采用 2∶1 的空间压缩比(8 位采样);而 DV 是 5∶1。DV 通过对实质上不活动的视频图像的场间(不是帧间)压缩来获得它的部分压缩比。因为场间压缩使每帧的数据量可变,而 DV 要求固定的数据率,因此需要自适应帧间的压缩。随着一个场景中活动部分的增多,空间压缩比增加(反之亦然)。

DV、DVCAM 和 DVCPRO 实际上使用相同的压缩方法和记录格式。不同的仅是 DVCAM 的磁迹间距(15 微米)和磁带速度(28.22 毫米/秒)。索尼认为这一磁迹间距对于帧精确度的线性编辑是必需的。DVCPRO 将可选的线性轨 1 和 2 分别用于音频插入信号和控制轨。松下认为 18 微米磁迹宽度和 MP 盒带的使用能提供常规线性编辑应用所需的定位精确度和媒体耐久性。同时 DVCPRO 也提供 4 速的转送。

大部分视频技术专家认为 DV 格式能与模拟 Betacam SP 相媲美。DV 视频的 54 dB 信噪比 Betacam SP 的 51 dB 要好一些,DV 的 5.75 MHz 的亮度带宽比

Betacam SP 的 4.1 MHz 高出一截。然而现在市场上，专业的 Betacam SP 的摄像机还是拥有比 DV 更好的 CCD，而同时以 Betacam SP 摄像机为例，其价格至少是索尼 DCR-VX1000 市场价格的 5 倍。大部分专业质量的可互换的摄像机镜头（富士能（Fujinon），佳能）比整套 DCR-VX1000 还贵，直接压缩为 DV，而要达到 Betacam SP 的图像质量，需要使用带 DV 接口的专业级数字摄像机。无论如何，大部分专家认为 DV 与 Betacam SP 相比时，DV 令人难以置信得"物超所值"。

在摄像设备更新换代的今天，数字技术被更广泛地运用到了摄像设备上，以至于关于数字化摄像设备的边界都开始模糊起来，在后面章节我们会陆续介绍一些形形色色的新型摄像装备，它们给我们带来了一场"头脑革命"。

1.1.2 数字影像的类型

在生活中，我们最常见到的数字影像就是电视、电影了。

学者辛克莱说过："电视或电影，从某种程度上反映着一个社会的生活方式，它们以声像、语词和画面等形式表现社会生活——社会差别的形式，群体认知和认同的热望，社会价值与理想的肯定与挑战以及社会变化的经历。"

原中央电视台台长高峰也说过："影视作品和它的传播载体及渠道，蕴含着不同国家和地区的人文风情与价值取向，在这个信息过剩、注意力短缺的时代，拥挤着寻觅奔向我们心灵的路径。"

1995 年，DV 诞生，至今走过了接近 20 个年头，和电视、电影相比，时间并不算很长，但发展速度却相当惊人。相比之下，欧美的 DV 创作更为普及，电视台也更为关注这种形式的创作，许多专业人士也使用 DV 机进行新闻采集和专题片的拍摄制作，比如美国国家地理频道上就经常会出现 DV 机拍摄的作品；此外，在商业领域 DV 作品也取得较大突破，较著名的有《女巫布莱尔》《拾穗者》《家宴》等作品，其中《女巫布莱尔》这部小成本投入的影片，居然取得了一亿美元的票房奇迹，证明了 DV 在商业领域的巨大潜力。

《女巫布莱尔》说的是这样一个故事。三名学生（Heather，Mike 和 Josh，全名分别为 Heather Donahue，Michael Williams 和 Joshua Leonard）为了制作关于女巫布莱尔传说的纪录片前往马里兰州的 Burkittsville 镇（原布莱尔镇）采访当地人。两个当地人告诉他们名为鲁斯汀·帕尔（Rustin Parr）的隐士在 1940 年至 1941 年在他们家绑架了 7 名儿童。帕尔把孩子们带入他的地下室，每当一名孩子面朝角落时他就将其杀死。帕尔最终向警察自首，后来他神智错乱，说一个在 17 世纪被杀的巫婆游魂引诱他去杀这 7 名儿童。《女巫布莱尔》用写实化的 DV 拍摄手法去表现恐怖电影的内容，使得这一传统题材电影第一次如此地与观众们接近。

片中，深夜森林里的露营，结合着昏黑的夜色，以及帐篷内三位冒险者的急促呼吸，再配合来自不知何处的孩子哭叫声所造成的巨大心理压力和听觉暗示，大大刺激了观众们的神经，而在电影片尾的高潮处，追逐视觉营造出的"女巫布莱尔之家"的压抑感以及紧迫感，加上对于未知真相探究的牵引力，使得观众们看得汗毛倒竖外加心动过速。可以说正是得益于此片独特的表现手法，才使得恐怖电影最需要营造出的紧张感和刺激性充分地得到了发挥，而观众们对于听觉刺激的想象力又极好地回避了电影内容上的表现瓶颈。因此，从头到尾观众们都被电影牵着鼻子跑，去想象那恐怖的女巫到底多么骇人，事件的血腥程度有多么发指。

《女巫布莱尔》取得的成功也在一定程度上刺激了国内的DV创作。但国内的DV创作还面临诸多瓶颈，能在主流媒体播出的DV作品仍是少数，大都游走于酒吧、校园、电视电影节和影展，具有较高水准的DV作品并不多，为了躲避影视大片的竞争，许多小制作小成本的影片都特意贴上了DV的标签，DV似乎已成了一种文化符号，标志着独立、自由和个人化，多诞生于个人拍摄者手中，展出平台也区别于主流渠道，似乎成了"草根"的代名词，这不得不说是一种怪现象。当然国内也涌现出了一些DV栏目，如凤凰卫视的《DV新世代》、江西电视台的《多彩DV》、上海电视台的《DV新生代》等。

近些年来，微电影也大量涌现，这种具有完整故事情节和可观赏性的小型电影迅速开拓着市场，并借助网络平台大量传播，可以看成是DV的升级版。《2013中国微电影发展报告》总撰稿人、中国电影教育信息情报研究中心主任刘军认为："微电影作为一个'运动'，最早诞生于美国20世纪90年代初期，多是在地下室、咖啡厅、啤酒屋等休闲场所由创作者自己放映，影片为小范围人群所欣赏。"在中国，2006年年初《一个馒头引发的血案》被认为是"微电影"的雏形。2010年，吴彦祖出演的90秒凯迪拉克广告《一触即发》标志着中国微电影的诞生，《老男孩》则引发了网络上的"微电影热"。

美国麻省理工学院尼葛洛庞帝教授曾在《数字化生存》中预言了私人电视台的出现，而现在已变成了现实；播客的出现就颠覆了传统单一的视音频呈现方式，而变成了实时在线的互动交流，传统的电影电视，甚至是DV作品都可以在播客上发布，播客作为一种网络视频也可以被看成是微电影的先声，看作是影视内容与网络平台的融合，以其非线性传播、零门槛、节目个性化等优势挑战着电视台、电影院等传统的播送平台，比起阵容庞大、设备昂贵、明星阵容齐全的传统电视台，播客的劣势明显，优势也极为突出。相信在不久的将来带宽足够大的情况下，网络可以承载更多内容，成为观赏影片、实时交流的好平台。

不仅是播客，数字影像播送平台多元化也日益成为了一种趋势，校园网、局域网、迅雷下载、数字影院等都成了数字影像的播送平台和观众欣赏数字影像的途径，甚至连手机等智能设备如今都可以轻松地观看数字影像了。以美剧为例，美国电视台刚播放一集《吸血鬼日记》，就被迅速上传到网络上，不过数分钟，中国网民们就可以从网络上下载该影片进行观看，观看过后还可以加以评论，观众获得了空前的"选择权"和"参与权"，而通过手机观看影片则更为便捷，手机媒体打破时空的限制，随时随地接收音频、视频等信息，实现了用户和信息的同步，同时多元化了接送渠道，作为电信网、计算机网、有线电视网三网融合的产物，手机媒体又可以看成是网络媒体的延伸。在下面章节我们也会详细地介绍这几种数字影像的播送平台，数字影像在这几种播送平台上得到了最大程度的传播。

1.2 数字影像的产生背景

1.2.1 视觉文化盛行

现代社会视觉文化的盛行是几个世纪前的人们难以想象的，那个时代人们还热衷于从文字中去探寻世界的意义，他们认为文字才是表情达意的最好渠道，但技术的飞速进步使得越来越多的东西可以进行视觉化，以至于我们迎来了一个视觉文化时代。现代摄影摄像技术鲜明地改变着我们的生活习惯，比如我们已经习惯了视频的监视，无论是在银行、医院还是影院，我们无时无刻不处于摄像头的监控下，与此同时我们也习惯于用 DV 来记录生活，用单反来拍摄照片。眼见为实在我们这个时代显得更为重要，一张由轨道卫星拍摄的照片，或是一张核磁共振记录的内脏片子，这些都将现实生活如实地展现在我们面前，我们不仅可以用照片记录，同时也可以在计算机上对这些照片进行数字化处理。人们的经验比以往任何时候都更具视觉性或更加视觉化，甚至可以用虚拟视频来替代现实体验。而人们的日常生活也被影像视频所占据，目前我国人均每天看电视的时间已经超过了 3 个小时，电视成了人们日常消遣的重要渠道。另外人们上网的时间也日益增多，网络又是人们获取音频视频等内容的重要平台，而上网看视频也成了人们选择上网的主要原因之一。我国人均每年会看 6 部电影，日益增多的观影会和电影院文化鲜明地影响着我们的生活，在这个影像的世界里，我们早已被卷入其中，不是我们控制着影像，而是我们成了影像的一部分。

人们说现今的文化是视觉的文化。今天,我们已习惯从电视和网络上获取新闻、时事、信息,而不是从报纸上来获取的。而电视和新媒体也多是通过影像来交流的,我们通过影像看到了伊拉克战争中四处逃窜的难民、辽宁舰下海的瞬间、费舍尔投入致胜一球0.4秒绝杀马刺的不可思议、美国总统选举的精彩电视辩论。电视是围绕图像建构的,电视影像是移动的图像,这一点早已得到证实。1998年科索沃危机同样如此,影像如此显著地影响着战事的宣传,军事领袖在海湾战争中享尽了视觉战的优势,但在科索沃战争中他们却处于劣势,公众已经习惯了图像思维。英国电视记者斯诺就曾对塞尔维亚地区发生反人道暴行的说法表示了怀疑,不断地问北大西洋公约组织的发言人:"图像在哪?给我们看图像!"视觉文化已经达到如此高的程度,以至于官员的话语早已经不能满足英国媒体的需要了。媒体需要证据,同时也需要图像。

尽管电视、电影和新媒体在我们的日常生活中占据了图像世界的统治地位,但是视觉时代的发轫者却绝对不是电视或电影。绘画、美术、摄影才是对真实世界的最早礼赞,传统艺术通过运用技巧来追求现实性的幻觉,而摄影则是一种写实主义的艺术形式,通过图像来还原真实世界。不同于绘画的是,摄影不十分需要图示,自身的特殊特征保证它能够真实地还原历史。贡布里希在1960年的著作《艺术和幻觉》中就指出:"'现实的幻觉'的成功构建并不依赖于压抑你所得到的知识,而压抑于成功获得越来越多的行之有效的图示,构筑风景画的难易度与其说取决于知识的获取不如说取决于知识的缺失。"换句话说能否创作出"现实的幻觉"与已有的艺术文化是密切相关的。文化,如同人们一样,会逐渐学会并真实地描绘世界。为了取得"现实的幻觉",人们已经在美术这条道路上进行了漫长而艰辛的探索,然而摄影技术的出现,定格了幻觉,成为对真实世界的完美再现。今天,我们已经很难想象世界没有摄影会怎样,我们在照片的世界中长大,拍摄和欣赏照片也早已成为日常生活的一部分,而摄影开启的是一个前所未有的视觉世界。摄影不仅能让人们更加接近名人和名胜,而且能使人们贴近世界上的真实世界。最早的写实摄影爱好当推英国摄影家菲利普·德拉莫特于1853年拍摄的那些火棉胶纪录片,稍后是罗斯·芬顿的战地摄影和19世纪60年代末的威廉·杰克逊的黄石奇观。1870年以后,写实摄影渐趋成熟,摄影师开始把镜头转向社会,转向生活。如当时的摄影家巴纳多博士就拍摄了流浪儿童的悲惨境遇,而震撼了人们。在早期的时候,这种媒体也被用来记录社会状况,从视觉上来促进社会的改变。苏格兰摄影师安南自1868年起就在格拉斯哥记录地区贫民窟的状况,而在纽约,里斯也从1888年起就致力于揭露偏远东部区域的廉租房里的罪恶和贫穷,直到有了摄影拍摄的视觉实证,那些富人们才看到这些情景。

不过绘画和摄影并不能全面地描述后现代文化时代的视觉文化特征,而由这些艺术形式所代表的现代主义特征也危机重重。现代主义的危机在于广泛复杂的种种表征观念和模式所带来的危机,由于没有出现其他变化,这些表征手段似乎不再令人信服了。现代主义和现代文化因为其视像化策略的失败而给自身带来了巨大的危机,因此也可以说是它造成后现代性的文化所带来的视觉危机,而不是其文本性的危机,诚然,印刷文化不一定不会消失,但对视觉及其效果的迷恋产生了后现代文化,而当文化成为视觉性之时,该文化就最具后现代特征。当然,后现代主义可能不单单是一种视觉经验,在阿尔让·阿帕都莱称之为"复杂、重叠、破碎"的后现代主义社会中,社会是不能期待整齐划一的,过去时代中也没有这种整齐划一,不管你是看哈贝马斯赞誉的18世纪"咖啡屋公共文化",还是安德森描绘的19世纪报纸和出版业的印刷资本主义,这些著者也无视其他更大范围的选择,而是只突出一个时代的某一特征作为分析手段一样,视觉文化可以说是一种策略,用它来研究后现代日常生活的谱系、定义和作用。我们称之为分离的、破碎的后现代主义文化最好从视觉上加以想象和理解,就好像它在19世纪经典地呈现在报纸与小说中一样。有时这种仿真生活比真实的东西更加令人愉快,有时则更糟。[①]但在我们对后现代主义缤纷的视觉经验和对这些观赏资料的分析之间确实存在着一道裂口,这对于任何一个研究领域的视觉文化学者来说,既是一种机遇也是一种需要,然而这并不是说现代和后现代之间就可以简单地划出一条分界线。因此视觉文化的谱系也需要放在现代和后现代的历史时期同时进行探讨和界定。在这里我们比较同意美国知名学者米尔佐夫的看法:"视觉文化应该是在一种更加积极的意义上使用的,集中探讨视觉文化在其所属的更加广泛的文化中所起到的决定性作用。在那儿,视觉是一个不断处于竞争、辩驳和转变之中的挑战性场所,它不但是社会互动的场所,而且是根据阶级、性别、性和种族身份进行界定的场所。视觉文化是一种策略,而不是一门学科。它是一种流动的阐释结构,旨在理解个人以及群体对视觉媒体的反映。它依据其所提出或试图提出的问题来获得界定,它希望能超越传统的学院限制而和人们的日常生活结合起来。"[①]

新的视觉文化的最显著特点是把本身非视觉性的东西视像化。视觉文化研究的是现代文化和后现代文化为何如此强调视觉形式表现经验,而并非短视地只强调视觉而排除其他一切感觉。首先引起人们注意这种发展的是德国哲学家马丁·海德格尔,他称之为世界图像的兴起(出现):"世界图像……并非意指一幅

---

① 米尔佐夫. 视觉文化导论[M]. 南京:江苏人民出版社,2006.

关于世界的图像,而是指世界被构想和把握为图像了……世界图像并非从一个以前的中世纪的世界图像演变为一个现代的世界图像;不如说,根本上世界变成图像。"米尔佐夫在他的著作《何谓视觉文化》中也指出:"视觉文化并不依赖图像,而是依赖对存在的图像化或视觉化这一现代趋势。视觉文化的一个主要任务是分析这些复杂的图像是如何汇聚在一起的。这些图像并非源于一种媒介或产生于某一个学术界明确划分的地方。视觉文化把我们的注意力引离结构完善的、正式的观看场所,如影院和艺术画廊,而引向日常生活中视觉经验的中心。关于看和看的状态的不同观念,在所有的视觉亚学科之间及其内部颇为盛行。当然,这种做法对于区分是有意义的。我们的态度因具体情况而有所变化,诸如我们是去影院看电影,在家看电视,还是去参观美术展览。然而,我们的绝大多数视觉经验并不是产生于这些正式的、有结构的观看时刻。"[①]伊雷特·罗戈夫也在她的论文中指出:"我们留意到的一幅画可能出自于一本书的护封或一则广告中;看电视是家庭生活的一部分而不只是观看者的个人行为;我们可以像在传统的电影院里看电影一样,从录像带、飞机或有线电视上看到电影。正像文化研究已寻求了解人们在大众文化消费中创造意义的诸种方式一样,视觉文化首先研究人们日常生活的视觉经验,包括生活快照、盒式录像机,甚至于风靡一时的艺术展览。"

视觉文化也正深刻地影响着现代社会。虽然世界图像这一概念不足以分析已变化和正在变化着的情境,急剧倍增的形象也不可能统一成一个单一的供知识分子静观的图像,但米尔佐夫同时也告诉我们视觉文化试图寻求在新的现实中行之有效的方法,以便把握对抗日常生活中的信息危机和视觉爆炸的关键。用米歇尔·德·塞托的话来说,视觉文化是一种战术,而不是一项战略,因为"战术属于战略"。执行一种战术要充分考虑到敌方的情况以及我们生活于其间的管制社会。尽管有人发现战术的军事含义可能不得要领,但可以说在持续的文化战争中,战术对于避免失败却是必要的。恰如早先对日常生活的探索强调消费者从大众文化角度为自己创造不同意义的方式一样,视觉文化亦将从消费者观点来仔细探究后现代日常生活中的各种矛盾心理、各种裂隙,以及抵抗的场所。

1.2.2 视觉传播兴起

视觉文化的兴起使越来越多的人关注起现代社会的视觉化特征。古登堡印刷术所带来的文字时代一去不返,在那个时代人们往往认为文字在传播复杂思想方

[①] 米尔佐夫.视觉文化导论[M].南京:江苏人民出版社,2006.

面比图片更为重要。图片只能以装饰、图示偶尔出现。但是随着电视机和计算机的出现,电子出版物和互联网的推广,这些新技术极大地挑战了传统。到现在,我们可以说已经进入了一个"视觉时代"。列奥纳多·达·芬奇曾说过:"距离感官最近的感觉反应最迅速,这就是视觉,所有感觉的首领。"人体接受的外部信息大约70%来自眼睛,听觉、嗅觉、触觉等其他加起来只占到30%,以眼睛来接受信息可以说是人类最主要的信息来源,因此就单一形式的传播途径来看,视觉信息传播的形式可以达到最大的传播效果。视觉文化时代视觉传播日益受到关注。

视觉文化时代视觉传播日益强势,出现了视觉文化传播。显现着现代文化特征的社会,某种意义上说是各种符号系统通过传播而构筑的社会现实。当下,以视觉为中心的视觉文化符号传播系统正颠覆着传统的语言文化符号传播系统,视觉文化符号传播系统已成为构筑我们生存环境的更为重要的部分。孟建在《现代传播》中发表的论文《视觉文化传播:对一种文化形态和传播理念的诠释》就详细诠释了视觉文化时代的视觉文化传播。他指出:"现代文化的鲜明特征是脱离以语言为中心的理性主义形态,在现代传播科技的作用下,日益转向以视觉为中心,特别是以影像为中心的感性主义形态。视觉文化传播时代的来临,不但标志着一种文化形态的转变和形成,也标志着一种新传播理念的拓展和形成。当然,这更意味着人类思维范式的一种转换。以往的传播学研究更多的是在传播者与接收者之间展开,并据此进行着'意义传播'的研究。而现在的传播研究则在消费社会来临的基础上,更为注重在生产者与消费者之间展开,并据此进行着'形象传播'的研究。这一新的传播理念,某种意义上是由马克思符号经济学在传播学领域的发展而引发的一场变革。在语言为中心的文化传播形态中,占据主导地位的是语言符号的生产、流通和消费;而在形象为中心的视觉文化传播形态中,占据重要地位的(无论在数量上还是在其影响上,但未必在质量上)是视觉符号的生产、流通和消费。其中,影视符号的生产、流通和消费格外突出。"[1]

在国内也有相关学者对视觉传播进行了专门的研究。北京大学的张浩达教授就给视觉传播下了一个定义:"视觉传播学主要研究信息视觉化的问题,其中既涉及科学的视觉认知原理,也涉及对受众群体的理性分析和对媒介技术的了解,同时研究视觉表现的艺术规律。视觉传播学作为传播学的一个分支,本身具有鲜明的传播学属性,同时也兼具视觉艺术的表现特征,实际上它是对视觉信息的接受与发布系统及其表现和运行规律的视觉传播科学研究,是一门典型的交叉学科。"[2]同

---

[1] 孟建.视觉文化传播:对一种文化形态和传播理念的诠释[J].现代传播,2002(3):1-7.
[2] 张浩达.视觉传播学:新兴的交叉学科[J].雕塑,2011(2):80-83.

时他也指出现在视觉传播学研究的一些问题:"视觉传播学在国内外尚属一个新兴的研究领域,对视觉传播学的研究也存在误区,在对视觉传播机制的研究上,多数从视觉设计和视觉文化出发,而缺少对传播理念的关注。视觉传播学研究的主要是视觉信息的传播过程与表现方法,视觉传达设计则是对视觉图形的设计与表达技巧进行具体研究,而视觉文化主要是对视觉现象进行宏观的结果性研究。在视觉文化的领域,从形而上学的角度看,国外已经有了相当多的研究成果,但是对视觉传播学所作的应用性研究,却在刚刚起步的阶段。虽然在某些方面以上的概念之间有着千丝万缕的联系,属于相关学科,但毕竟是不同的研究领域。"[①]

视觉传播学的兴起为我们提供了一个较好的研究数字影像的理论基础,对于数字影像传播的研究,参考传播学奠基人拉斯维尔在《传播在社会中的结构和功能》中提出的传播过程的五大要素,我们可以从控制研究、传播方式、内容分析、受众研究、效果研究等角度来展开探讨,在1.6节也会展开专门的阐述,揭示其本质特征、功能及意义,探讨作为影像传播的效果和价值。

1.3 符号学和解释学

1.3.1 符号学中的影像编码

符号学成为符号学理论,是瑞士语言学家索绪尔开创的。索绪尔主要是了解语言是如何运作的,他于1913年去世,逝世的3年后他的《普通语言学教程》问世,这部著作是他的两个学生根据听课笔记整理而成的。索绪尔在这本书中提出语言是一种能使人们彼此交流的符号或信号系统,而词汇的意义是由"符号"、"能指"、"所指"所共同体现的。符号学大量地涉及这三者的关系。这其中,能指是表达其他事物的事物,所指是能指所表达事物的意义,符号是这两者的结合。举个例子,在中国"狗"被形容成某种四足多毛对人忠诚的四肢动物,无论是在印刷品中还是在视频资料中"狗"这个汉字就是能指。能指实际上被概括成为了按照一种可辨认的顺序印刷排列而成的形状,而阅读"狗"这个汉字在我们脑中产生的概念就是所

---

① 张浩达. 视觉传播学:新兴的交叉学科[J]. 雕塑,2011(2):80-83.

指。所指只存在于我们脑中，而不一定是实际存在的，这就是为什么房中间没有这个四足多毛的动物，我们仍能准确传递概念的原因。但在英国"Dog"这个能指同样表示这个相同的所指，我们甚至能自创能指"小可爱"来表示这种动物，那么我们不禁回想，既然不同能指能表示同一个所指，那么能指和所指之间是不是就不存在必然的关系了呢？符号是任意的，这提醒我们没有任何符号注定指代任何事物，但为何我们仍习惯用"狗"来称呼这种动物呢？这是由于符号具有一定的文化内涵，文字指代事物，是因为人们的认可，符号和表达的概念是一种约定俗成的关系，因此实际上我们也并不能任意地创造词汇。

索绪尔之后还有许多学者围绕着这一领域进行了研究。比较有名的有美国的哲学家皮尔士，他在撰写的著作《皮尔士符号概念》中提到所有的事物都能在符号层面进行交流。这一点被法国作家巴特所抓住，也成了他研究视觉文化的起点。20年后艾柯在《符号学理论》中深入地探讨了意义的理论结构，他把符号比作了粒子物理学中的一个结构系统，强调意义既是文化的又是历史的，意义随着时间的变化而变化。以上三人的著作可能晦涩难懂，不过威廉逊在她的著作《解码广告》中用了符号学通俗文化中无处不在的意识形态的表现手法，这也为我们研究数字影像文化提供了一条清晰的路径。

符号学对于我们研究数字影像意义重大。符号学指出任何事物都隐含着某种特定的意义，整个世界是由一系列表意清晰的符号所构成的。而数字影像也在很大程度上是一种符号的演变，是一种象征性的系统，我们可以用不同符号来表示同一种能指，而且还存在着不同的搭配可能，这对我们分析视觉文化是至关重要的，看起来最琐碎的视觉文本，都可能建构深刻而无意识的意识形态内容，必须通过理性分析才能够准确揭示，而这其中破译编码则至关重要。在编码中，形式和内容存在巨大的差异，所选择的字母、文字或数字都可能是有意识地象征着别的事物，其重要特征是需要发出者和接受者都能理解。虽然说通过习俗人们能认识到某个特定的能指代表着什么，但特定的编码规则可能会模糊人们的判断，造成一种"隐性编码"，世界可能也会变得难以理解起来。因此，数字影像要想准确地表达事物，光靠习俗的力量是远远不够的，更多的是需要智慧的编码。

从符号学来看数字影像，就可以理解为什么围绕着这一话题会存在着那么多的争论了。数字影像是一个能指，一个所指，还是一个整体符号？数字影像能展示多少特定的事物，又能暗示多少更加普遍或者更加微妙的事物呢？我们又如何能够更为清晰地编码，使得数字影像表达的意义更加准确呢？

对于数字影像的符号学研究，比起摄影绘画则要复杂得多，其复杂性主要表现在虚构影像额外的意义层上。数字影像中的能指和所指常常是难以分辨的，它们之间的关系也变化莫测,但电影画面不但能够隐匿同时也能够清晰地指示出来。电影《肯尼迪》中扮演肯尼迪的演员既可以表现肯尼迪这个形象,也可以指代特定的人,同时根据剧情的发展可能会附加特定的含义,使我们通过这个演员就能基本了解肯尼迪的性格和特质。电影符号学的创始人梅茨和沃伦指出电影主要是通过图像符号、指示符号和象征符号来准确表达,这对我们探寻数字影像的编码也具有极为重要的意义。数字影像编码最重要的是准确地传达信息,减少损耗和失真,编码规则要符合人们约定俗称的习惯,从而使观众能够准确理解。

1.3.2 解释学中的影像解读

前文中我们已经用较长篇幅对"视觉文化"进行了详细说明,米尔佐夫也对视觉文化的概念加以界定。"视觉文化是一种流动的阐释结构,旨在理解个人以及群体对视觉媒体的反映。它依据其所提出或试图提出的问题来获得界定。它希望能超越传统的学院限制而和人们的日常生活结合起来。"一旦我们尝试界定相关的概念,就面临着一个更为复杂的问题,就是阐释它。在数字影像的解读和阐释中我们必须要用到解释学:一种承认字面义和隐含义之间潜在差异的解释方法。

解释学又叫阐释学,作为一个了解和理解文本的学科,该学科强调根据文本本身来了解文本,要求解释者忠实客观地把握文本和了解作者的原意。西方哲学、宗教学、历史学、语言学、心理学、社会学以及文艺理论中有关意义、理解和解释等问题的哲学体系、方法论或技术性规则的统称都可以被称作是解释学。[①] 关于解释学的研究甚至可以上溯到古希腊,解释学作为一种哲学学派形成于20世纪,在第二次世界大战后对西方学术界产生了较大的影响。19世纪德国哲学家施莱尔马赫和狄尔泰在前人研究的基础上开创了解释学,施莱尔马赫不仅致力于对圣经释义学中的科学性和客观性问题进行系统研究,还提出了有关正确理解和避免误解的普遍性理论。20世纪的德国哲学家海德格尔开创了现代解释学,其主要贡献是把传统解释学从方法论和认识论性质的研究转变为本体论性质的研究,进而使解释学由人文科学的方法论转变为一种思维哲学,并逐步发展成为哲学解释学。"解释学循环"这一著名理论就是由他提出的,这一理论认为解释者对被解释对象的"预期认识"是待解释的意义的一个部分,理解活动的完成依赖于理解的"前结构",即人们在理解之前业已存在的决定理解的因素。[①] 这一基本"循环性"特征存在于"前结构"与解释者的"情境"之间,晦涩难懂。50年代末德国哲学家加达默尔决定将

---

① 王庆节.解释学、海德格尔与儒道今释[M].北京:中国人民大学出版社,2004.

海德格尔的本体论与古典解释学结合起来,哲学解释学进而成为一个专门的哲学学派。这一学说也随之成为60年代以来欧美解释学的基础之一,影响甚广。加达默尔关于解释学的定义为人文科学不可避免地具有历史相对性与文化差距性,他在美学、历史与语言这三个领域中,都分别对这一主题进行了研究,人的存在局限于传统认知之中,因此其认识会不可避免带有由于传统认识带来的"偏见"。[①] 人类历史也由各种传统的力量积累而成,这一历史进程称为"效果史"。在"效果史"中过去与现在相互作用,当前的认识也受制于过去的传统因素,真实的理解是各种不同的主体"视界"相互"融合"的结果。

20世纪60年代,通过与西方其他哲学学派以及人文学科中的研究的相互融合,一些新的解释学学派逐渐形成了。在这其中最为突出的是法国的现象学解释学和德国的批判解释学,现象学解释学的代表人物是里科尔,在他眼中解释学不应被简单当作认识论,而应该被看作方法论。作为一门系统学科,解释学不仅需要对多重意义结构有所涉猎,同时也需要从事物的表面意义中来解读其隐蔽意义。解释学的本体论其实存在于方法论中,从各种解释之间的"冲突"中我们才能获悉被解释的存在。批判解释学的最主要代表人物是哈贝马斯和阿贝尔。他们将研究视角放在了社会实践之上,认为解释学应对社会的改进起到巨大作用。哈贝马斯将哲学解释学的主观主义视为反对对象,行为的意义也并不能由行为者的主观意识来确定,决定其意义的根本因素其实是社会中的劳动与支配系统,劳动和支配系统加上语言系统构成人类生存的客观环境。人们对意图的理解与实现的程度都是由人类生存的客观环境所决定的。但同时阿贝尔也认为解释学的唯心主义存在缺陷,它忽略了历史发展的物质性条件,并强调在社会整体内部也普遍存在限制自由的力量与改善环境的愿望之间的张力关系。批判解释学通过揭示社会机制来形成对社会行为意义的理解,进而希望来改善人们的生活条件。

解释学对我们解读数字影像有着极为重要的意义,我们该如何正确使用解释学的方法来解读数字影像呢?对于影像文本的解读涉及怎样的思维哲学,解释学又到底是本体论还是方法论呢?在字面义和隐含义、能指和意指之间又涉及怎样的思维过程呢?解释学到底是立足于思辨还是在社会实践中得出结论的呢?

在对数字影像的观赏过程中,人们往往会产生很多的思考,这些思考是否能真实地还原拍摄者的原本意图呢?在对数字影像的解读过程中人们可能有很多先存意见,这些预先判断也会或多或少地影响人们对于影视资料的正确解读;《老男孩》

---

① 王庆节.解释学、海德格尔与儒道今释[M].北京:中国人民大学出版社,2004.

这部影片就让许多中年男人回忆起了自己的青春岁月,关于爱情、友情,关于奋斗、理想,正是由于现在的中年男人大多经历那一段物质极为匮乏,而感情无比纯真的岁月,才可能有如此多的感触和体会,但是对于现在的"90后"年轻人来说,可能并没有那么一段独特的情感体验,也难以体会到那一段时光给人带来的感伤记忆,因此在情感体验上可能就和中年男人完全不同,解释学中也提出每个人的社会背景和个人背景会极大地影响对于相同文本资料的解读,在字面义和隐含义的理解上也可能存在着巨大的误差。解释学通常也不会脱离文本来解释事物,但在相同文本的理解上可能会卷入更多文化因素和哲学思考,这些极大地影响着我们对于数字影像的欣赏和解读。对于数字影像的解读也可能只是一种模糊记忆,而不是一种准确理解,也就是说我们可能难以对任何一部影片作出准确的分析和解读。在理解过程中会涉及越来越多的文化因素,这种文化支配性使得即使是影片制作者也难以提供关于影片分析的唯一解读,因此我们不必苛求于对影片的正确解读,而把主要的精力放在对于数字影像的欣赏之中。

1.4 艺术美学

1.4.1 数字影像艺术

在数字影像的呈现过程中往往离不开艺术的创造,艺术史上的众多作品对数字影像形象再造也具有极为深远的意义。随着现代科技的不断发展,数字影像的制作方式也更加多元,手机、智能设备等都可能成为数字影像的制作工具,科技的进步也引起了艺术创作甚至是思维方式的革命。随着摄像和电影技术的发展,为艺术提供了新的可能性,艺术可以通过机器来进行制作和合成,而不仅仅是简单的记录和复制。随着计算机图像技术的发展,为艺术家们提供了广阔的表现空间,同时数码技术也为虚拟图像的产生提供了魔幻般的方式和手段,这极大地开拓了人们的思维。技术为艺术带来了如此鲜明的改变,让人印象深刻。随着技术的发展,不同的媒体功能可以轻易地融合在一起,为艺术设计带来更为丰富的感官体验,多媒体技术打破了传统电影、电视线性叙述的缺陷,以超级链接的媒体整合方式带来非线性的作品体验模式,随着人机界面运用和人工智能技术的发展,互动性也大量使用，这些改变都标志着数字影像艺术将远区别于传统艺术而具有新的特点。

美术基础在数字影像艺术创作中的地位日趋下降，新科技的力量日益凸现。这是由于数字影像的摄制必须要依赖于数字技术，而数字技术的革新鲜明地改变了数字影像，在新媒体作品的创作中融合了多种媒体体验，并且强调与作品的互动，这是传统艺术所不具备的。同时在数字影像艺术中，想象力和思想性的因素更为重要，艺术家在美术基础上的不足在一定程度上被技术掩盖甚至替代。在数字影像艺术中新技术往往为"非艺术家"的技术人员所创造及掌握，艺术家提供想象力和思想，而技术人员则提供复杂的技术支持，使得作品最终完成。数字影像艺术作品往往是一个复杂的系统，单靠一个人的力量是难以实现的，团队合作因此成了数字影像艺术创作的重要方式。

数字影像艺术一般是以剧作为依据，通过对摄像技术和艺术手段的使用，来塑造可视艺术形象的创作过程，其最终的表现形式就是数字影像作品。和其他艺术一样，数字影像艺术是摄像者主观意识的体现，不仅包括一切利用摄影、录像、动画等多媒体数码科技时代的"复制"手段进行的创作形式，还包含艺术家的独特思想和绝妙构思，是技术和艺术的完美融合。通过技术把客观景物转变成可视的影像，进一步升华成为具有审美价值的艺术形象。

在数字影像艺术表现的手段上，我们可以归结为以下几种：光线手段、色彩手段、光学手段、运动手段和构图表现手段。

光线手段是一种使用光线来升华艺术形象的方式。艺术家通过照明拍摄对象加以创造性曝光，灵活通过光线来表现拍摄对象的立体形态、空间形态、质感、轮廓和色彩，从而进一步实现突出主体形象，表现时间概念等任务；刻画出剧中人物的性格、揭示他们的人物命运，使用光线来描绘环境气氛，并用各种光线效果来表现人物情感。

色彩手段，指摄影、摄像师对画面的色调处理、色彩配置。色彩和光线一样也是数字影像艺术表现的重要元素。镜头画面色调有时要求客观再现，有时要渗透摄影师的主观意识，发挥色彩的性格表现作用。在创作过程中，阴暗的冷色调往往和压抑、忧愁、痛苦和悲哀相联系在一起；而温暖的亮色调往往和兴奋、欢乐、喜庆和幸福相联系。数字影像创作者可以利用不同的色调，来表现不同的人物情绪和环境气氛。

光学手段，指灵活运用光学镜头来进行影像艺术创造。光学镜头不只是聚焦成像的技术工具，它同时还是一个重要的造型手段。不同焦距的镜头、不同景深具有不同的造型特性，而利用这些不同的造型特性，就可以完成不同的创作任务。比如长焦距镜头具有景深小、压缩空间、影像大等特性,可以利用它进行远距离拍摄和偷拍,得到虚化环境突出主体的画面效果,也可以获得一种拥挤、堵塞的艺术效果,而短焦距(广角)镜头有夸张、变形的性能,摄影师、摄像师有时用来丑化反面人物或强化环境的辽阔。

运动手段,指摄像师灵活运用推、拉、摇、移等不同方式来进行拍摄,使得摄影机、摄像机在运动中拍摄景物,以创造特定的视觉效果。运动手段最突出的特点就是可以在一个镜头画面里,连续不断地改变场景,改变角度,改变景别,从而形成多构图的画面效果。

构图表现手段,就是在镜头画面中对被摄体进行有意识的安排和布局,最大程度上实现主体和陪体、背景之间关系的和谐,并通过灵活的取景,将被摄景物转化为具有优美形式感的画面,以更加准确、鲜明、生动的叙事,给观众带来美的视觉享受。

从媒体艺术的角度来看,影像无疑是一种重要的视觉元素,影像因其真实的质感和光影的魅力而具有逼真亲切的素质,进而成为媒体艺术的重要资源,数字影像更是使得视觉叙事以及基于时间的视觉实验成为可能,从而把艺术的视觉表现拓展到了四维空间之中,数字影像艺术的这些独特优势也加速了其在中国的发展。从曹俊杰和周渊2011年发表在《第一财经周报》的《中国数字影像艺术20年》中,我们更为清晰地了解了中国数字影像过去20年的发展和未来可能发展的方向。《中国数字影像艺术20年》这篇文章诠释了一种存在于过去范围内的未来感,其中关于个人命运的讨论萦绕在这些"50后"至"80后"的艺术家身上,并且让他们从过去走向了未来。在这篇文章中梳理了50岁的张培力、40岁的"马达"、30岁的程然等三代艺术家的故事,来展现中国当代艺术环节中曾被遗漏的一环——影像艺术。

在文章中分为三个部分介绍了这三代人影像创作的鲜明特征。在第一个部分先驱和涌动的理念中介绍了50岁的张培力的艺术创作经历:"1988年,主修绘画的张培力在杭州海关借了台小摄像机,拍摄了一部时长3个小时的片子《30×30》:画面中,一个人反复地将一块玻璃打碎、黏合。这部片子在日后被称为中国的第一部'Video Art'(录像艺术)。这种略显神经质的图像,在今天的美术馆里看来,却有着别样的记忆。那时,他们只是在社会底层被边缘化的流放者,对周边环境的不安全感,却成了他们创作灵感的源泉,促成了他们日后被世界所认知。"[①]张培力在

---

① 曹俊杰,周渊.中国数字影像艺术20年[N].第一财经日报,2011-09-09(4).

介绍他们那一代人的艺术创作也反复提到:"艺术往往是对不可言说的言说。今天的艺术家面对作品、使命时,越来越无能了。他们无法判断,选择材料、选择题材的意义在哪里。我喜欢别人看到我的作品,也许不知道我是来自中国的艺术家,却会评价说'作品中流露出的是中国的经验,而不是西方的'。"①那一代的艺术家王功新、汪建伟们,也同时推动这个在国内稍显懵懂的艺术形式逐渐变成了一种群体性的话语力量,与此同时涌动的艺术观念也在这些知名的影像先驱艺术家身上逐渐找到了归宿,并且逐渐深入到新的年轻艺术家的创作思考中来。而"70后"的"马达"这一代人将数字影像艺术从幕后推到了前台。在文章中也反复提及"马达"的身世,其实"马达"的真名叫邱黯雄,而作为"70后"杰出的影像艺术家,他身上有很多自相矛盾的地方:一方面他有着60年代人的对于社会复杂面关注的渴望,但同时也有着80年代人对于自我认知的阐述欲望。文章中分析说:"这些特点可能跟他这个年纪的经历有关,在邱黯雄的艺术语言亟待成熟之时,他经历过非常功利化的艺术市场化阶段,他刻意与此保持了一定的距离。邱黯雄的成功,契合了时代的变化。这时,正是影像艺术逐渐从幕后走向前台,不再作为一种非主流存在的阶段。一系列独立的影像艺术专题展览,在全国各地涌现。"①邱黯雄对未来的思考也融入了《新山海经》的创作之中。他说自己的艺术观点也发生了一系列变化,"从2006年开始,自己为《新山海经》断断续续做了好几个版本,第1个版本是用神话来讽喻现在的能源危机,所以在他的水墨动画中,坦克变成大象、油田塔变成蝎子……到了《新山海经》的第2个版本,也就是本次展览中的作品,自己更是把着力点放在生物技术对生物的改变上,来反思这背后的人的欲望。这个版本后来被纽约现代美术馆(MoMA)收藏,作为中国代表性的新生代影像艺术家的作品。"①而以程然为代表的"80后"艺术家则更快地被卷入到艺术革新的浪潮之中,在这个新时代已经没有人能够知道明天是什么样子了。在文章中介绍说:"程然是'80后'新媒体艺术家中小有名气的一位,尽管他在美院科班学习的是架上绘画,但毕业之后,就留在杭州折腾起新媒体艺术来。这一方面是源自他的兴趣,他对于老电影中的画面总是有那几分苛刻的审美喜好;而另一方面,他在寻找艺术的道路中,得到了杨福东、张培力等业已成名的影像艺术家的指点。"①在个人经历的解释上程然表示:"他一开始做录像时,只是想表达个人的情愫,也没有什么特定的元素符号。但慢慢地,程然就逐渐把录像艺术创作变成一个个人问题的表达,这种问题对他们这些年轻人来说很可能是没解决、没有答案的问题,比如个人身份、生与死。他喜

---

① 曹俊杰,周渊.中国数字影像艺术20年[N].第一财经日报,2011-09-09(4).

欢用低科技的技术做作品,用最基本的剪辑、倒放、蒙太奇、长镜头来叙述,在他的片子中,也许并没有那种完整的叙事结构,或许只是对个人阶段性情绪的一种放大。"①文章同时对于程然这一代面向未来的艺术家作了重点描述和介绍,文章中提到:"同其他的'80后'一样,程然并没有那种20世纪60年代出生的艺术家强烈的怀旧感和集体主义情愫表达。他们各自独立,也没有那种参与表达社会现实的野心。但他们视野开阔,喜欢不可预知的东西。这种情绪体现为他们身上有时候又是一种复杂的矛盾感:他们对于传统怀有敬意,他们受着传统的美学熏陶长大,同时,他们渴望用一种只属于自己的独特视角去审视周边环境的变化,以打破传统的艺术制作程式。"①

1.4.2 数字影像美学

对数字影像的分析和解读,自然难以跨越艺术美学的范畴。影像艺术对艺术美学影响巨大,美学的视角和观点又鲜明地影响着我们的艺术形象再造。艺术美学被看作是哲学的一个重要分支,又被称为艺术哲学。艺术美学的思想不仅建立在"同一哲学"基础之上,还站在客观唯心主义的立场上,强调美和艺术是绝对象征和体现,声称艺术哲学是对源自"绝对"的艺术本质作根本探讨,认为可以在艺术哲学所划定的哲学的特殊领域里,通过探讨和分析,看到永恒的美和美的原型。真和善只有在审美的过程中才能接近,其目的在于将科学知识的"真"和道德行为的"善"综合融入到艺术之中,使得艺术在这一过程中超越哲学。正是在这种审美直观的过程中,而不是在数理逻辑的推演中,哲学家才能够体会到终极智慧。在这种绝对观念的驱使下,艺术家在艺术创造中抛开了其他诸多因素,将艺术创作当成了满足他们天赋本质中不可抗拒的冲动的行为,并且使这种"天才"的灵感成为了"上帝的绝对性的一个片断"。在这种灵感冲动中艺术家突破了有限的感性形式的束缚,通过与无限的宇宙本体相汇合,进而把握到了"整个生存的根本"。从此也推出艺术与美的本质在于体现了"绝对同一性"的真与善、必然与自由、实在与理想、感性与理性的统一。在美学史上,艺术哲学也把艺术按照从感性过渡到精神、精神性逐步超越物质性的方向形成一个原则;并把艺术区分为实在的与理想的两大系列观念,包括音乐、建筑、绘画和雕刻的实在系列,以及包括文学的各种形式——抒情诗、史诗和戏剧的理想,并最终在每个系列中使其形式也都趋于统一。

影像艺术之美在于承认创作者的杰出天赋,艺术家可以通过美学思考来构思

---

① 曹俊杰,周渊,中国数字影像艺术20年[N]. 第一财经日报,2011-09-09(4).

作品，并把影像作为思维哲学的传播工具。艺术家的影像创作是一种美的追寻，希望能够传播一种美的哲学。从这一角度来看，我们不应对艺术家的作品作更多的苛责，而仅把其作为一种独特的冲动。由此看来，对数字影像的批判也要避开艺术家本身，而是要从作品出发，通过作品进行延伸批评的做法不仅不可取，还可能极端危险。艺术家出于一种美的追寻来创造作品，探讨宇宙真理，而不会思虑并判断数字影像所带来的社会影响，受众观看数字影像作品就简单批评，并将矛头针对艺术家，则是一种错误的做法。

　　信息化时代，数字化生存的压力使得人们几乎每时每刻都在接受数字技术影像信息。数字科技可以让人们在同一个空间中消除时间障碍，从而使交流距离感发生"质"的改变。人们意识中仍然习惯于将数字影像艺术与传统的艺术媒体形式进行比较，但某一时段，人们突然意识到了艺术观念绝不仅仅只存在于人的头脑中，艺术其实有着丰富多样的表现形态。数字科技使艺术家的作品变得神奇，层出不穷，变化万千，从而达到意想不到的艺术效果，进而给观众一种极其强烈的震撼感和猛烈的视觉冲击。数字技术使人们得以在不同的时空下进行多种方式的交流沟通，这必然会带来美的理念的颠覆。探索数字化影像艺术创作中的美学，必须要对人类生存状态的情感体验性作彻底反思，在作品中体现对人类自由解放的真善美境界的追求，从而实现作品审美精神价值，实现理论和实际、技术与艺术的完美结合。从电影史上来看，每一次影像技术的变革，也都会带来崭新的影像美学革命。数字影像作品是一种特别的语言和情感表现渠道，这使得数字影像作品超越技术而获得共同的美学特质成为了可能。"真"可以成为美学的判断标准之一，不同的艺术家对真实的追寻诞生了许多具有真实美的艺术作品，吴文光为了最大程度实现自己的美学追求，跟随走街串巷的草台戏班子流浪三年，就是为了和他们打成一片，从而使得他们在镜头前不至于过分拘束，从而最大程度真实再现他们的生活。这种对于真实性的追寻已成为独立纪录片的美学标准之一，判断一部独立纪录片的价值高低越来越取决于作品是否真实或多大限度地实现了真实，可见数字影像美学标准鲜明地影响着数字影像创作。"善"也可以称为一种重要的美学判断标准，许多公益广告最大限度地弘扬社会正能量，因此获得了较高赞誉，比如公益广告片《回家》，就通过公益广告弘扬尊老爱幼的社会美德，许多老人在家等着孩子们春节回家，"常回家看看"是老人最大的心愿，这种心愿在作品中让"美"的方式得以表达，影片谴责了那些忙于工作不归的人，号召人们无论多忙都要注意回家照顾老人，这部公益广告成为了一部影响力巨大的宣传片，传达了"孝"的理念，对社会有着巨大的影响。由此看来，数字影像中"善"的美学水准对于数字影像作品也具有极为重要的意义,数字影像作品中的美学思考也鲜明地影响着数字影像,引发了人们的关注和思考。

1.5 人类学和文化意义

1.5.1 影像人类学

影像人类学的英文名称是 Visual Anthropology,20 世纪 60 年代该术语被提出,1985 年,当时的国际影像人类学委员会主席、加拿大蒙特利尔大学的巴列克西教授将这个术语介绍到中国。1988 年,于晓刚在《云南社会科学》上发表《影像人类学的历史、现状及其理论框架》一文,影像人类学这一术语从而正式出现在了中国的刊物上。庄孔韶在《文化与性灵》一书中指出:"影像人类学是以影像与影视手段表现人类学原理,记录、展示和诠释一个族群的文化或尝试建立比较文化的学问。"[①]

数字影像具有人类学的功用,这早已在影像人类学中得到了证实。影像人类学研究的对象包括人类学纪录片等视觉记录形式,其任务就是通过对材料的分析研究,对影像人类学领域内出现的缤繁事物和各种问题进行梳理,找出规律、发现特点,来指导人类学的实践活动。影像人类学并不取代人类学去研究人类和人类文化现象,而是面对整个影视领域进行研究,其目的是使人类学更好地研究人类和人类文化。数字影像拍摄工具的更新和拍摄技术的提高,使得数字影像传播人类学的功用更加明显。DV 等方便个人使用的拍摄工具对于人类学纪录片的发展意义重大。数字影像和人类学的结合诞生了人类学纪录片,人类学纪录片将纪录片手段用于人类学研究中。庄孔韶教授在自己拍摄的纪录片《虎日》中详细地阐述了如何使用纪录片的手段来进行人类学研究。纪录片《虎日》的故事发生在 1999 年云南宁蒗县小凉山跑马坪,当地彝族发起当地人利用传统的"虎日"民间盟誓仪式戒毒和禁毒。庄孔韶发现后,认为该事件在学理上和应用上都非常重要,于是从 1999 年开始田野调研,观察彝族社会运作的自组织修补能力、高戒毒率的成因及

[①] 庄孔韶. 文化与性灵[M]. 长沙:湖北教育出版社,2001.

其文化动力内涵,接下来跟踪拍摄了2002年虎日戒毒盟誓仪式的全过程,并在该地区参与了更广大地区的推广工作。《虎日》站在人类学的整体论原则的立场上,认为文化的力量可以战胜人类生物性的成瘾性,这不仅和以科学的方法论的戒毒成果是异曲同工的,还被当成以不同方法解决人类难题的重要成果。《虎日》把学院派的传统研究转向直接应用,以示范和指导为目的来拍摄纪录片,为影像人类学的拍摄和制作提供了更为直观的指导。

冷冶夫在《民间影像的革命》中对人类学的意义做了详细阐述。"人类学纪录片的意义在于给观众一种全新的认识,让人们承认视觉艺术特别是DV完全可以成为人类学研究领域的领头羊。同时人类学纪录片又可以是一种跨文化的传播,对比文字语言和口语,它的理解力更为宽泛,它以一种更为多样化的形式在世界广泛地流传。人类学纪录片同时给人们一种超越学术范围束缚的,可供分享的人类学。纪录片是发现的艺术,DV对人类学和人文精神的贡献,便在于实现纪录片发现和纪录片等待的愿望,人类学有助于增进民族之间的了解和团结,有助于人类学的科学研究。"

孙本灵于2008年在《青年记者》上发表的文章《纪录片:站在人类学的高度放歌》中通过对人类学纪录片的解读对未来人类学纪录片的发展作了展望:"综观我国的纪录片创作,虽然起步较晚,但发展速度较快。特别是文化人类学题材的作品,已经受到国际纪录片领域的普遍关注。祖先几千年的文明为我们提供了取之不竭的创作源泉,我们应当充分认识到它的价值所在,摆脱'喉舌'作用的制约,用一种全新的视角,去冷静、客观地记录,记录社会,记录文化,记录人生。文化人类学纪录片不是满足人们猎奇心理的工具,而应成为一种体现人文精神和人文关怀的载体。只有抱着对人类文化作传承性记录,对人生给予终极关怀的责任感和使命感去创作,只有站在文化人类学的高度放歌,我们的纪录片才会真正属于全人类,才能真正走向世界。"[①]

1.5.2 大众文化

数字影像的发展带着鲜明的文化印记。数字影像日益发展成为了一种文化产业,就会具有文化产业非物质性、非实用性的文化特征,其消费也会具有独特性,是一种对于精神产品的占有和使用。数字影像作为一种新兴的文化力量在社会文化构建中的作用日益突出,在改造大众文化上更是作用凸现,显示出了蓬勃的文化生

---

① 孙本灵.纪录片:站在人类学的高度放歌[J].青年记者,2008(17):89.

产力,在对上层建筑的构建过程中也成为塑造历史的一种力量。

　　大众文化这一概念在美国哲学家奥尔特加的著作《民众的反抗》中最先出现,大众文化主要指的是某一地区、社团、国家中涌现的被大众所信奉并接受的文化。大众文化于20世纪后半叶兴起,其发展壮大也改变了中国文化的传统格局,并且对国民人格塑造和社会发展面貌都产生了较为积极的影响,进而引发了多重社会效应和不同的评价与议论,促使人们进一步去思考它的价值、效应及其发展控制问题。中国大众文化实际上是现代工业和市场经济充分发展后的产物,并且在大众文化浪潮中大规模地参与到了当代社会文化公共领域,可能会成为有史以来人类广泛参与的、规模最大的文化事件。

　　大众文化的发展催生了数字影像文化,而数字影像文化反过来又推动着大众文化的发展。数字影像文化是对传统文化的一种颠覆,使得数字影像从专业化走向了大众化,从艺术殿堂走入了日常生活。数字影像象征着一种文化自由,其制作可以抛开市场和审查制度,追寻着思想和创作的自由。数字影像的制作可以不需要专业而昂贵的摄像设备,一台小小的DV机就可以实现创作,技术上的进步推动了创作文化上的创新,轻巧的机身使得拍摄时不易受到觉察,可以轻易地记录社会底层的生存现状,同时可以追寻个性自由,将摄制作品上传到网络公共平台。这些改变宣告了个人影像传播的到来,更契合了大众文化中的大众性和交互性特征,是大众文化的组成部分。数字影像传播大大超越了传统影视传播,代表的是一种新的流行文化传播方式,其传播特征大大改变了以往简单的传受关系,受众和传者在传播过程中具有相同的地位,在数字影像文化中受众也具有自己的话语权,并且其地位日益重要。数字影像的多数创作者可能并不具备专业的摄像知识,但他们不为名利而创作,不为功名而碌碌,只是单纯出于一种对于数字影视的热爱和社会沉甸甸的责任感而进行创作,不断改变着日益浮躁的大众文化。数字影像作为一种青年流行文化传播方式也日益兴盛起来,校园DV更是成为最受欢迎的文艺形式,层出不穷的校园DV展和大学生DV节塑造着当今的校园文化,有利地带动了民间数字影像的创作和发展,为数众多的大学生DV和民间DV爱好者也已成为了大众文化发展的新动力。

　　数字影像文化的视觉变革已将我们带入到了后现代视觉文化的变革之中,日常生活和艺术的界限正逐步消失,人人都可能成为艺术家,而这种文化思潮的兴盛也大大消解了传统影视艺术的神圣感和优越感。中国传媒大学的胡智锋教授认为:"DV运动的出现使得纪录片创作更加普及化,其呈现出的对生活记录的个人化、片段化和无统一模式趋向也具有一定的后现代意义。"大众文化背景下数字影像的文化导向正朝着大众化、平民化的方向发展。普通大众对大众文化的需求也催生了数字影像文化这样一个文化概念,数字影像文化在成长中也需要大众资源来灌注和扶持它,而这还需要走上一段很长的探索之路。

1.6 数字影像传播

1.6.1 控制研究

美国学者拉斯维尔早在他1948年的《传播在社会中的结构和功能》的论文中就提出了构成传播过程的五种基本要素,并按照一定结构顺序将它们排列,形成了后来人们称之为"5w"的过程模式。这个模式第一次将数不清道不明的传播模式明确表述为五个环节,为我们理解传播过程和结构提供了具体的出发点,而围绕着五大要素也衍生出了五大研究领域:控制研究、传播方式、内容分析、受众研究和效果研究,这也成为我们接下来研究数字影像传播的五个基本领域。

控制研究专门考察传播者(包括个人和组织)的活动特征,并解释传播者与所处时代和社会之间关系的研究。控制研究的研究领域主要包括两个方面:一是考察外部制度对传播活动的控制和影响;二是考察传媒结构及其内部制度对信息生产、加工和传播活动的制约。从这两点出发,对影像传播的相关分析主要从外部政治制度的施控和传播者核心群体对数字影像的制作和播出情况入手。

外部政治制度的施控主要表现在国家和政府对数字影像进行审批、监管和对数字内容的限制和管理。以DV影像为例,我国的DV影像就需要进行审批和监管,这是由于我国的媒介理论规范是在无产阶级革命和理论的实践基础上随着社会制度的发展摸索完善的,因此在传播过程中要坚持党性原则。2004年,国家广电总局就下发了"关于加强影视播放机构和互联网等信息网络等播放DV片的管理通知",在通知中就指出DV影像传播要坚持正确的舆论导向,当前我国有一些DV片题材晦涩,内容消极,造成了不良影响。为坚持正确导向,引导DV片创作良性发展,丰富群众文化生活,必须加强DV片播放管理。除此之外,经济、文化和社会等诸多因素都会对数字影像传播产生巨大影响,在这里就不一一展开了。

数字影像传播者对于数字影像传播的意义则更为重大,数字影像传播者的独特特点也形成了数字影像传播的特殊方式。目前DV创作的主体呈现出了多元化趋势,其中平民化趋势凸现,主要分为民间DV影像群体和大学生DV影像群体。

民间DV影像群体主要包括独立艺术家、独立制作人和其他DV爱好者,而大学生DV影像群体特指爱好数字影像的大学生。民间DV影像群体一般并不属于体制内的媒体,通常没有商业化和播出的压力,他们一般崇尚自由表达的权利,把镜头对准社会体制外的边缘人。比如王兵的《铁西区》,就记录了东北某大工业区由盛转衰的过程,通过对工人日常生活的真实记录和准确把握,完美再现了大社会背景下的工人生活。当代DV创作主体也不断发生着变化,大学生成为了DV创作的最主要群体,大学生思维活跃、富有激情、乐于创造,他们最好地将个性化表达和DV创作完美地结合在一起,大学生关注的社会、生活视点非常广阔,聚焦于社会生活热点,表达他们直率的评价,寄托他们对未来生活的期待和憧憬。大学生创作不拘一格,个性化特点突出,其兴起和国内大赛的推动也不无关系。2001年,《南方周末》、北京电影学院导演系和实践社就创办了中国首届独立影像展。2002年凤凰卫视更是联合国内多家高校举办"中国青年影像大展:DV新世代"。这都纷纷激发起了大学生拍摄DV纪录片的热情,国内优秀的大学生DV作品也不断涌现。这些作品更多聚焦于学生生活。徐杨峰导演的《我的大学》给我们一种全新的阐释,影片中并没有波澜起伏的情节,只是一个大二学生两年大学生活的所思所感,影片中熟悉的校园场景,每天三点一线的单调生活,朴素的情感表达,勾起我们对于大学最真挚的情感回忆。教室、寝室、图书馆、校园简单而真实,在特定的大学生群体中引起了他们强烈的情感共鸣,获得了很好的传播效果,可以说正是大学生独特的情感体验和生活经历形成了他们独特的创作偏好,拍摄出来的作品也能别有一番趣味。

1.6.2 传播方式

在影像传播的过程中,介于传播者和受传者之间的正是传播渠道和方式,传播方式是用以负载、传递、扩散信息的实物载体或介质,是信息传播中的重要环节。DV诞生于一个信息化时代,这个时代中传播符号、传播媒介和传播科技相互叠加,信息流动高度自由,影像传播也从小范围的人际传播走向了现代化大众传播的阶段。电视、电影、网络等正成为大众化传播的主要渠道。人际传播是个人和个人之间的信息传播,其主要特征就是自我认识和自我认知,DV的个性化特征也正契合了上述表达方式。因为人际传播是一种非制度的传播,传播双方没有特定的权利和义务,这种氛围中传播者和受众也得到了有意义的交流和沟通,自我认识和认知得到了满足,从而推动了影像传播的发展。

信息化的发展,使得数字影像传播越来越由人际传播发展到了大众传播的阶段。中国人民大学教授郭庆光指出:"大众传播是指专业的媒介组织运用先进的技术和产业化的手段,以社会上一般大众为传播对象进行大规模的信息生产和传播活动。"要想使得数字影像得到最大范围的传播,就必须借助大众传播手段。目前大众传播的主要手段是网络、报刊和手机媒介,下面还是简单用 DV 影像传播来做一个说明。

凤凰卫视是目前国内最早将 DV 影像通过电视进行传播的。2002 年凤凰卫视开播了《DV 新世代》,DV 开始正式与电视这一传统媒体联姻。节目开播初期,凤凰卫视并没有自己的创作力量,于是他们和"中华青年"栏目合作,借助这一节目平台向北京大学、清华大学、中国传媒大学、香港大学等数十所高校和广大华人青年征稿,还邀请著名的导演、专家、学者进行点评。节目一炮走红,获得了较好的收视效果。至此之后中央电视台甚至各地方台都尝试开播各种 DV 栏目,比如北京电视台的《家庭录像》,江西电视台的《多彩 DV》,辽宁电视台的《百姓镜头》等。

除了电视媒体外,网络、播客、手机及报刊都是数字影像传播的常见渠道。网络作为发展最快的媒介,其传播具有信息量大、覆盖面广、传播速度快的优势,尤其是其交互性和开放性特征,和 DV 传播的特点不谋而合,共同演绎网络影像时代的神话。2001 年,一个名叫《清华夜话》的短剧被上传到网上,迅速引起轰动,传播到全国各大高校,成为 BBS 上的热门话题,引起大学生的强烈共鸣,成为了我国 DV 影像的标志事件,之后,更多的大学生和网友将自己的作品上传到了网络上,网上也有了许多较为专业,有着极大影响力的 DV 展示平台,比如"DV 俱乐部"、"三杯水 DV 文化网"、"V 电影"等。DV 和网络的结合是扬长避短的相互选择,DV 作品如雨后春笋的现状也对网络传播产生了依附性。DV 作品需要网络这样一个优质的展示平台,而网络也看到了 DV 在开拓内容资源、争夺传统媒体市场和青年受众群方面的巨大优势,反过来主张推广 DV 影像文化,两者形成了一种良性互动。

随着技术的发展,又产生了许多新兴的媒介平台,比如播客。播客是一种将文件上传到因特网,允许使用者订阅和自动接收新文件的方式。播客可以交流视频和音频信息,是一个多元而灵活的舞台,播客允许 DV 爱好者走出自娱自乐的圈子,将自己拍摄的视频资料上传到播客上随时和他人进行交流和互动,因此也被称为"个人电视台"。比较有名的播客网就是土豆网,土豆网把自己定位于视频的"大剧场",通过使用土豆网,用户可以轻松地发布和接收原创信息,并将自己创作的节目上传到设定的频道,其他用户可以通过该频道来下载文件。如果喜欢这个频道,就可以接收频道上的所有更新内容。除此之外土豆网的大容量、快捷和新颖也吸引着众多用户。除了播客之外,交互式电影也是一种全新的展示方式,交互式电影是一个群体性创作的过程,播客们以主人公身份参与创作摄制,同时也可以自己做导演、做演员、创作作品,通过即时性建议和互动,选出值得被播出的影视精品。观众作为审美主体参与建构影像的能动性大大增强,他们可以以行动干预影片的叙事结构、人物造型和时空关系,直接或间接参与作品创作,使观众观影过程中有了意义生成性,在影像形成中呈现多元建构力量。在关注各种新媒介的同时,我们也不应忽视纸质媒介。两本专业性DV影像传播期刊《DV@时代》和《大众DV》对于DV影像传播也有着巨大的意义。《DV@时代》是国内首份面对专业DV影像创作人制作的综合性、实用性刊物,它提供了从娱乐生活、技术器材到技术创作等各方面的指导,同时发挥着纸质媒体的深度报道功能,配合其专门网站提供即时互动服务,有助于读者获取最具价值的数字影像制作信息。在报纸、广播、电视、计算机和互联网之外,手机也正逐渐参与到DV影像传播之中,手机用户数的大幅增加,使得其称为不可忽视的传播平台。北京有一家DV工作室,就专门为中国移动拍摄DV"幽默"视频,每个短片不超过30秒,这些视频都是通过手机下载、发送使用的。手机视频未来可能会和手机彩铃一样迎来一个飞速发展的时代,这个时候DV的传播作用可能会得到更广泛地发掘。

1.6.3 内容分析

在一个完整的信息传播过程中,传播内容往往作为传播活动的中心环节受到人们的日益重视。传播内容是造成信息之间差异的主要原因,也成为制约传播效果和传播价值的主要因素。传播内容常常围绕着"内容是什么"和"怎么展示内容"两个问题,在内容系统中包含的特定意义是传播内容的核心,而内容系统中的传播方式也日益引起人们的关注。

对于数字影像而言,个性化表达是其内容最主要的部分。数字影像内容不拘一格,通常选择一种立足民间的个性化创作态度。多数纪录片都把视角对准了社会底层,以平等的眼光、平静的心态、平和的意识来记录普通百姓的日程生活。"独立思考"的个性选材是对传统的一种颠覆,更多地融入了"平等记录"和"客观纪实"的特征。吴文光的《流浪北京》就是这种特征的突出表现,《流浪北京》使用流畅平实的叙述方式来讲述5位"盲流"艺术者的梦想、追求以及他们所面临的生活现实。这5位艺术家分别是自由作家张慈、自由摄影师高波、自由画家张大力和张夏平以及自由戏剧导演牟森。他们为了自己的梦想,为了自己的艺术,放弃稳定的工作而选择北京漂泊,他们在北京漂泊的日子里那些生活的辛酸,那些执着的梦想,那些疯狂却又最终退却的追求,那些面对现实的无可奈何,在影像的交错叠映中让观众感受到这些"盲流"们其实就在我们身边,和我们的经历又是如此地相似。当他们被问到为什么坚持要来北京时,大家说"北京"这两个字是一种信仰,他们有着自己的艺术理想和追求,放弃了安逸的生活来北京就是为了追寻自己的梦想。而中国数字影视的独立和个性化表达,与这5位艺术家的梦想又是如此地接近。早期的数字影像创作者为了自己的梦想,怀揣着对电视专题宣传片的"反叛",来到了社会主流意识形态之外的领域,来放飞自己的梦想,追求精神上的独立。

影像时代取代了文字时代,人们更关注对于视频画面的解读。在数字影像传播中,传播效果如何很大程度上取决于画面语言的运用和把握,视频画面更成为交流思想和传递信息的完美渠道。画面语言用二维画面的形式来展现事物特点,可以形象反映事物,具有直观、易懂的特点,同时由于画面语言的直观性,观众往往能够较为清晰地了解一些复杂问题。但这对于影像制作者就有较高要求,运用画面语言可以增强影像作品的艺术表现力,优化传播效果。如何制作出好的画面呢?作者认为画面需要真实可信、制作精良、富有美感。许多独立纪录片都是对于日常生活的真实记录,如果在制作过程中造假欺诈,就会极大地影响纪录片的声誉,因此大多数都是以真实作为记录的标准,制作出的作品真实可信,让观众感同身受。杨天乙的处女作电影《老头》获得1999年日本山形国际纪录片电影节"亚洲新浪潮"优秀奖、2000年法国真实电影节评委会奖、2000年德国莱比锡电影节金奖、观众最喜爱影片奖。影片拍了两年半,后期剪辑了半年,从160多个小时的素材中剪出了90分钟,片中场景极其简单,基本上就是老头"扎堆"的街边和若干个老头的家里,画面朴实简明得确实毫无"技法"和"功夫",但却使观者感觉到其中人物的心跳、呼吸甚至汗味。片中的主角是一群公共住宅区里的退休老头,每天上午九十点钟提着小凳子自动聚到住宅区人行道上的某棵树下聊天;中午回家吃饭,然后又来,还是聊天,直至下午五六点散去。杨天乙自己花一万多块钱买了一部松下EZ-1微型数码"掌中宝",独自一人抱着个小机器蹲在街边和这群寂寞无比、唯有靠"扎堆"聊天来打发去日无多的时光的老头们泡在一起。[①] 那还是1997年年初,这一"泡",直到1999年,从街边泡到老头的家里,泡到街边的树叶长出又落下,泡到其中几个老头相继永远消失,最后泡出200多个小时的素材带。

数字影像画面绝不仅仅只有真实这一个标准,数字影像的类型很多,不同的类型可能具有不同的特点。对于艺术片来说要实现艺术上的美观,对于剧情片来说要实现情节上的明晰,对于纪录片来说要做到真实记录和表述上的严谨,不同的类型都有不同的要求,在这里就不逐一阐述了。

---

① 杨天乙. 老头[EB/OL]. (2007-10-27)[2014-7-12]. http://blog.sina.com.cn/s/blog_4e7cb78601000bj5.html.

1.6.4 受众研究

可以说在数字影像时代,变化最大的就是数字影像的受众。许多已经完成了由"受者"到"传者"的转变,而成为数字影像的独立制作人。同时受众也有着自己相应的权利,受众不仅是传媒信息的使用者和消费者,也是社会构成的基本成员,还是参与社会管理和社会公共事务的公众。郭庆光在《传播学教程》中就指出公众具有传播权、知晓权和传媒接近权。每个公民都有表现自由和言论自由的权利,因此任何一个公民都可以成为数字影像的制作人和传播者。此外公民有权利知晓周围的事物,对于一部分纪实纪录片来说又起到了真实记录的要求,以方便受众能从纪实类纪录片中真实地了解信息。同时传媒接近权也规定社会公众有权通过媒体来阐述主张和发表言论,因此电影、电视等平台都可以成为公众阐述主张的渠道。

此外,现在的媒体视角也在不断下移,更加呈现出"平民化"特征。普通老百姓都可以在镜头前"讲述自己的故事",也可以自己来拍摄数字影像作品,从而使受者变成传者。普通的受众使用一台DV机就可以随时将身边的新闻、趣事拍摄成为影像作品,而且拍摄的成本也在不断降低,越来越多的主流媒体也在逐渐认可民间制作的数字影像。2002年,以凤凰卫视为代表的许多电视媒体就开办了DV电视栏目,全国使用DV影像为题材来制作节目的电视台居然已经多达数百家。比较有名的就是2002年中央电视台《金土地》栏目播出的《开拍啦》。《开拍啦》是由央视信息部《金土地》栏目和数十家地方台联合推出的系列节目,其中农民既是主角也是导演。节目组从各地报送的众多自拍节目中,选定了24个首批播出的节目。从广袤的内蒙古大草原,到鱼欢虾戏的南海之滨;从富饶秀丽的东部乡村,到雄奇厚重的西部高原,东西南北的农民朋友们扛起了摄像机,拍下新农民的种种变化,讲述着一个个平凡而又感人的故事,使节目充满了风格迥异的地域特色和多姿多彩的民族风情。这档栏目的成功播出象征着中国主流媒体正式认可了民间影像,数字影像也从此登上了官方展示平台。

1.6.5 效果研究

现代社会是一个以大众传播高度普及和广泛渗透为主要特征的信息社会,这个社会人们的工作和学习都与大众传播紧密相关。大众传播对于个人和社会究竟有什么影响,这些影响和效果又是通过什么机制发生的呢?这里我们主要用"使用与满足"理论来说明数字影像传播的实际效果。"使用与满足"理论把受众看成是有特定"需求"的个人,他们出于特定的动机来使用媒介,从而使他们的需求得到满足。"使用与满足"和数字影像的平民化特征不谋而合,使权利主体回到了受众的本我过程,受众对媒介的使用是为了满足他们的个人需求。

后现代主义的出现产生了视觉文化,对传统文化产生了较大的冲击。这不仅使原本完整统一的思想体系变得支离破碎,而且使"去中心化"也逐渐成为了当代艺术的主题。而数字影像的出现契合了这一主题,数字影像不仅更具个性、更为真实、更加主观,同时打破了传统媒体固化的媒介传统,让大众在自我拍摄的过程中体验角色置换带来的快感,从而使数字影像逐渐成为大众独特的个人话语表达和反抗主流的工具。数字影像创作给了很多人以表达梦想的自由,其创作在资金、技术和体制上的限制也较少,能较为清晰地表达受众的个人视角和风格。在数字影像拍摄和记录上能实现自我的满足,体会到一种被人关心的快乐,这也是许多大学生热衷于创作校园 DV 的原因。

DV 作品也在逐步改变人们对于自我的认知,不仅在作品中会传达出一种强烈的情绪,而且还隐藏着创作者自己内心的真实感受,人们也可以通过 DV 时刻审视和了解自己内心的真实声音。在 DV 作品中,人们用一种全新的视角来关注自己和自己身边的事。年轻的创作者们更习惯将镜头对准自己身边的父母和社会最底层的人,通过他们的经历来改变自己的生活。而当这种感受积累到了一定程度,就会变成一种习惯,从而塑造起自己的人生轨迹。

第 2 章　数字影像价值与影像文化革命

2.1　数字影像的基础性价值

2.1.1　低成本制作

我国长期以来,因为人们的个人消费能力一直相对低下,消费观念也比较保守,同时由于数字影像设备在产品开发和市场推广的前期价格十分昂贵而且性能也不太稳定,怀着摄影梦想的人常常想拥有它而不能实现。因此,设备成本和制作费用是数字影像摄像机成为普通人群用得起的最重要因素。当然,专业的传统摄像机的价格对于普通大众来说无异于天价。

随着电子数码产品的技术进步和市场需求的双重成熟,DV 摄影机的价格一降再降且性能一升再升,高端的机器也可以在一万元以下购买得到,即使 2000 元多一点的机器使用起来也是很不错的,家用甚至是商业用途都没有问题。在其他费用上,人工和时间成本暂且不计(为爱好牺牲一点是值得的),当原本已经比较便宜的 DV 带渐渐地被硬盘类的储存介质所取代之时,耗材成本也降到了极点但影像资料在储存和转录方面的优势却大为提高。那么拍摄 DV 片的风险在哪里,成本如此低廉,发挥的空间又如此广阔?

不用担心投入的问题,也不用担心制片人给你的巨大压力,心是自由的,行动更是自由的,剩下的就是技术的运用和才华的施展了,你可千万别说自己并没有这方面的才华和天赋,只是赶赶时髦而已。

2.1.2 便捷性使用

自从20世纪开始出现摄影机,那简直就是一个巨大无比的家伙,如果你真是个大力士能扛得动那也会显得滑稽无比,毫无艺术和时尚的感觉。而在100年后的今天,它变得精致小巧、时尚可爱,体形上的特征便是数字影像设备征服粉丝们最具魅力的因素,以DV机为例,对于众多的摄影者来说,DV机器携带方便、操作简易已经不再是值得炫耀的事情,无论创作纪录片、文艺片、商业片还是剧情片,一台秀气的机器加上一台同样秀气的笔记本就可以轻易搞定。

如此便捷的硬件优势,使得我们一旦遇上有价值的题材,或是一旦有了一个妙不可言的想法,就可以随时随地记录,随心所欲地创作。一旦好的作品素材具备了,调入PC之中,简单易懂的"会声会影"(Ulead Video studio)也好,复杂一点的"Adobe Premiere"和"Adobe After Effects"也好,先把宝贵的素材根据需要精确地剪辑一番,加些简洁的调整和修饰,然后再加些特效渲染意境,一部美轮美奂或清新简明的纪录"大片"就新鲜出炉了!

对比一下传统的剪辑方式,采用线性编辑那套做法不但制作周期长、制作设备昂贵、技术处理麻烦、人员要求极高,而且巨额成本投入是个天大的难题,与数字影像创作相比简直有着天壤之别。这下好了,作品有了,还有非常优秀的剪辑技能,接下来怎么办呢?不管是刻录成DVD还是上传到网络,甚至哪儿也不去就放在电脑里向周围的人显摆一下DV摄像机的神奇、制作合成水平的高超以及相应的艺术水平,都是可以的。

2.1.3 艺术表达更容易

有了这么好的机器,这么低的成本,要命的是投资方、制片人、导演、演员都可以让读者一个人给兼了,既过足了影视创作的瘾,又极大地激发了艺术的灵感和激情。

从业余爱好的角度来看,如果读者是一位多才多艺的都市白领或是企业中高层级的管理人员,繁忙的工作之余带上心爱的机器,记录生活中令人惊奇和意味深厚的点滴片断,或是创作一个小型的剧情片(时下流行的微电影),与身边的朋友分享,与网络上的朋友分享,同时做一些兼职的商业影视创作,都是让人跃跃欲试的事情。如果万一不幸被哪位知名的文化公司或影视企业所看中,读者很可能就要结束原来的平淡生活,走上名利双收的道路,虽然并不出于本意但仍然可以坚持自己的DV之路不放弃。如果读者已经是一位标准的成功人士,只想用DV创作艺术和记录愉悦的生活感悟,就尽可能地买些好的设备,花更多的时间用艺术和休闲的情调来调剂自己的私人空间吧。

从专业的摄影师和影视制作企业的角度来看,抛弃从前的庞然大物和人数壮观的制作团队从情感上可能难以割舍,从投入的成本和精力上去考虑也可能有些惋惜,但那都得打住。因为当读者向投资方展现自己的艺术和才华时,对方看重的是最终的效果而非制作的壮观的过程,进一步地理解,影片的消费者是观众,他们根本不知道成本是多少,只知道从影视的质量、品位和内涵上去评析一部作品,哪怕读者给观众播放了一个成本可以忽略不计的幻灯片,而故事精彩、画面高清、效果动人也是广受欢迎的。

由此看来,一万元左右的DV摄像机(如果摄像技术不是差得太离谱,绝不会有人从读者的摄制因素中找到对机器不满意的地方),一万元左右的电脑(作为不比美国大片需要更高特效的影片来说,已经算是超级机器了),再加上一套常用的软件如Adobe公司的PS、AI、PR、AE等(国内一般用的是免费版,如果读者的确有资金实力,买一个组合套装的专业版也是可以的)。对于专业人员来说这点投入简直不值一提,对于非专业人士来说即使把总成本再降低一半似乎也不会有任何问题。

因此,要想完成一部好的DV数字影像作品,硬件成本将几乎不会给读者造成任何障碍,真正的障碍就在于读者的技术和艺术的水准和天赋了。若是恰好读者偏偏最不缺乏的就是DV数字影像技术和艺术,那么DV数字影像的艺术展示将变得前所未有的容易。

上文所说的"艺术"是基本排除那些立志于"独立纪录片"和为电影艺术献身的独立艺术创作者们,只是探讨没有强烈艺术理想的普通大众群体,因为生活和艺术其实并不必把它老是挂在嘴上。

2.2 数字影像的市场价值

根据前文大量的介绍,DV原本是从"数字摄像机"的英文名缩写而成,指的是一种新的设备。后来,人们又习惯于把这种机器所拍摄出来的作品也称之为DV,或称之为数字影像。机器的革命性代表的是技术的质变和飞跃,而数字影像作品的出现以及后来如雨后春笋般的萌芽、成长,却不仅仅表明了一场技术革命的意义,更多地解释了一场文化、商业上的深层价值。

从一定的角度去理解,万事万物都有其自身的价值和对他人的价值。当数字影像作品问世时,人们在预测它将不断地扩大影视爱好者的参与数量和人群之外,是否也会认真思考一下它自身的价值和对他人、社会的价值?

不管先进的还是落后的,优秀的还是平庸的,人和事都拥有自身与生俱来的内在价值,这点是毋庸置疑的。人和事对他人与其他事物的价值就显得非常具有探讨价值。简单的理解就是以自身的、固有的、本质的优势,能创造价值、传递价值和实现价值,就是有价值。DV摄像机及其作品亦是同理,它的存在和发展至少有技术、文化、商业三个方面的基本价值。

2.2.1 技术价值

当人们先后惊叹于"微软"与"苹果"的奇迹时,首先想到的那是巨大的、神奇的科技成果而非营销、管理、制造方面的成就。当人们在谈论军事话题时,几乎专注于争议 F-22 和歼-20 之间的优劣,却很少有人结合一代战机与孙子兵法打败五代战机的思维,即使是四代半战机加上最牛的孙子兵法恐怕也没多少人会相信它就可以与 F-22 和歼-20 一较高下。

可见技术的魅力是强大的,也是颠覆性的,至少现在的人们几乎都这么认为。

成本低廉引出平民艺术家。技术的进步为人们的生活和工作不断地创造出新的便利,而一项技术在经历发展与成熟的阶段后,其性价比就会变得越来越高,而产生连续的更新换代实现技术和功能的升级。这些特征体现在电子和数码产品上尤其明显。由于 DV 机同时又具备操作简易的特征,许多业余爱好者和以商业为目的而操起 DV 机器的人,将由远离影视到对 DV 机爱不释手甚至以此为谋生和职业发展的手段。比如婚礼影像的拍摄制作,民间文化活动的记录以及商业活动的影视创作,都将是 DV 数字影像技术造就的"奇迹"。

操作简易模糊了专业与非专业的界限。由于 DV 机器极易于操作,在网络上搜集一下热心网友的经验之谈和朋友稍微指点一下,甚至是看一下说明书的内容就可初步掌握 DV 的运用,仅仅是新手摆弄两三回,操作上就可能没什么问题了。因此,DV 摄像机又被称为"傻瓜式"的机器,或可以叫作智能机器。从操作上来看,非专业和专业之间的确是靠近了许多。

高品质的输出更受欢迎。DV 摄像机与传统摄像机相比图像分辨率更高,DV 摄像一般可达 500 线以上,而传统摄像机相对较低;而且在色彩和亮度的对比上,DV 摄像机比普通摄像机高出六倍以上,已经达到了专业级的标准,而这一优势还在继续扩大。更为重要的是,DV 影片可以无限次数地翻录、复制、储存和播放,而影像质量丝毫不会减损,这一特点是传统影像不可能完全做到的。

后期处理的功能丰富了影片的表现力。DV 数字影像革命性的进步还体现在它与计算机运用的进一步结合,甚至称得上是完美的融合,在影视作品后期的剪辑、合成与特别制作方面以及网络传输与传播方面均配合得天衣无缝。计算机软件的非线性编辑省略了除录像机外的所有附属设备,包括编辑器、调音台、特技台、字幕机等,在大幅降低制作成本和节约人力与精力的同时,消除了各种由于设备连接运作时带来的视频质量的损失,并且在寻找编辑点时十分容易。在传统的编辑工序中需要花费大量的时间和精力去努力应对,磁头磨损也是一种负担。在转录和存储方面,计算机的效果就更加突出了。上传、存盘然后经过相应的视频软件操作,少则几十分钟,多则几小时,视频编辑合成完了再加上音频效果,最后调整一下格式,在连接计算机上的刻录机中转换为 DVD 光盘,如此简单。当然,存储在电脑里面,上传到网络上还是私下分享给相关的人,都是简单得不得了。

从历史上的经验来分析,但凡一次巨大的技术革命,都会带来一次巨大的经济、文化与社会层面的革命。影视创作从萌芽到现在的繁荣也才经过短短的一百多年,技术进步给影视带来的影响可谓层出不穷。现在正迅猛发展中的数字技术将使得 DV 数字影像技术向更多的质变进行跨越,虽然有专家指出再高级的 DV 数字影像摄像机也不可能超越专业的摄像机,认为他们各自保持优势,前者不可取代后者,其实这种看法未免过于保守,因为在科技进步面前一切皆有可能。

2.2.2 文化价值

什么是文化价值?听起来似乎有点抽象和空泛,不过先通过概念的表述和一两个例子的说明就很容易理解了。文化价值似乎包含两个方面的价值:一方面是能够满足一种文化需要的客体价值,另一方面是某种具有文化需要的主体价值。文化价值是社会发展的产物,如果把文化价值理解为满足个体需求的事物属性那肯定是片面的。因此,人不仅是文化产物的需求者,而且是文化价值的创造者。同时,文化价值的产物任何时候都是为人服务的,人类不需要的东西便不具有文化价值。而且,文化价值又是由人创造出来的。不管是人的文化需求,还是以满足这种需要为目的的文化产品,都只能在人与人的社会实践中形成。

这些话听起来有些枯燥而且啰嗦,但说中了要害,即事物的文化价值必须有需求和满足,也必须对社会和人类有益。针对 DV 数字影像机器和 DV 数字影像创作来说,平民化、大众化的需求以及专业机构的需求都是强烈的。这也改变了影视作品中主流、精英、专业和机构组织的"垄断"状态。举些例子来简要地说明一下 DV 数字影像的文化价值。

一对恋人要结婚了,肯定有人要说制作婚礼影像留作纪念,其实不对。婚礼视频固然要做,但是更多的恋爱经历和感觉就会随着时间的流逝而淡去,于是两人重游旧地重温过去,记录一些相似的情景,相似的背景和情节,是不是比婚礼上的记录更加有意义?一个创业者及其群体都有其难以割舍的情结和经历,把过程的细节和事业上的经典片断记录下来,绝对是一件值得欣赏的事情。还有,人们在生活的历程中总会发现一些很有意义的事情,把它们记录下来,上传到网络或留作影像素材,都很有价值。对于一些的确很有艺术天赋而"怀才不遇"的人来说,从主动性、系统性创作的角度来看,编写好剧本,然后搜集素材,最后加工合成,形成一个艺术化的影片,用作娱乐、商业的用途,也都是很有成就感的事。

因此,采集并加工处理了的数字影像影片,无论上传到网络微博上以供粉丝欣赏或勾引"大人物"伯乐识得千里马,还是纯粹为了文化和艺术单纯地创作影视,记录现实,提炼精神层面的内涵,那应该都是数字影像文化价值的基本体现。

2.2.3 商业价值

在市场经济时代,差不多每一项事物都得跟商业和市场价值挂上钩,这是数字影像价值表现最为常见也是最有意义的形式之一。目前,在国内外的商业影视界中,由于出现得相对较晚以及认知不够,与专业的、传统的影视作品相比,不一定所有的人都能迅速地意识到 DV 的存在价值和可深度挖掘的价值。打个浅显的比喻,传统的、专业的摄像机器及其作品就像高档、贵气的晚礼服和正装,而 DV 摄像机及其作品就像便捷的休闲装,它是时尚、快捷、休闲、娱乐甚至也可以是高端和品位的代名词。因此,数字影像的商业价值可以大致理解为满足基本的平民化需求,同时又能满足中高端的文化、娱乐与艺术上的需求,所谓浓淡两相宜、可进可退。

早在几年前,一些较为专业的数字影像创作者会把他们认为不错的作品卖给电视台用作普通的节目,也有人把自己的作品作为其他电视、电影作品中的素材使用,价格常常是很低廉的。价格较低的原因主要在于,老一代的 DV 爱好者对计算机的影视后期处理水平不够,而新一代的 DV 爱好者由于生活阅历的缘故导致数字影像作品的内在价值相对较浅,一般两种情况下都交易不到好的价格。另外,数字影像作品的使用方认为创作者投入的成本不高,理应得到较低的回报,是一种依据成本定价的交易方式,更因为电视台、影视公司总处于强势的地位,数字影像创作者得不到提高身份的筹码。

但是,事情的发展总会有一个过程,随着时间的推移,需求方对数字影像的认知度越来越高,市场上对于数字影像需求的渠道和形式也越来越多,数字影像的商业价值不再"华山一条道"——硬往电视台上挤。首先,创作者更加注重剧本的质量和商业的元素,其次是拍摄水准的提高,再次是剪辑合成、后期处理等工序能力的提升,最后才把精制而成的作品往传统的影视渠道以及网络视频、广告宣传等多元化渠道上推广。如此一来,不但提升了作品的价格,多了选择的空间,而且越来越多地体现了 DV 数字影像作品本质上的价值。

比如制作一个小电影,价格稍贵(万元左右)的 DV 摄像机就可以采集到很高清的影像素材,利用最新版的 PS、PR、AE、Maya 等影视编辑软件,充分发挥其功能,光景效果、动画效果以及音频效果都能得到极致的表现,而且在机器的功能、人员的才华与技术以及商业的导向性等方面都有了大幅的进步。在不久的将来,只要创作者愿意,他们就可以进一步缩小与专业的影视制作者的差距,甚至可以凭借 DV 机器与计算机的完美结合而进入专业影视创作者的行列里,超过传统的影视制作水准都不再是什么难事。

如果把拍摄到的经典素材稍作加工往往可以卖到惊人的价格,因为美好的瞬间和灵感的触发不是金钱可以衡量的。另外,网络上用来作视频营销的视频广告载体也日益流行,效果显著且需求量巨大,在可以预见的未来更会呈现井喷之势。在户外广告和建筑内部空间的影视广告运用中,DV 数字影像的作用同样不可估量。

我们可以闭上眼睛想象一下,网络上的几大视频网站有几百万点击量的商业软性广告,大都市里的车站、广场、电梯里都有着精美、新颖且内涵别致的影视广告,关于大自然美好瞬间的素材和片断,日常生活中突发的事件,非主流的事情,都是高端节目和影视极渴望得到的宝贵素材,从商业上讲有了好的供应而对方又有强烈的需求,何不认认真真地待价而沽呢?

2.3 平民影视的兴起

何谓平民?平民是与贵族相对应的概念性群体。贵族使用的东西一般都比较昂贵,而且并不一定能很好地利用它。就拿 DV 机器与创作来说吧,多数的平民百姓都能买得起这架机器,都能拥有一台电脑和相应的配置,并较为强烈地意识到自己的生活和工作当中有那么多有意义的事值得记录并保存下来并使之显得更有价值。同时,平民的经济状况和生活空间决定了他们更加在意精神生活上的调剂而非商业运作。而且,他们能更加高效地利用机器的功能,尽其最大能力去完成梦寐以求的创作,在这点上面专业人士和贵族似乎并没有什么明显的优势。

2.3.1 家庭影视

一个长久稳定而温馨的家庭需要记录许多成长、发展过程中的大事、小事和很有意义的细节；一个新组建的家庭更加需要记录当时的美好情景，以免错过珍贵的事件和瞬间；在旧的家庭渐渐老去，新的家庭紧随其后，当经济条件和幸福指数越来越高的时候，四世同堂的天伦之乐以及重大的转折比如生日、婚庆、求学、创业等，没有一个人不想用最为逼真的影像将其记录下来。标记好年月日、地点场合、人物事件，并能以计算机的处理使之变得更加富有留恋、收藏、回忆的价值。

家庭影视在包含数字影像记录价值、娱乐价值、文化价值的同时，也具有一定的商业价值，比如在商业活动中依靠影视的记录以展示个人的魅力，还可能把珍贵、不可复制的情境化素材用于商业利用。

2.3.2 网络视频

根据权威机构统计，目前我国的网络人数已经多达4.85亿，网民结构也发生了巨大的变化，由年轻主力向两端扩展延伸，"90后"和"80前"的网民比例逐年增加，并对网络的热情与日俱增。网络上的内容主要有文字性的新闻、帖子、博文、小说等，影视动画主要有游戏和影视等。当网民的浏览偏好渐渐迁移时，文字让人觉得单调，二维动画让人觉得简单，而包含电影、剧集和网络"自拍"的视频已经是网民上网观赏浏览的主要对象之一，并且在选择对象的比例上有明显增加的趋势。

网络视频的特征主要是随意、精短、创新与搞笑，在创作质量和收藏方面仍然大有欠缺，但是其突出的优势是制作简便、易于互动、符合网络潮流和特征。娱乐是首要的创作动力，商业只是营销高手、策划高手和真正把技术、艺术与商业结合的人的做法。虽然很多人都想把自己的作品用作商业推广和传播，但不是每个人都能如愿以偿。

然而，网络视频的娱乐效果和商业效果却是令人惊奇的。一个大型门户网站上常常有变换无穷、引人瞩目的视频宣传片，商业平台上视频宣传亦是如此。独立的户外、室内场合需要经常性更换的视频广告也是代表一部分商业DV的需求，而且价格较高。直接发布在大型视频网站的视频，以娱乐为主的表现形式往往承载着重要的商业目的，常常以软性的方式体现着商业信息，而娱乐性、文化性含量比较高的视频影片将使受众乐于接受并主动传播，产生累积或爆炸性的商业传播效果。而这一现象在优胜劣汰、分化组合的过程中逐步提升了整体的质量和商业内涵。

通俗一点地理解,或者当有网络商家需要软性手段推广商品时,或者当有传统客户需要企业广告宣传片时,或者当门户网站和商业平台需要创意、大气、时尚而商业意境深厚的视频作品时,手持DV摄像机、掌握软件后期技术并有商业灵感的专业和非专业DV创作者,就可以积极地为迫不及待的客户们创造更好的作品,传递更高性价比的商业传播载体。

很显然,相对传统而保守的人士来说,DV的功能和魅力貌似得到了放大,其实不然,DV的商业用途还有很大的挖掘空间,将来的三维动画、影视特效与实物、实景的融合,将给商业传播增添更多的惊喜,而消费者则会更加乐于接受,DV数字影像的价值无疑具有极大的前景,只要相信,一切皆有可能。

2.3.3 独立纪录片

纪录片通常把生活中的内容作为创作素材,并且以真人真事为表现对象。纪录片不仅通过艺术的加工来表现事物本质的真实,而且还通过再现现实的真实来引发人们的思考,其核心价值就在于纪录片本质上的真实性。一般说来我们认为电影的诞生是始于纪录片的创作的。

在我国,独立纪录片的创作者通常并不在体制之内,创作出的作品也没有太多商业化和播出的压力,独立纪录片的创作者也往往会把镜头对准了社会体制之外的边缘人,倾听他们的隐秘心声与情感陈述,通过镜头来传达创作者的人道关怀精神和个性特征。

这些纪录片不仅独具艺术价值和审美价值,而且日益成为中国社会多元化文化中的重要组成部分。虽然这些独立纪录片并没有在主流渠道如电视台播出,但因为其贴近民生的特点也赢得了稀缺的注意力资源。真正热爱影视和喜欢纪录片的观众会想方设法去接近它,了解它,深入体会这些作品的独特魅力。这些作品不仅抛开了商业的压力,抛开了收视率和发行量的捆绑,而且还以一种独立的精神来表述作者的个人意识和气质,给现有的影视作品注入一股清新的元素。

这一类作品让我们看到了"习惯"、"模式"之外的另外一种生活。艺术家的存在是让我们不要被习惯淹死、淹埋。从美学的角度来看,边缘纪录片对真实性、客观性更为侧重,离生活的原生态更接近,基本上没有什么避讳与掩饰。它尊重被摄人物的人格与性情,注重与被摄人物的交流和对话,具有明确的文化思考和人文关怀,并且这些作品以强烈个性化、风格化特质突破纪录片的陈腐模式与思想禁忌。[1]

---

[1] 曹坤. 关于纪录片的美学思考[J]. 当代电影,2003(5):74-77.

但是,作为独立纪录片其本身也必须生存下来。《危机中的文明》的作者指出:"小说的生存,关键在于能否把社会、道德关怀与不断更新的艺术表现形式有机地结合起来。"因为我们正迎来一个"我自由、我选择"崇尚个性、张扬个性的时代。而这其中民间影像个性化创作就恰好和我们这个时代的要求不谋而合。在这面追求自由的大旗帜下,我们虽然能够找回自我,但却更容易被道德、伦理和责任所束缚。如朱传明的作品《群众演员》就被提升到纪录片的道德和伦理的层面来加以讨论。

现在独立纪录片也并不是一个热门的行当。纪录片创作者的生活依然很"穷苦",他们有些是自由职业者,有些人的生活状况不佳,但他们会认为自己并不是新闻记者,而是艺术家。但为了维持生活,筹集资金来拍片,他们有时却不得不违心摄制一些广告或低级庸俗的商业片,这使得他们的艺术地位岌岌可危。对于我国而言,独立纪录片大多会选择在海外参加电影节或发行。而获得拍片机会的途径一般有三种:一是创作者自己掏腰包,二是找赞助,三是和电视媒体合作。2002年6月13日的《南方周末》用一整版的篇幅探讨了独立纪录片作者的新生活。随着境外媒体的悄然进入,我们也许会慢慢迎来独立纪录片的早春,正是因为我们对艺术的执着追求者怀着敬畏的心理,所以我们才希望他们的才华和梦想得以更多地实现。

不管我们是排斥还是接受,是挑剔还是宽容,独立纪录片日渐崛起的大趋势是不可逆转的。虽然当下独立纪录片的处境依然艰难,宽松大环境后独立纪录片的发展仍然存在着诸多不确定性。而民间纪录片所留存的大量作品,也必将积淀成一种特殊的历史经验并从根本上改变人们对事物的记忆方式。因此我们不仅应该对它的未来抱有期待,而且更应在精神上予以大力支持。

2.4 草根 DV 的价值

只要读者拥有 DV 机器,并且懂得基本的 DV 数字影像技巧和制作技术,那么就可以自拍自导自演地完成一部"像模像样"的小电影。这就是传说中的草根 DV。草根文化可以说是任何一种文化的提升,那么就从个人角度分析一下"草根电影"的现状与未来。

草根 DV,顾名思义就是源于生活底层的电影,由群众的、非专业的演员表演拍摄出来的电影都可以算得上是草根电影。近几年一直流行"山寨"这个词汇,与电影结合在一起就是"山寨电影",山寨电影就具备了草根电影的基础和共性。山寨电影只是效仿,而非真正地源于生活,源于群众。所以山寨电影还需要回归草根文化,在山寨电影中不可缺少的就是草根文化。因此可以得出以下结论:草根电影远远强于山寨电影,前者远远比后者具有艺术气质,只有将二者结合起来才能成为真正成功的草根电影,而这一实现的过程离不开 DV 机器、DV 数字影像制作技术和 DV 数字影像的创作理念。

比如在优酷、土豆等草根 DV 作品爆满的平台上,在 DV 的帖子下面留言"不好看,没意思"之类的话语比比皆是,还有大学生 DV 数字影像作品、独立纪录片作品,毫不出彩地挤在一起,顿时让人对 DV 创作的信心全无,这可能并不是一个好的现象。

这种现象算是全民 DV 时代的肥皂剧吗? 在 DV 机大量生产,网络视频网站火爆的大环境下,草根 DV 多年以来已经树立了自己的圈子,无论是群众基础还是技术基础都已经成型。还清楚地记得 2007、2008 那两年手机视频火爆的情形,"自拍"圈子里不断传出超级牛人用手机拍出来的电影,手机拍 MV 的新闻也成为那一时轰动的传奇,这两年更是流行单反拍电影。可以说网络视频和拍摄媒介的多样性已经让中国的网民人人都可以拍自己的电影并且发行了(动不动就往网上发,只要成片了就可以称之为"电影",小电影或微电影)。

但是,这些有利条件并没有给中国的网络视频文化带来太多精彩的内容。想起有人批评阿凡达的博文里面的一句话:"中国什么时候有了这么好的电影基础了?"其实我们已经有了非常好、非常强大的电影基础,甚至每个人都可以拍电影。但是我们在拍些什么内容呢? CCTV 有个节目叫《爱拍电影》,貌似很精彩,其实不然。虽然总会有一些我们老百姓的作品被选送并且播放,甚至有不少题材不乏温情或者有趣的一面,但仅仅只是为生活增添一点调味剂而已。然而调味剂始终都只是调味剂,深度的缺乏便显得十分明显。除了表面的味道之外再无更多深层次的养分。可见,无论是土豆、优酷还是央视平台,只要视频节目足够博人一笑或者能让人打发一些无聊的时间,即使是制作水平很一般、艺术更加谈不上的节目也能在网络上大行其道甚至是在电视节目上经久不衰。一些视野独特的人一直会认为拍电影就应该和基督教里面上帝造世界一样虔诚。要有光,温暖的、刺眼的、昏暗的、足以动人心脾的阳光;要有空气,能够制造情绪的、扣人心弦的空气;要有水,足够滋养人性、润泽灵魂的生命液体;要有太阳和月亮来承载昼夜、交替时光年华;要有生命,要有人。因此,用人类的灵魂来叙事,才能成为生动的好作品。

先不说没有专业知识的草根们,就看看我们现代大学生的 DV 数字影像作品吧(极少数的优秀作品及作者还是值得推崇的,应当另论),常常需要以"我们不是专业的,所以不要要求那么高"来作为平庸作品的借口。事实上,很多与现代大学生同龄人的作品都很不错,单不说基础知识的层次,至少他们在试图表达着价值和内涵,试图表现艺术和生活,不管是人性或是情感还是其他有意义的事物。但是,大多数的大学生 DV 数字影像却是怎么也走不出平常的套路,"没有什么可拍的"、"时代的平庸就只能拍出平庸的作品",这道理好像在哪个创作圈子里都能够站得住脚。

中国网民的热情高昂加上人数众多,这是我们这样一个发展中的大国里面很重要的一支力量。不仅在政治上、经济上,在文化上也是如此,我们有猫扑、天涯,有优酷、土豆,有开心、人人,还有在中国很火的 FML。令网民们普遍印象很深的是惠普和土豆搞的新青年导演计划,土豆自己也搞了个映像节,可以看出网站对于引领影视文化所作出的努力。但是,仅仅一个《李献计历险记》就把这些风生水起的网络视频都比了下去。原因自不必多说,一个有思想、有内涵且贯穿始终的片子自然比毫无意义的调侃搞怪更吸引眼球,更加令人乐于欣赏、深思。甚至连颇有名气的专业导演和影视制作人缺的也正是这些东西。对于时尚的创作者,最为缺乏的就是生活性和底蕴性,能拿出来的感动人的东西实在是太少,虽然逗人乐乐倒是没问题,可逗人乐一乐终究不是很有价值的事情。有些人擅长恶搞,但是电影基本功太弱,所以真到实拍就成了烂片。有些人擅长细察生活,可创作的才华又令人不敢恭维。既懂生活又懂艺术的人似乎没怎么上大学,至少没怎么混进"大学生 DV"的行列。

真正热爱电影和 DV 数字影像的人,一直都不喜欢张口就来一句文艺青年常说的"用灵魂来拍电影"什么的,觉得过于"假大空"。但是,如果真的不用灵魂甚至是不用肉体和皮毛拍出来的东西,其价值又如何呢?无实质内涵无真实感情,这就叫作浮躁或者无病呻吟。在商业气味越来越浓的今天,当大学生们对物质一类的"身外之物"尚不能探究一二而去穷追"艺术",那么我们是不是该想想,我们是谁?我们到底要表达什么?我们希望坚持的美好事物又是什么呢(说到"真善美"似乎又越说越玄乎了)?我们的技术已经够了,连《建国大业》都做出了那么惊人的特效,可是我们的艺术呢?能管"特效"叫艺术吗?且不说"越说越糊涂"的艺术,那就讨论一点最为实在的,最有现实意义的事情吧。请问,我们还能用什么东西来满足看客日益腻歪的胃口呢?才华和内涵也许是后天可以培养的,但绝对不是大多数人都可以培养出来的。否则,大多数的人们就不会一听到"艺术"二字就避而远之了。

2.4.1 记录现实与生活

在中国独特的国情和文化环境下,独立纪录片自然有着它自身固有的含义。20世纪90年代是中国独立纪录片兴起并发展的开端时期,由于政治、经济、文化等各方面的开放性以及相应的"独立和自由精神"的萌发,独立纪录片为中国的纪录片注入新的活力的同时,不利因素的制约束缚却依然不少。一方面,体制内的公职人员愿意更加专注于自己的创作,成为自由独立的"边缘"、"非主流"影视艺术家;另一方面,自认为才华和天赋没能得到体现的人为了兴趣和爱好而进行影视艺术的创作。然而,这一进展的过程并不是十分的顺利。这些早期独立纪录片的作者都是有其特殊原因和背景而参与其中的,因为与体制内的组织有着业务上或多或少的联系也受到相当程度的制约,而另一部分忠于艺术创作的独立纪录片的作者选择了真正的独立创作与独立发展,有着独立创作行为与创作精神的群体便渐渐地浮现出来。

随着他们的积极创作并带有用心创作的作品走上各种舞台,也还是获得了不少的成功。于是,在DV机器便利和个性解放的多重因素驱动下,越来越多的人实现了自己的"梦想",轻松地记录现实与生活并进一步拔高成为经典艺术之作已经是一件较为容易的事情。或许对于草根艺术者们来说,如果不用进一步考虑文化和商业上的追求,DV数字影像已经能够完全实现了影视创作的梦想,生活变得不再了无生趣和一去不复返,一切曾经美好的东西都是可以重现的。

2.4.2 创意与艺术

创意是什么呢?有人如是说,创意是对传统的翻新再造;是打破常规的逻辑体现;是勇敢、智慧与思考的结合体,是灵感迸发、导引、递进、升华的过程和表现;是一种智能拓展的神奇表达;是一种深浅皆宜的文化内涵与底蕴;是一种瞬间闪光的震撼;是推陈出新的创造与毁灭再生的循环;是宏观微照的思维定势;是画龙点睛的关键行动;是跳出庐山迷雾之外的突破性思路,超越自我且超出常规的导引式创想;是智能产业与精神创新神奇组合的经济魔方;是思想宝库、智囊宝藏的能量集中的释放;是深度情感、感性诉求与理性思考的融合;是思维碰撞、智慧连接的结果;是整体创造性的系统工程。简而言之,创意就是具有新颖性、创造性的思维,是一种使受众产生共鸣的差异。

像上面说的那样,创意被"思想家"、"哲学家"和"文学家"们描述得神乎其神,似乎创意是一种神的力量,又有点是故意把简单的事情说得复杂了。其实生活就是生活,现实就是现实,源于生活的艺术才是创意的基础和价值回归之处。对于草根 DV 和大学生 DV 的创作者们来说,他们从来没有把创意理解到那样了不起的高度。生活、工作的忙碌之际或休闲之时,突然对眼见的事物产生了感觉,不管是抽象的还是具体的,把它捕捉下来留存作为素材和片断,或是整理成为片子,就可以成为一种 DV 数字影像创意的体现,如此而已。对于致力于纪录片创作的人来说,创意更是一种有准备的东西,而不是虚无缥缈的所谓"创意",无聊与无厘头更不是创意的方式。

总而言之,影视的创意与真实生活、艺术之美的本质是密不可分的。

2.4.3 商业传播的价值

如前文所说,万事万物均有其自身的价值,只是价值的挖掘和利用程度有所不同而已。对于 DV 创作者来说,满足了记录生活和现实、追求文化表达和艺术化理想之后(甚至是没能实现的情况下),实现商业目的却是自然而然的事情。对于草根 DV 来说,要想拍一个惊世骇俗的电影大片实现艺术蜕变,显然是件非常遥远的事情。所以,除了极少数的 DV 创作者单纯执着地为之付出外,商业的表现形式往往使 DV 数字影像作品呈现了多样化的、最容易实现的价值。

比如,处于创业之初的广告影视公司则完全可以凭借 DV 的优势实现业务的拓展,成本低廉且易于表现出专业的水准和商业推广的效果,由于服务的价格与质量更能被客户所接受,无疑是前期拓展业务的一种较好的方式。网络商家如淘宝店主、企业网站等网店平台需要高效宣传且富有创意的营销传播手段,DV 的运用恰好是一种极佳的工具,能产生极大的宣传效应,并能对这种方式制作的广告作品及时更新以便强化营销传播的效应。

因此,作为草根的 DV 数字影像创作者,也是草根的创业者,把 DV 数字影像制作用于小规模的商业推广运作上面,应当是草根 DV 发挥商业价值的主要渠道。而且,随着网络文化的变迁与升级,高质量的 DV 视频将会越来越受欢迎,其商业的软性、隐性传播效应将更加突出,其商业价值更加不容低估。

2.5 大学生 DV

DV 数字影像创作,使影视专业以及非专业的大学生群体找到了一个可以反映自己对生活的独特观察与体验,以及表达自己思想状态的有效途径。他们借

DV与他人分享自己的生活经历、精神感悟,还可虚构、意境化一些故事和愿望。作者在认真了解的基础之上分析大学生DV数字影像创作的现状和问题,以期促进大学生在DV数字影像创作中发挥优势,改正不足,使大学生这个独特的群体在DV数字影像创作上进入一个更高的层面。如前文所说,DV作品已成为中国纪录片领域势头正旺的新生力量。大学生DV创作者群体性的特征比较明显,尤其是影视与新闻传媒专业相关的大学生最为活跃。他们的作品虽与主流媒体的专业创作还有一段距离,但他们以较为基础的功底、创新的意识、独特的思维灵气迈进了当前我国DV创作者的行列之中。然而,这些话都是可爱的大学老师们给予大学生DV创作者最好的鼓励。鼓励是十分必要的,但问题却更加突出。

在历届的大学生DV作品展示和比赛中不难发现,大学生DV数字影像作品不乏一些精品,但那的确只是凤毛麟角而已。如果刻薄一点地认为,这些所谓的精品只相对于大学生创作群体和大学生受众群体而言。关于对它的评价和分析,应该理智地去看待。由于大学生的创作热情与社会阅历的严重脱节,再加上我国教育领域本身的严重缺陷,好作品的数量与平庸的作品数量相比,比例失衡十分明显。

2.5.1 生存现状

在网络上,无论是优酷、土豆、奇艺高清还是专门的数字影像创作交流网站上面,都有数不清的大学生DV作品在那儿展示着。如果按照"点击量从多到少"的排序进行搜索,然后就会发现大学生DV还真的不错。如果按照"点击量从少到多"的排序去搜索一下,然后再稍微看一下内容,那是什么结果?无人问津、门可罗雀,那叫一个枯燥无味、索然无味、寡然无味,总之无味。

可以这么理解,现在的大学生不缺乏好的DV机器,也不缺乏配置优良的计算机,编辑软件更不在话下(因为咱们都用免费版的),那么有啥可缺乏的呢?缺乏有意义的题材、艺术的细胞、高超的制作技术,最为重要的是观察和发现生活的眼光。因此,大学生可以人手一台DV,却远不能制作出与其庞大队伍相称的优秀作品。这便是大学生数字影像创作的生存现状。

2.5.2 影像话语

话语权一般指的是个体向群体传播信息引导舆论的权力。然而大学生DV作为DV创作的个体和群体具有一定的公共、公开的话语权。

大学生DV以低成本的制作和思维自由的方式真实地记录了校园内的许多人和事,也有基于其他生活与现实的艺术化创作,理所当然地会形成一定的话语权。

然而,这种话语权更多的是出现在大学生圈子内部,所以影响不大。如果大学生DV能影响到本应该影响到的社会群体如大学生家长、公共媒体、政府部门和民间组织等,那样的意义就非同凡响了,尽管这之间还有很长的一段距离要走。

然而,一方面大学生的话语权受到限制发挥不了作用,另一方面大学生的话语权表达有很大程度的偏差,他们很少是有意识地去表达相应的话语权,更多的是赤裸的、无任何艺术提升的原始再现,少了许多美感和精华提炼自然就少了话语权作为思维武器的威力。

2.5.3 传播流程

自从有了网络,影像的传播变得前所未有的容易。因此,网络是大学生DV的主要传播通道。还有专业的、大型的大学生DV艺术节及其展示和传播的平台,以及创作爱好者的圈子和团体。然而,当传播的方式变得越来越容易时,传播的高效性和精准性就变成了延伸出来的重要话题。因为传播的方式升级了,传播中的作品数量却变得更多,从众多的垃圾作品中脱颖而出并不比从前更加容易。

如何实现传播的高效和精准?无非是人们常说的作品质量和创意,还有内涵和价值,这些说起来再容易不过,做起来却是当前大学生短期不可能逾越的一座大山,幼稚、虚无、无病呻吟将会继续地上演相当长的时间,直至自娱自乐到了自己都讨厌的地步。不过,那是题外话,凡事应从积极乐观的方面思考,大浪淘沙真金才会显现,垃圾再多也总会有个被淘汰的过程。

2.5.4 价值实现

大学生DV获奖作品及获得高度认同的作品也有一定的数量,甚至曝出大学生DV导演两进好莱坞的传奇,但无从查证,这也能说明大学生DV追求影视作品的知名度和影视才能上的认可与认同。据说,在校的大学生也有相当一部分的人在读书的时候便开始了商业影视的创作尝试,但成功的案例无法证实,也许有些较为成功的案例,但不显著。

对于大多数的大学生DV创作者来说,创作的价值是不明确的。首先是时尚的因素驱动,比如苹果手机和笔记本电脑,大学生们想拥有它们并非是为了实现某种价值,而只是跟风玩乐而已。众多的创作者当中有明确价值导向的属于少数,而真正把某种价值理念执行彻底的人就更少了。

因此,大学生的创作价值首先是娱乐,其次才是追求个性化、小众化文化与艺术价值,再次则是追求商业上的价值。

2.6 影视新格局

2.6.1 数字影像制作导致的影视革命

数字影像导致的革命主要体现在以下几个方面：机器购置的低成本、操作过程的简易、与计算机和网络的亲密融合、促进了更加包容开放的创作氛围。

一般来说，一部影片或电影或电视剧集需要获得多数人的认可并在很长一段时间后仍然经得起推敲和品味，才能算得上一定程度的成功。尽管有些作品可能使用一些有效的手段使之轰动一时，也可能由于题材和内容的新奇刺激而产生一些意想不到的效果，但那毕竟不能代表数字影视作品长远发展的方向。

因此，传统的、主流的影视在创作内容上大多走的是大众路线，以大众化的品位和追求为创作基准。而数字影像创作者的主体虽然是平民草根，却更加专注于个体、个性、边缘的事件和细节，或为某个细小的群体发声，或为自己及自己所代表的一个细小群体代言，形式多表现为纪录片。

在小电影、微电影制作或是较为专业的电影制作上面，大多选择平实化的制作方式，在低成本的基础上实现生活、现实的艺术化表现力。在商业制作上面，直接的商业宣传广告片比较多，以影片作为商业目的载体很可能是未来数字影像作品发展的一个重要方向。无论如何，影片本身的足够精彩才会使得这个播放载体产生吸引力，对于商家和观众都是如此。

在可预见的未来，数字影像将继续着它的革命性使命，以其"轻便"的软硬件个性向大众群体普及。毫无疑问，草根数字影像将向精英主流靠近，大学生数字影像将拓展其创作的主题范畴并抛弃虚浮和幼稚，大众化的创作将会更加专业，加上自身固有的记录价值、文化价值和商业价值，与传统的、专业的影视创作一争高下也未尝没有脱颖而出的可能。

如果大胆预测一下，在目前"草根"与"精英"的界限开始模糊之际，后续二者的融合、交织在一起，互相促进展开合作都是很有可能的。

2.6.2 由技术走向艺术的升华

一般认为，由技术革新而引起数字影像革命是数字影像发展的根本缘由，由数字技术引发摄像机器的价格低廉、轻巧简便,由软件技术引起的后期制作高效低耗,由网络技术引起传播空间的巨变,这都是数字影像在技术层面的积极意义。可见,历史上任何一次技术进步都会带来连锁效应,数字影像亦是如此。

然而,从平民数字影像和大学生数字影像的现状来看似乎不容乐观。首先是他们的创作质量相对较为低劣,文化内涵和现实价值都未能如期待那样精彩纷呈。但不可否定的是,由于 DV 的技术性优势,比如携带方便、制作快捷,便于发现、记录主流媒体和影视所不能及时发现和记录的事件与细节,因此它将具有更加真实、细微、个性化、时尚化的优势,而这些都是主流媒体难以相比的,从而也可使数字影像的创作形成主流媒体的一种补充力量。或许,这不仅仅是一种补充力量,随着我国网络经济的发展,这种从属、次要的地位也许能得到很好的改观,甚至是反客为主。

艺术家们常说,源于生活而高于生活谓之艺术。数字影像创作恰好更能体现这一点,如果能在创作的视野和制作的专业程度以及内涵把握上更进一步,数字影像创作必将由技术的巨变走向艺术的升华。

根据业界的预测,在我国的大学生群体日渐扩大之后,其特定的社会特征将慢慢消失,融入到所有的草根数字影像创作者之中。并且普通的大众由于生活阅历丰富和现实感悟深刻,大学生们的思维活跃、知识面较广阔,时间和精力也相对较多,二者便可在群体性融合的基础上实现不同类型、不同层次的数字影像创作的合作,也不失为草根数字影像作品向高品质发展的一种有利模式,至少是很值得尝试的。

2.6.3 从高端走向平民化的趋势

作者在前面的内容中多次提及数字影像创作的诸多优势。诚然,随着计算由庞然大物化作可玩于股掌之中的平板电脑,手机已经成为普通百姓生活的必备品,要不了多久数码相机和数字摄像机同样会出现"旧时王谢堂前燕,飞入寻常百姓家"的情形。

平民,在现代社会一般是指经济收入较低,而非社会地位等级上的称谓。因此,一旦人数众多的平民的经济收入日渐增多,数字影像必然会成大众化的记录工具,再加上点创作的艺术行为,积极地、勤奋地将它用于娱乐、记录或是商业用途,我们没有理由去怀疑它由高端向大众普及的趋势。艺术可以由少数人去玩,但数字影像却是大多数人可以玩的。

从最新的 DV 机器的动态来看,高度清晰的画面采集功能,高科技的摄影质量保障手段,而且价格也可以控制在一万元以下(一万元对于我国现阶段的劳动人民来说,已经不是多大的数目)。

从电脑配置及价格的角度来看,各项功能均得到了加强,适合影视制作非常好的配置也可以控制在一万元以下。而且影视相关的后期软件也非常的强大,把DV机器、电脑装备与软件运用融合在一起,既可大玩特玩一把高科技,也能把数字影像的全套艺术表现得随心所欲、淋漓尽致!

到那时,草根将不再是现在的草根,精英也将明显失去"独特的垄断"地位。从硬件、软件到艺术的修养,对于大众的数字影像创作者来说,影视创作的能力并不意味着就业、经济收入,而更能反映出一种精神层面的追求和一种生活方式的形成。

第 3 章　数字影像的发展前景

3.1　数字影像与电影

1．大型电影制作

由于 DV 机器会随着电子数码技术继续进步，更加高端的 DV 摄像机必定会出现，而且价格依然可以让普通大众能够承受，特别是性价比的优越性丝毫不减 DV 爱好者的追随和追捧。还有，经过多年的市场洗礼之后，DV 数字影像作品的质量和内涵将会洗去浮华和稚嫩，使得草根 DV 数字影像创作者、大学生 DV 数字影像创作者仍然有机会参与、主导大型电影的制作尝试，虽然难度很大，但从中国目前政策对文化产业的力度上看，大众化、平民化、个性化的影视创作应该有着很大的成功希望。

2．小型影视创作

目前小电影很流行，跟微博的形式有点类似。人们的生活节奏进一步加快，需要更加精短而富有价值内涵的影视作品以供欣赏，所以，DV 数字影像创作者把目标对准小电影的制作将大有可为，可是重心仍然在题材的选择和艺术的上面，如何吸引人、感动人仍然不是 DV 数字影像创作者的强项，仍然得加油使劲。

3．专注于商业的影片

商业将是未来社会永恒发展的主题，跟商业融合的项目永远是有活力和动力的项目，无论是户外影视广告还是室内的广告宣传片都需要性价比高的作品进行传播，网络上的广告传播更是离不开视频的载体作用。

DV 数字影像创作者利用好手里的机器干点"正事儿"，也是一条不错的途径。

3.2　数字影像与电视节目

1. 广告片

虽然 DV 数字影像创作者与电视台的合作一直不甚愉快,既有体制的原因也有创作方制作水平的原因,随着电视业内部竞争的加剧和分化,电视台的广告项目也是个不错的 DV 创作切入点。毕竟 DV 数字影像创作者有着素材和视野上的优势。

2. 电视节目

电视节目之间的竞争性越来越大,各类节目都需要越来越真实和创意化、生活化、细节化的素材作为补充内容,因此当 DV 数字影像创作者再次怀揣精品之作与之合作时,将不会再是十年前那样"任人宰割"的局面了。

3. 电视剧

随着大型独立纪录片的成功,电视台尤其是中小型的地方电视台将会重新考虑与独立的纪录片创作者展开合作,以求双方共赢的利益点。

3.3　数字影像与网络

1. 个性视频

网络视频很多都是由手机或数码相机拍摄而成的,有的还因此而火爆起来,可见 DV 机器的优劣并不是 DV 数字影像作品质量优劣的重要原因,何况较为专业和高端的 DV 机器绝对比手机和数码相机的功能要强出很多。

如果一个 DV 数字影像创作者真有才华和能力,将会发现一个巨大的舞台空间来展现个性化、创意化以及深层次的、不易觉察的文化、品位和内涵体现,实现成功的数字影像创作。

2. 商业视频

个性视频和商业视频其实是有很多共通之处的,之所以分开是因为后者有更多专业上的要求,创意要求更加正式,个性要求更加持久,以便达到更加高效的商业传播目的。比如户外影视广告和室内广告宣传片的制作,对创意和个性的要求就要高出许多,而且较高的专业性不可或缺。

3. 高价值的网络影视

网络上的"烂片"将渐渐地失去意义,高价值的影片将重新获得肯定,关于从DV数字影像创作者到知名的剧作家和导演的梦想仍然可以坚持到底,那还是因为DV数字影像的创作和网络的魅力。

3.4 数字影像与商业

1. 与广告产业的联动

影视广告的两大板块分别是电视广告和网络视频广告,电视广告的动作模式已经十分成熟,发掘利用价值的空间极小,而网络视频广告的可操作性仍然存在着巨大的潜能。因此,在DV数字影像创作上有经验、技术和思维优势的人才转战商业广告,并将会有意想不到的收获,毕竟比从几百元到几千元不等的电视播放收益要高出很多。同时,丝毫不影响作品在文化与艺术等价值上的实现。

2. 与创意产业的联动

在从中国制造到中国创造这个大的趋势和潮流之中,创意产业的潜能也是无限大的。如果DV创作者能把自身的优势融入到中国的创意产业的整个行业当中,寻求创作、文化和商业上的多重意义的突破,也未尝不是一种成功的突围模式。

3. 纪实与艺术化的商业创新

纪实的创作手法与艺术化的表现相结合,一定是更为高超的影视手法,把这种具有高度文化价值的影视作品作为商业传播的载体以实现商业目的,既是一种文化与艺术的传承,也是一种思维上的创意,更是一种模式的融合与升华。

3.5 数字影像与文化产业

1. 推动文化产业发展

国家政策已经在大方向上扶持着文化产业的发展,DV数字影像创作毫无疑问是文化产业的一部分,积极争取获得体制外的优势,终需在创作质量和市场推广上实现质的突破。关于这一点,在有文化内涵和商业视野的大众群体里面,一定会有优秀的人才和优秀的作品涌现,只是时间早晚的问题。

DV数字影像创作的全面发展和精品之路,对文化产业将会是个强大的促进动力,且能够代表着真正的民意力量和文化根底。

2. 大众化影视文化或许井喷

以网络视频的娱乐性为动力,网络DV数字影像创作的盛况已经持续了很长时间,由于作品的普遍低劣和内涵的缺失,一直得不到广泛的关注。相信在未来,一轮一轮的优胜劣汰之后,垃圾作品终究上不了台面,优秀的作品将会脱颖而出。

第2部分

技术篇

第4章 数字影像创作知识与技术

4.1 常见定义与释义

4.1.1 模拟视频

模拟视频是一种以传统手法、用于传输图像和声音且随时、连续变化的电信号制作出来的视频和影像。早期视频的获取、存储和传输都是采用这种模拟方式进行的。人们在电视上所见到的视频图像就是以模拟电信号的形式记录下来的,并以模拟调幅的手段在空间进行传播、再由磁带录像机将其模拟电信号记录在磁带上,然后通过磁带为介质进行播出。其特点主要体现在以模拟电信号的形式来记录影像信息,依靠模拟条幅的手段在空间传播。使用磁带录像机以模拟信号记录在磁带上就是其中最为明显的、最突出的技术特征。

模拟视频还有一种说法(虽然与本文所述的 DV 视频关系不大),也称为网络虚拟视频。网络虚拟视频是一款虚拟的软件摄像头,适用于可视频聊天的所有软件(QQ、MSN、UC、9158 聊天室等),外挂上百种特效,可对屏幕进行转播或录制,集听歌、录歌、播放视频图片于一体,是网络上最大的大众娱乐 K 歌软件。但与本书所讲的概念几乎是不同的,提出来主要是为了区别相关的类似概念。

4.1.2 数字视频与模拟视频的差异

数字视频就是以数字形式记录的视频,是和传统模拟视频相对而言的技术概念。数字视频有着不同的产生方式,以及存储方式和播出方式。比如,通过数字摄像机直接产生数字视频信号,存储在数字带上面,或是 P2 卡、蓝光盘、磁盘、硬盘上,从而得到不同格式的数字视频,然后通过 PC 及其特定的播放器等方式播放出来。

具体一点地解释,就是为了存储视觉信息,模拟视频电信号的山峰和山谷必须通过模拟/数字(A/D)转换器来转变为数字的"0"或"1"。这个转变过程就是我们所说的视频捕捉(或者说素材采集的过程)。如果要在电视机上观看数字视频,则需要一个从数字到模拟的转换器将二进制的信息解码成模拟信号,才能进行正确的、清晰的播放。但是,随着技术的进步和数字储存方式的革新,比如用硬盘存储的影片无论何种格式都可以通过转换来适合任意一个播放平台。

模拟视频的数字化包含了不少的技术问题,如电视信号具有不同的制式而且采用复合的 YUV 信号方式,而计算机工作在 RGB 空间之中;电视机是隔行扫描的,计算机显示器大多逐行扫描;电视图像的分辨率与显示器的分辨率也不尽相同等。因此,模拟视频的数字化主要包括色彩空间的转换、光栅扫描的转换以及分辨率的统一。

模拟视频一般采用分量数字化方式,先把复合视频信号中的亮度和色度进行分离,得到 YUV 或 YIQ 分量,然后用三个模/数转换器对三个分量分别进行数字化处理,最后再转换成 RGB 空间(更深层次的专业知识此处暂且不予说明)。很显然,在多媒体时代计算机与视频就产生了密切的联系。数字视频的发展主要是指在个人计算机上的发展,可以大致分为初级、迅速发展和高级几个历史阶段。

第一阶段是初级阶段,其主要特点就是在庞大而简单的台式计算机上增加简易的视频功能,利用计算机的计算方式来处理活动画面,给人们展示了一番美好的影视前景。但是由于当时的设备还未能普及,都是面向视频制作领域的专业人员展示其功能,普通的 PC 用户还无法奢望在自己的电脑上实现视频制作的梦想。

第二阶段是迅速发展阶段,在这个阶段里,数字视频在计算机中得到了广泛的应用并渐渐地向主流方向发展。初期数字视频的发展并没有人们期望得那么快,原因很简单,就是对数字视频的处理十分费劲。这是因为数字视频的数据量非常大,1 分钟满屏的真彩色数字视频需要 1.5 GB 的存储空间,而在早期一般台式机配备的硬盘容量大约是几百兆(字节),显然无法胜任如此大的数据量处理的要求。虽然在当时处理数字视频很困难,但它所带来的诱惑力却促使使用者采用折中的方法。首先是用计算机捕获单帧视频画面,可以捕获一帧视频图像并以一定的文件格式存储起来,也可以利用图像处理软件进行处理,将它放进准备剪辑合成的资料夹中;再次在计算机屏幕上观看活动的视频成为完全能够实现的事情,虽然画面时断时续,但毕竟镜头动了起来,便带给创作者无限的惊喜与期待,也给了整个数字摄像领域一个前进的方向和动力。

第三阶段是高级阶段,在这一阶段里,大众化的个人计算机进入了成熟的多媒体时代。各种计算机外设产品日益齐备,数字影像设备争奇斗艳,视音频处理硬件与软件技术高度发达,最为重要的是,这些产品和服务的性价比越来越高,便捷性、稳定性和技术高度均一再强化,为数字技术普及提供了基础性条件。这些都为数字视频的流行起到了推波助澜的作用。

4.1.3 视频摄像机

数字摄像机与传统录像带摄像机最大的、最直观的一个区别,就是它拥有一个可以及时浏览图片的屏幕,称之为数字摄像机的显示屏,一般为液晶结构(Liquid Crystal Display,LCD)。目前数字摄像机液晶显示屏的大小在2.5~3.0英寸(1英寸=2.54厘米)之间。

常用的数字摄像机LCD都是TFT型的,何为TFT呢?通常,它包括偏光板、玻璃基板、薄模式晶体管、配向膜、液晶材料、导向板、色滤光板、荧光管等(同样,更深层次的专业知识此处暂且不予以说明)。对于液晶显示屏来说,背光源是来自荧光灯管射出来的光,这些光源会先经过一个偏光板然后再经过液晶,这时液晶分子的排列方式发生改变从而穿透液晶的光线角度。在使用LCD的时候,我们会发现在不同的角度进行观察,会看见不同的颜色和反差度。这是因为大多数从屏幕射出的光是垂直方向而非其他角度的。假如从一个非常斜的角度观看一个全白的画面,我们可能会看到黑色或是色彩严重失真的现象。值得注意的是,数字摄像机的LCD是非常昂贵而脆弱的,所以用户在使用的时候一定要小心,而且平时需要做定期的保养工作。

和模拟摄像机相比,数字摄像机(DV机)有以下突出的特点:

一是清晰度高。我们都知道,模拟摄像机记录的是模拟信号,所以影像清晰度(也称之为解析度、解像度或分辨率)不高,比如VHS摄像机的水平清晰度为240线,以前最经典的Hi8机型也只有400线。而DV记录的则是数字信号,其水平清晰度已经达到了500~540线以上,可以和高精度的专业摄像机相媲美,其色彩表现更加纯正完美。DV机的色度和亮度信号带宽差不多是模拟摄像机的6倍,而色度和亮度信号带宽是决定影像质量最重要的因素之一。因而用DV机拍摄的影像其色彩就更加纯正和绚丽,也达到了专业摄像机的水平,并且这一技术性特征还在不断地优化扩展。

二是无损复制的优势。回忆一下过去我们每个人都用过的录音磁带吧,跟光盘和硬盘的功能相比是多么的脆弱。同样,DV磁带上记录的信号可以无数次地转录但质量会随之下降甚至损坏。但用光盘与硬盘复制的手法便使得影像质量丝毫不会下降,这一点也是模拟摄像机所望尘莫及的。

三是体积小重量轻,外形时尚且富有美感。和模拟摄像机相比,DV机的体积大为减小,一般约有123毫米×87毫米×66毫米。重量也大为减轻,一般约有500克,极大地方便了用户。有的型号体积只有74.7毫米×61.9毫米×26.9毫米,重量才90克,比大多数手机还要轻些,何等的轻便。

四是可以实时地对画面进行调整控制。在摄像时,使用者通过DV的液晶显示屏观看要拍摄的活动影像,拍摄后可以马上看到拍好的活动影像。通过DV能够把拍摄到的活动影像转换为数字信号,连同麦克风记录的声音信号一起存放在DV带中。

五是与计算机的亲密协作。DV可以与计算机连接以读取DV带、DVD光盘、硬盘介质中的内容,继而对这些内容进行后期处理,如剪辑、合成、加工等环节,还可以刻成VCD、DVD或储存于硬盘之中,便于影像资料能够很好地保存起来。

DV还可以与电视机连接,不仅能在电视机上读取DV带中的内容,还能录制电视节目。

像素是DV最重要的技术指标之一。像素越高,图像分辨率也就越高。DV的镜头有CCD和CMOS之分,功能与特征也大不相同(更多的专业知识此处暂不深入探讨)。

4.2 摄像机工作原理

4.2.1 专业摄像机

专业摄像机指的是摄像机中集摄影、录制、播放功能于一体的摄像机产品。其中,DVCAM格式是由索尼在1996年开发的一种视频、音频储存介质格式,其性能和现行的DV几乎是一模一样的,不同的是两者磁迹的宽度。DV的磁迹宽度为10微米,而DVCAM的磁迹宽度为15微米。由于记录速度不同,DV是18.8毫米/秒,而DVCAM是28.8毫米/秒,所以两者在记录时间上也有所差别,DV带一般是记录60~276分钟的影音,而DVCAM带可以记录34~184分钟。

在视频和音频的采录方面,DV和DVCAM基本相同,记录码率为25 Mbps,音频采用48 kHz和32 kHz两种采样模式均可,都可以通过IEEE-1394快速下载到电脑上进行非编剪辑处理,二者似乎区别不是太大。

DVCPRO 是 1996 年松下公司在 DV 格式基础上推出的一种新的数字格式。它采用 4∶1∶1 取样、5∶1 压缩、18 微米的磁迹宽度等特征。1998 年又在 DVCPRO 的基础上推出了 DVCPRO50,它采用 4∶2∶2 取样和 3.3∶1 压缩。

DVCPRO 数字摄录一体机全部重量仅 5 公斤多,相对传统模拟摄像机来说应该算得上非常轻便,特别适合于新闻工作者使用。由于它采用 DV 格式 1/4 英寸盒带,兼容家用 DV 格式,这为新闻素材的广泛来源提供了极大的便利。

在目前的监控摄像安全防范系统中,图像的生成主要是来自 CCD 传统摄像机。

4.2.2 便携式 DV 摄像机

DV 数字摄像机的工作,流程简单地说就是由光、电、数字信号的转变与传输形成的,即通过感光元件将光信号转变成电流信号,再将模拟电信号转变成数字信号。然后由专门的芯片进行处理和过滤得到的信息还原出来就是我们所看到的动态画面了。在这一过程中,数字摄像机的感光元件能把光线转变成为电荷,通过模数转换器芯片转换成为数字信号。

4.3 存储方式、格式与介质

4.3.1 存储方式

目前,随着高清晰度 DV 摄像机器不断地更新换代,所获得的影像容量也越来越大,DV 存储介质的容量大小也成了 DV 创作者们最为关心的话题之一。而且,DV 机器的类型也随着储存介质的变换而变换。似乎一夜之间市面上便会突然冒出很多的 DV 类型,这些 DV 之间最大的区别可能就是采用的存储介质不同而已。虽然其容量有大小之分,但是优缺点也各自存在,那么下面就为大家简单地介绍、分析一下。

现在市场上面的 DV 按照存储介质大约可以分为硬盘类、光盘类、DV 带类、存储卡类这四种。首先来说说硬盘 DV。目前市场上面的硬盘 DV 以胜利品牌 DV 为主,主流容量在 20～60 GB 之间。当然,随着时间的推移,很快就会有更大容量的硬盘介质出现(如最新上市的索尼 HDR-PJ760E/B 投影数字摄像机,其硬盘介质的容量就达到了 96 GB)。硬盘 DV 的优势就在于存储空间大,可以很方便地将录制的节目存储到电脑中或者直接利用配套的 DVD 刻录设备将光盘刻出。但是此类摄像机也有它们固有的弱点,就是在实际使用的时候如果出现硬盘拍摄完的现象,之后则无法更换其他介质继续进行拍摄(这一障碍很快就会得到解决)。同时,硬盘 DV 由于使用了硬盘,所以机器不能出现跌落之类的情况,不然机器很可能直接报废,硬盘里面的数据也将全部丢失,所以购买这类机器在使用的时候一定要注意。总之,硬盘介质的 DV 机优势是十分明显的,对于其不足之处只要小心谨慎一点,也就算不上是多大的缺陷。

光盘介质类产品是其中最为重要的一类产品,而且也是最方便的一类机器。说它方便主要是因为光盘介质的 DV 采用了 DVD 光盘作为存储介质,当结束拍摄的时候,只需要将 DVD 直接取出就可以在任何一台 DVD 播放器上直接进行播放。这样虽然很方便,但是画面的质量存在一定的压缩,同时光存储介质的寿命都比较短,而且影像资料在转录、传输的时候质量会逐渐下降,所以用户在购买的时候要对各个因素均衡考虑一下,适合的才是最好的。

DV 带介质的产品那就不用多介绍了,优点就是价格便宜,随处可以买到,而缺点就是磁带保存的时间短,拍摄的视频导出电脑时的速度慢,在操作上显得非常不适宜,不过对于初级玩家来说还是很经济实用的。而且此类机器发展已经成熟,其主机的价格也是所有产品线中最便宜的。

存储卡介质的产品一般集中在使用价廉物美的 SD 卡上,随着 SD 卡的容量不断升级以及 SDHC 标准存储卡的出现,SD 卡的容量已经向 n 个 GB 级别方向发展,而且这个发展还有继续蔓延的趋势。相比其他存储介质的卡而言,此类机器的体积最为小巧,携带最为方便,缺点就是比较费电,待机时间短,镜头性能只是一般而已,属于过渡或兼容性质的产品。

4.3.2 存储格式

关于视频的编码方式及其存储格式,涉及的专业知识有点深入,此处暂时略去。下面简单地介绍一下基本的视频编码和格式。

CCIR 601 常常在电视广播中广泛使用;
MPEG-4 通常用于在线发布的视频资料;
MPEG-2 一般使用在 DVD 和 SVCD 当中;
MPEG-1 曾使用在 VCD 中;
H.261 适合使用在视频电话和视频会议中;

H.263 常常使用在视频电话和视频会议中；

H.264 也就是 MPEG-4 的另一种叫法，或者叫作 AVC。

以上编码和格式都具有非常广泛的应用范围，而且通过格式转换软件一般都可以较好地进行转换，影像质量也不会受到很大的损坏，格式的问题将会渐渐地变得不再是问题。"格式工厂"、"视频转换大师"等软件的效果都很不错，其他的就不一一介绍了。

4.3.3 介质类别与说明

第一种是磁带式介质。这种 DV 机器通常指的是以 Mini DV 为记录介质的数字摄像机，它最早在 1994 年由 10 多个厂家联合开发而成并在此基础上发展成熟的。它通过 1/4 英寸的金属蒸镀带来记录高质量的数字视频信号，目前的功能稳定性已经很有保障，获得了广泛的市场认可。

第二种是光盘式介质。这种 DV 机器通常指的是 DVD 数字摄像机，是采用 DVD-R、DVR+R，或是 DVD-RW、DVD+RW 来存储动态视频图像的。DVD-R/RW 是先锋主推的 DVD 刻录格式，并得到了东芝、日立、NEC、三星以及 DVD 论坛（DVD FORUM）的支持。DVD+R/RW 是由飞利浦制定的 DVD 刻录格式，目前已得到以飞利浦、索尼、理光和惠普为代表的 DVD 联盟（DVD Alliance）的支持。DVD 数字摄像机操作简单且携带方便，在拍摄的过程中也不用担心重叠拍摄，更不用浪费时间去倒带或回放。尤其是可直接通过 DVD 播放器即刻播放，省去了后期编辑的麻烦。DVD 介质是目前所有的介质数字摄像机中安全性、稳定性最高的，既不像磁带 DV 那样容易损耗，也不像硬盘式 DV 那样对防震有非常苛刻的要求。不足之处是 DVD 光盘的价格与磁带 DV 相比略微偏高了一点，而且可刻录的时间相对短了一些。另外，无须剪辑就直接播放也未必就是件好事，毕竟后期处理很大程度上提高了影像作品的质量与价值。

第三种是硬盘式介质。它指的是采用硬盘作为存储介质的一类数字摄像机。这类机器在 2005 年由胜利率先推出，当时是用微硬盘作为存储介质。经过一系列的技术改进之后，近年来发展得较为迅速，硬盘容量也一再增强。硬盘摄像机具备很多优势，比如说大容量硬盘摄像机能够确保长时间拍摄，让用户外出旅行的拍摄不会有任何后顾之忧。回到家中向电脑传输拍摄素材时，也不再需要像 Mini DV 磁带摄像机时代的程序那样烦琐。而且利用专业的视频采集设备，仅需 USB 连接线与电脑连接，就可轻松完成素材导出，让普通家庭用户可轻松体验拍摄、编辑视频影片的乐趣。微硬盘体积和 CF 卡一样，与 DVD 光盘相比体积更小，使用时间上也是众多存储介质中最长的。但是，由于硬盘式 DV 产生的时间并不长，还存在着诸多的不足之处,如防震性能差就是其中最为突出的缺陷。随着硬盘介质类机器价格的进一步下降,未来的市场潜力必然会持续释放出来。

第四种是存储卡式介质。它指的是采用存储卡作为存储介质的数字摄像机,例如风靡一时的"X易拍"产品,作为过渡性简易产品其优点缺点都不再能让人心动,所以如今市场上已不多见。

4.4 传感器介绍

4.4.1 传感器类型

DV机器上的传感器类型主要有CMOS与CCD两种。CCD(Charge Coupled Device)指的是电荷耦合器图像传感器,使用一种高感光度的半导体材料制成,能把光线转变成电荷,通过模数转换器芯片转换成数字信号。CMOS(Complementary Metal-Oxide Semiconductor)指的是互补性氧化金属半导体,和CCD一样同为在数字摄像机中可记录光线变化的半导体。通常来说,在相同分辨率的条件下,CMOS价格比CCD便宜,但是CMOS器件产生的图像质量相比CCD来说要低一些。到目前为止,市面上绝大多数的消费级别以及高端数码相机都使用CCD作为感应器;CMOS感应器则作为低端产品应用于一些摄像头上,不过一些高端的产品也采用了特制的CMOS作为光感器,例如索尼的数款高端CMOS机型。

4.4.2 传感器数目

DV机上的传感器从数目上分类主要是分为单CCD与3CCD两类。图像感光器数量即数字摄像机内含感光器件CCD或CMOS的数量。多数的数字摄像机均采用了单个CCD作为其感光器件,而一些中高端的数字摄像机则是用3CCD作为其感光器件。单CCD是指摄像机里只有一片CCD并用其进行亮度信号以及彩色信号的光电转换。由于只用了一片CCD同时完成亮度信号和色度信号的转换,因此拍摄出来的图像在彩色还原上达不到很高的要求。3CCD顾名思义就是一台摄像机使用了3片CCD。我们已经懂得,光线如果通过一种特殊的棱镜后,会被分为红、绿、蓝三种颜色,而这三种颜色就是我们电视使用的三基色。通过这三基色,就可以产生包括亮度信号在内的所有电视信号。如果分别用一片 CCD 接受每一种颜色并转换为电信号,然后经过电路处理后产生图像信号,这样就构成了一个 3CCD 的感光结构,几乎可以原封不动地显示影像的原色,不会因经过摄像机演绎而出现色彩误差的情况。

4.5 维护与保养

4.5.1 品质与选购

1. 关于 CCD 的维护

CCD 的像素是衡量数字摄像机成像质量的一个重要指标,像素的大小直接决定所拍摄影像的清晰度、色彩以及流畅程度。CCD 的像素基本上决定了数字摄像机的档次。目前,中档机器一般是在 80 万至 100 万像素之间,而中高档机器一般是在 120 万像素以上。CCD 的面积也是另一个重要的指标,面积小的 CCD 其成像质量相对要模糊一些,色彩还原丰富程度也要差一些。而且,用在防抖功能上的面积也就相应地小了很多,防抖功能当然也就相对弱了许多。目前市场上索尼、三星等品牌均有 120 万像素以上的产品推出。尤其值得关注的是三星的 D93i、D99i 系列 DV,1/4 英寸 133 万像素 CCD 让影像更清晰,色彩更饱满。当然,电子产品素以更新迅速而著称,更多性能优良的产品将会让 DV 爱好者们惊喜不断。

2. 镜头的保养

同数码相机一样,DV 机器的镜头也是决定数字摄像机成像质量的重要因素之一。镜头的品质首先要看的是光学变焦倍数。这里所指的光学变焦,其变焦倍数越大拍摄的场景大小可取舍的程度就越大,对拍摄时候的构图就越能带来极大的方便。这点和相机的变焦镜头是同样的道理。镜头口径也是很重要的因素,如果口径小,那么即使再大的像素,在光线比较暗的情况下也拍摄不出好的效果来,也就是说,它将成为数字摄像机成像的瓶颈。比如三星新品 D10xi、D30xi 系列光学变焦倍数最高达到 20 倍,镜头口径 30 毫米(比市场上的某些机型宽出 5 毫米)便可轻松地将远处物体拉近,拍摄到高度清晰的画面。

3. 外形和体积的选择

一般消费者购买家用摄像机普遍带有娱乐和休闲的性质,所以对外形的考虑是很有必要的。还有一个就是体积的问题,家用摄像机一般都在外出时候携带,小巧玲珑、时尚美观就显得非常必要。更重要的是,拍摄起来可以采用任何姿势,而不必因为人的站位局限了拍摄的视角。比如三星新近推出的 10 款新品,体积均比以往产品下降了 15%~20%,机身更加紧凑、小巧,方便外出携带而且其精致的外形让人心情更加舒畅。当然,索尼等产品同样具有很好的外观与体积控制。

4. 操作的简单和便捷性

对于普通消费者来说,操作的简易性是选择 DV 机器的首要条件甚至是必要条件。比如索尼、三星等各系列 DV 均带有简易 Q 功能和简易导航旋钮,使得普通消费者很快便能熟练操作。简易 Q 功能能够保证用户在任何条件下都能拍出几乎同样精彩的画面。使用简易 Q 功能时,用户只需按下简易 Q 按钮,一切问题都一块儿解决了。简易导航按钮功能可使用户十分快捷地找到最常用的功能。只需上下旋钮即可执行手动/自动调焦、快门速度/曝光、白平衡、数码稳定器等 8 项基础性功能。而且,部分数字摄像机系列新品还特别贴心地设计了中英文双语菜单,令操作过程更加方便。

5. 兼容性的考虑

生活中的精彩画面往往要与好朋友一起分享。然而,不同摄像机的记忆卡如果产生不兼容现象将令人无比扫兴。市场上常见的记忆卡主要有 MS、MSPro、SD、MMC 四种卡。高度兼容性让影像和声音在不同摄像机之间传输成为可能并且能够保持较好的品质。不少的 DV 机可与四种卡兼容,渐渐地记忆卡兼容问题也将不再是问题。

6. 液晶显示屏的质量

相对专业级人士而言,由于经常拍摄构图已经比较熟练,可以不用显示屏,但一般的用户在拍摄时候多数是使用液晶显示屏作为参照的。其实液晶显示屏的选择上倒是没有什么特别高深的学问,主要就是亮度要够高,像素要够大,还有面积也是越大越好。现在比较流行的是 2.5 英寸和 3.5 英寸。如果采用了透光反射式液晶显示屏,即使面对阳光也可以清晰取景,再也不用担心黑屏的困扰。

4.5.2 日常维护与保养

数字摄像机的使用寿命除了本身的制造质量因素之外,关键还在于人为的爱惜与保养。为了保持机器良好的工作状态,延长其使用寿命,必须精心地加以维护。保养好取景装置,注意电源的使用,并且要做到较为专业的"防震、防冻、防热、防潮、防尘"等措施。注意保养是一方面,使用过程中注意正确的防护也至关重要。有时精彩的瞬间让数字摄影者心动不已,可是糟糕的自然状况却不得不使他们望而兴叹。这时候只要懂得一些有效的防护措施,就可以照拍不误了。

下面就来说说数字摄像机的保养与防护细节。

1. 数字摄像机镜头的清洁

对数字摄像机来说,最费时的工作就是对取景装置的清洁工作,特别是要保持镜头和液晶显示屏的清洁。清洁镜头的第一准则是只需在非常需要的时候才清洗,通常一点点的灰尘是不会影响图像质量的。当需要清洁的时候,应当用软刷,如貂毛制的画笔或吹风机来清除灰尘。如果要抹镜头,应该先用气泵把尘埃吹走,才用镜头纸拭抹,否则尘埃便有可能刮花镜头,因此得十分小心千万不能因小而失大。另外,指纹印对镜头的损害也是很明显的,所以应尽可能快地将其清除,在不使用镜头的时候一定记住将镜头盖盖上以减少清洁的次数。

2. 不同温度下数字摄像机的保养

千万不要让摄像机直接暴露在高温之下,一定要避免阳光的照射尤其是直接照射。在天气特别冷的时候,应当将摄像机放在保暖装置里来保持它的温度。把机器从冷的地方带到温暖的地方时,为防止产生凝露,应把机器放在塑料包或用报纸裹住,直到它温度回升到自然状态。同时,防水、防雾、防尘、防灰、防震、防击等问题也需要随时加强注意的。

3. 摄像机的电源问题

目前,数字摄像机主要依靠电池提供电源。如果使用的是不匹配的电池或是不注意节电措施,电池就会在没拍摄几段影像的情况下消耗殆尽。所以,一旦发现它们就快耗尽时,就得马上更换(镍镉电池还要注意它的存储记忆问题)。至于如何延长电池的使用寿命,有一些方法可以很好地延长电池使用时间,但此处就不一一细说了。

4. SmartMedia 入盒内以免刮花

如果是用 Compact Flash 的话,便无须担心这个问题。由于 SmartMedia 的接口处是外露的金属片,要刮花并不难,而且卡片本身太薄,容易被折断,最安全的办法就是放在盒内或机器内。

5. 换镜要快,以避免灰尘"污染"

操作简易的数字摄像机,基本上是密封式设计,无须特别去躲避尘埃。可需要换镜头的高档相机却要时刻提防。在拆除镜头时,CCD 只要沾上了一粒灰尘,所有相片便会随时全部报销。因此,使用这类机器时,换镜的速度一定要快,一定要有专业的水准。

6. 透明胶纸保护显示屏

大部分的数字摄像机带有液晶显示监控器,它可能会黏上一些不容易擦去的指纹或其他污渍,这时,就只需用一块镜头布轻轻地擦拭就行了。如果怕数码机器的液晶显示屏会被刮花或拍摄时沾上面油,也可以贴上 PDA 用的透明贴纸,这样做也有一定的用处。

4.6 拍摄与制作技术

4.6.1 DV 片拍摄采集的注意事项

我们在日常使用数字摄像机时,常会遇到各种各样的问题,以至于在发现优美的景色时不能及时拍摄下来,让人不胜懊恼。为此作者特别总结了多年以来在实际应用过程中最容易出现的几个问题,并且用最实际的、最简洁的方式逐一进行介绍。事实上,只要掌握了这些基本的方法和技巧,就不会再错过任何美丽的景色和愉悦的瞬间了。

1. 数字摄像机取景方式的选择

数字摄像机的取景方式,可以分为液晶显示屏取景与电子取景两种方式。液晶显示屏取景的最大特点就是方便直观,其缺点是在强烈光线下显示太弱并且耗电很大,使得摄像机连续动作的时间大大缩短。在家用级的摄像机中,液晶显示屏目前已成为消费者的普遍选择,但较为实用的还是电子取景器,这种取景方式的 DV 机器不仅价格较便宜,使用时很省电,而且能在任何环境下进行拍摄。尽管取景器中的画面视角和色彩效果与最终结果不完全相同,但使用一段时间后还是很快就会适应。目前,几乎所有的数字摄像机都采用液晶显示屏的取景方式。

2. 数字摄像机的防抖动方法

以下这些都是为了防止人为肢体上的抖动而设置的。当我们在现场进行拍摄的时候,双手的抖动和其他肢体的不稳定都不可能完全避免,导致影像模糊的问题也不可能完全解决。但是,现在的摄像机装置上大多数都有电子防抖功能,它的原理就是利用多余的像素达到防抖的目的。还有少数几种机型用的是光学防抖方式,它的防抖原理属于机械性的,稳定性能比电子防抖功能要好些,但这并不等于有了该功能的摄像机拍出的图像就清晰无晃动了。在实际操作中,即使采用了防抖功能,由于人体或手臂小幅度的运动仍会使画面产生一定程度的模糊不清。有时仍然需要用三脚架支持拍摄。当然,如果摄像机上设有三脚架接口,还可以方便那些喜欢独自出游的朋友进行随心所欲的自拍。

3. 拍摄时避免站位不稳定的方法

很多DV初学者拍摄出来的画面非常不稳定,往往让人觉得头晕目眩、视线无法集中。相对来说水平方向的颤抖还能"将就"一下,而垂直方向的上下颤动将使观看者无法忍受。通常来说,避免画面颤抖的最好办法就是使用三脚架来固定摄像机,如果没有三脚架或者三脚架并不好使怎么办? 用下面两种方法也是可行的:

第一个办法就是在拍摄的时候用两只手自然地紧握机身。首先,用双手牢固地托住摄像机并将双臂紧贴在两肋边上。然后,将摄像机抬到比胸部稍微高一点的位置上。事实上,有些摄像机用一个手臂就能稳固地托起,但最好还是将右臂紧贴在右肋之后再用左手轻轻地扶住摄像机。这样就能最大限度地减少抖动而进行较为稳定的拍摄。

第二个办法则更加有效,就是尽量避免使用长焦距镜头而改用广角镜头。因为焦距越长视角就越小,轻微的晃动就会使得画面颤抖得十分明显,而广角镜头视角很大,即使发生较严重的晃动也不易被觉察到。

4. 手动聚焦的使用情况

一般情况下,自动聚焦系统对于下列目标或在下述拍摄条件下,自动焦点装置往往会发生错误的判断,即如果出现自动聚焦困难的状况,便需要使用手动聚焦的办法来解决。如远离画面中心的景象无法获得正确的对焦;所拍摄的物体其中有一端离摄像机很近,另一端却离得很远;拍摄在栏栅、网状物、成排的树林或柱子后面的主体时,自动对焦也难以奏效;拍摄表面有光泽、光线反射太强烈或者周围光线太亮的目标物;拍摄正在快速运动的物体的对焦也比较困难;拍摄正在移动物体后面的目标物;在下雨、下雪等特殊天气里或者地面有较多积水时,自动对焦系统的功能可能难以正常发挥。

5. 平稳的摇镜头的获得方法

在节假日里人们常常外出手持摄像机进行拍摄,但基本姿势却很有讲究。首先将两脚并立分开约50厘米站立,脚尖稍微朝外成"八"字形,再摆动腰部配合拍摄动作。这样便可以使得摇摄的动作进行得更为平稳。因此,不管是上下摇摄还是左右摇摄,动作都应该做得尽量匀速平稳滑顺,使得影像的画面保持流畅且中间无停顿,更不能出现忽快忽慢的节奏错乱。而且,特别注意不要过分移动镜头,也不要在没有必要的情况下随意移动镜头。同时需要注意的是,摇摄的起点和终点一定要把握得恰到好处,技巧要运用得熟练自如。在操作的细节上,同一运动轨迹上镜头摇摄过去就不要再摇摄回来,只能做一次左右或上下的全景拍摄,这样都能最大限度地避免低质的镜头效果。

6.曝光过度或曝光不足的解决方法

"曝光过度或曝光不足怎么办"是一个经常被提及的问题,第一个经常发生的曝光问题是因为有强光源或明暗对比太强烈的缘故,会造成光线充足部分的曝光量较为合适而另一部分却曝光不足的现象。遇到这种情况最好适当调整一下构图,减少过亮处在画面中所占的比例并改用手动光圈的方式,按照所要表现的人物或景物的实际需要来调整光圈,以便更加适宜地校正曝光量。这个问题将在后面有更多详细的介绍。

第二个是光线不足的问题,被摄物体没有足够的光线照度,出现影像发暗或景深过浅的现象。要想获得最佳曝光的效果,首先必须得保持足够的光线照度。当然,为了解决这一技术问题,现在的摄像机还增加了亮度增益功能。在拍摄时使用这个功能,当光圈开到最大时摄像机还感应到光线不足,便会自动启动此功能予以调节,以电子方式提升画面的亮度。但是,在使用这种功能的状态下进行拍摄时,往往会降低影像画质,而且景深变浅也是一个不好解决的问题。在光线不足的条件下拍摄时,最好是增加照明或使用辅助的摄录灯。

第三个问题,当拍摄角度从一个高亮度的对象转移到阴影处时,曝光会变换得较为明显。这时候,可以通过手动控制曝光率,或是将明暗对比大的两个对象进行分开处理,即拍摄完高亮度的对象后暂停,然后转移到阴影处,直到自动曝光系统调整好光圈后再进行拍摄。这样一来,问题就得到了很好的处理。

7.数字摄像机变焦拍摄功能的使用方法

大家都知道,摄像机的变焦功能可以将被摄物体放大或缩小,但在实际拍摄中却很少有人能够灵活地应用它。事实上,要想很好地进行变焦控制,在拍摄前必须了解变焦杆上T和W的作用和方位。简单地理解,T就是将被摄物体拉近放大,而W则恰好相反。在拍摄时,不要随意地拨动变焦杆使画面来回移动,否则将极大地影响画面的最终效果。一般来说,变焦快慢与对变焦杆的施力大小有直接关系,很多新手在初期使用时极易犯上用力过猛或者用力不均的毛病,导致画面缺乏连续过渡的正常效果,同时对焦也不清晰,有时候甚至会明显地脱离了被摄物体。在用长焦端进行拍摄时,应尽可能地避免由于变焦所造成的抖动和画面模糊。当然,也可以开启画面稳定器或者使用三脚架,但尽量不要同时移动脚步或是摄像机的固定位置。

8.高质量夜景的拍摄方法

"如何进行高质量的夜景拍摄"也是一个常见的技术问题。通常的情况下,使用数字摄像机拍摄夜景是一件十分令人头痛的事情,相信许多新手都有过非常不愉快的经历,比如说面对着眼前灯火辉煌的美景,拍摄出来的效果却完全走样,可是问题并不是出在摄影机身上,而是使用者不知道怎样去运用手动调整的功能来灵活应对。其实,只要利用好夜间摄像功能就可以在暗处拍摄出效果不错的画面,利用此功能高质量地拍下美丽的夜色风景也就变得不再是问题了。方法很简单,启动数字摄像机的夜景拍摄功能(这是目前市面上的数字摄像机都具有的功能),再加上常规化的拍摄手法与技巧,至少可以呈现出比较清晰的画面,更加高质量的效果则需要熟练的手法了。

9. 程式自动曝光的定义

现在的摄像机通常都具有程式自动曝光(ProgramAE)的功能,由于摄像机本身就储存了几种针对一些特殊环境下拍摄的最佳解决方案,程式设计好了固定的光圈以及相应的快门速度,使用时拍摄者只需要切换到与当时拍摄环境相同的模式上对准目标拍摄即可。针对预设的 AE 程式,不同的生产厂家其设计也有所不同。一般常见的有运动模式、人像模式、夜景模式、舞台模式、低照度模式、海浪和聚光灯模式等选项。AE 程式可将复杂的曝光问题进行简单化的处理,但是其效果往往不尽如人意。使用 AE 程式进行拍摄,一般情况下都会大幅地降低图像质量,而且现在的摄像机普遍都存在这种负面现象,使用者应谨慎使用这种功能,在自动光圈方式下拍摄不出理想的"作品"时还是以手动调整光圈的方式进行拍摄为好。

10. 白平衡调整的介绍

白平衡调整是摄像过程中最常用的,也是最重要的步骤之一。使用摄像机稍稍熟练一点的人都知道,在开始正式摄像之前,首先要调整白平衡。当照明的色温条件改变时,也需要重新调整白平衡。如果摄像机的白平衡状态不适合的话,就会发生彩色失真的现象。自动白平衡调整功能是现在摄像机基本上都有的功能,也是使用者必须了解掌握的调节功能。摄像机程式里贮存着针对某些通用光源的最佳化设置方案,因此,运用摄像机时可以通过其镜头和白平衡感测器的光线状况,自动探测出被摄物体的色温值,并以此来判断摄像条件是否适宜。比如选择最接近的色调设置,再由色温校正电路加以校正,白平衡自动控制电路便会自动地将白平衡调到合适的位置。这一看似简单的功能就是摄像机的自动白平衡的调节功能。

4.6.2 剪辑、合成与特效

1. 非线性剪辑

这是一个非常重要的影视后期概念。何谓剪辑?顾名思义就是剪接加编辑的意思。影视素材的剪辑通常分为"线性剪辑"与"非线性剪辑"两种。一般情况下，我们将影片采集到计算机上，然后使用多媒体剪辑软件（例如 Adobe Premiere、Ulead Media Studio Pro，等等）进行编辑，即称之为非线性剪辑方式。因为在这个编辑的过程中，不需要依照影片的播放顺序来进行编辑，希望先修改哪个部分就可以随心所欲地修改哪个部分，因此称为非线性剪辑过程。而与之相对应的线性编辑方式因其自身固有的缺陷（成本高、技术复杂、程序烦琐）差不多已被全面淘汰出局。

2. DV Tape 资料的储存

真实世界的影像素材经由镜头进入 DV 内后，再经由 CCD 转换成数字信息，在存入 DV Tape 前由 DV 内的一颗压缩芯片实时压缩为固定压缩比 5∶1 的压缩资料，然后才储存在 DV Tape 上，每 60 分钟的影片经压缩后约是 13 GB 的数字资料。当然，其他介质的存储方式在原理和过程上也是差不多的。

3. 记录 DV 影片至计算机上

在 DV 机器上通常都有 DV In/Out 的插孔，这是用来将 DV Tape 或其他类型介质上的资料传送到计算机的接口。通常的理解是，我们将影片信息由模拟信号经取样、量化变为数字资料然后再储存到计算机的过程称为"撷取"。但事实上，因为存在 DV Tape 上的资料本来就是数字化的资料，所以实际上只是数字传输的动作而已，而且这个动作并不会造成任何资料的损失。恰好这也是使用数字储存的最大优势。很容易理解的是，当你将存在介质上的影像数据拿到另一台电脑上播放时，读出来的资料会不一样吗？当然是完全一样的，这也是数字影像在储存、传输与分享上的最大优势之一。

4. IEEE-1394 卡与数字剪辑卡

当需要连接 DV In/Out 的插孔时，在计算机上还需要加装一块 IEEE-1394 卡或专门用来做数字剪辑的界面卡，IEEE-1394 只是用来将资料在 DV 和计算机间进行传输的接口。而专门的数字剪辑卡通常还包含一些专为影像剪辑提供的功能，一般我们只需要买 IEEE-1394 卡即可轻松进入非线性剪辑的世界（当然，还需要剪辑软件的运用，剪辑软件也是最为关键的部分，购买此卡时往往会附赠剪辑软件如会声会影之类的，但功能不是很好，只能进行简单的剪辑，而不能进行更深层次的效果合成与加工处理）。

5. DV 影像素材的剪辑

要做好完整的影片剪辑，当然还需要相应的剪辑软件。目前常用的剪辑软件有会声会影、Ulead Media Studio、Adobe Premiere，其中以友立的会声会影最常见、易用了，通常买 IEEE-1394 卡都会赠送这套软件。Media Studio 和 Adobe

Premiere 这两套软件功能都很齐全,属于非常专业的影视剪辑软件,特别是 Adobe Premiere,可以与非常著名的后期影视处理软件 Adobe After Effects 配合使用,而这两款软件同属 Adobe 公司旗下,是目前非常流行和专业的影视处理软件。由于功能的简洁易懂,因此建议初学者可以从友立的会声会影入手,再以 Adobe 公司的两款专业软件配合使用以真正地提高影像剪辑水平,无论是专业的还是非专业的运用都十分适合。

6. 成果保存或发表

剪辑完的作品,当然是要好好保存(或是紧接着进行进一步的后期处理)。以 1 小时的 DV 影片约占 13 GB 的硬盘空间来计算,目前最好的保存方式就是将其回录在 DV Tape 上保存,不然实在是太占空间了。回录的方式有很多种实用的方法,由于专业延伸太广的原因此处就不作详细介绍了。

7. 后期制作

所谓影视后期制作,就是对拍摄完的影片素材或者影片的软件源文件做一些特效或动画一类的加工处理。通过后期制作的加工处理,使得较为粗糙的原始素材或者剪辑好的初级影片形成完整的、高品质的影片,比如加特效和字幕,或者为影片制作特殊音效等。后期制作软件具体可以分为平面软件、合成软件、非线性编辑软件、三维软件等常见的类别。后期制作软件有很多种,就单纯的非线性编辑软件而言,就有 Adobe Premiere、会声会影、Movie Make、iMovie 等多达十几种。如何运用以及如何达到最佳的效率主要取决于用的是什么采集卡(必须是支持卡的非线性编辑软件,当然剪辑与合成的技术水准又是另外一个问题了)。

后期制作软件和编制程序的功用大致有以下几种:

第一,剪辑。剪辑是指在电影、录影带、电视节目等影视资料中,对视讯、音讯等内容进行剪接和编辑的工作。影像储存媒体有光学底片、磁性的录影机、光盘和硬盘介质等。

第二,音频编辑,包括对音乐和特定音效的编辑,比如影视、广告片、宣传片等都需要一定的音效支持,合适的音效支持将产生不可忽略的效果。

第三,录制旁白、增加配音或效果音。这也是后期制作中非常重要的一个环节,否则剪辑后的影片将会成了原始的"无声电影"。

第四,合成 VFX,即对影视资料进行视觉特效的合成。影视作品作为艺术作品的一类,常常是源于生活而高于生活的,原始的信息通常在增添视觉特效后更能体现出艺术化的价值。

第五,修正视讯/音讯(如色校之类)。针对已经完整存在的或者需要部分修复的影视资料,进行相应的完善、提升和修复工作。

第六,DVD 的编制。即使用计算机加工处理好的影片再通过刻录储存等过程记录入 DVD 光盘上,以备随时使用。

第七,压制影音材料、母带的复制、形式的转换等,也包括硬盘介质的运用。

4.6.3 艺术化的体现

目前在我国,DV 数字影像已经成为非常时髦的词汇,而高清 DV 数字影像则让电影和商业广告级别的需求得以更大程度的释放。在各类视频网站和流行的数字类杂志报纸上,处处都显示着大学校园内里都流行的 DV 拍摄、创作的冲动与激情。这里所说的 DV 数字影像其实已经突破了 Digital Video(数字摄像机或数字影像)的原始定义,已经具有了包括名词、动词和形容词在内的广泛含义,甚至还是一种时尚和潮流的代称,并且在内涵上呈现出思想的异质性和艺术的前卫性等意识和精神领域内的东西。"DV 是一种生存状态,是一种对生活原生态接近的真实记录。DV 数字影像让人们找回对生活久违了的天真和热情,让人们换一个视角去观察习以为常的生活;DV 数字影像是一种权力,是将用影像表达自己的权利从少数的垄断者手中归还给大众的一个新的方式……"

1996 年,DV 摄像机在日本问世之时却并没有引来多大的轰动,最初只是被用来拍摄家庭一类的影像。但是随后短短的几年间,随着机器性能的改进以及电脑配套设备和软件的开发与研制,"能轻巧、价廉、自由地完成任务",已经是一个很了不起的进步。

图 4.1 《黑暗中的舞者》

发展到了现在,DV 机已经成为个人影像制作甚至专业媒体都非常喜爱的一种摄像设备,尤其是世界各地的年轻人都在选择 DV 数字影像进行自己的影像表达和艺术创想。"Dogme95"宣言的提出者之一——丹麦导演拉斯·冯·提尔(Lars Von Trier),当他的《黑暗中的舞者》(Dancer in the Dark)(见图 4.1)获得第 53 届法国戛纳国际电影节最佳影片金棕榈奖之后,DV 数字影像不仅在西方世界而且在国内也有着大规模迅速的发展,甚至国内要比国外的 DV 数字影像制作更有热情和动力。

DV 数字影像创作方式传入中国以来,也产生了不少的优秀作品,比如《老头》《江湖》《北京弹匠》《铁路沿线》《北京风很大》《雪落伊犁》等,在观影群体中都是众所周知的代表性作品,知名度非常高。而青年导演贾樟柯则用DV摄像机拍摄了电影《任逍遥》,在入围第55届法国戛纳国际电影节之后获得很高的国际声誉,成为中国DV影像真正的骄傲。

随之而来的是"DV"一词也被炒得沸沸扬扬,DV机器的轻便和低价等特性使其由传媒性逐步向家电化转变,DV数字影像日益成为人们观察生活、体验生活、表达思想的一种方式,代表着一种新的生活与思维。同时,DV数字影像等数字艺术的发展势头在对传统艺术冲击的同时,也受到各方面普遍的质疑,尤其是在作品呈现出的审美价值上颇具争议。因此,DV数字影像的出现和发展既给了人们影像表达的权利,同时也破坏了影像艺术的高贵和经典,"每个人都是一位艺术家"这一观点似乎还有待检验。

2002年春天在西安举办的"首届独立影像节",被业内人士形容为"考验观众体能的'视听盛宴'"。很显然,如果没有审美的愉悦可言,那么DV数字影像到底是以怎样的一种身份介入到影像艺术的行列中?DV数字影像的美又存在于何处呢?艺术家们常常会说艺术的本质在于展现平凡的生命力,或者会说艺术来源于生活而高于生活。没错,生活就是最大的艺术之源,美的艺术正是来源于生活中人的本质力量的艺术化。

作为民间影像的新兴力量,DV数字影像比任何其他影像艺术都更加接近生活。尽管DV在诞生初期只是为了提高家庭录像的声画质量,可当DV数字影像成为人们常用的家用品时,也就是影视艺术最大限度地回归于民间,承担起反映民间艺术、大众艺术的使命,甚至会在不知不觉中最大限度地贴近生活最真实的另一面。诚然,DV数字影像的艺术性很大程度上来源于对传统胶片电影在表现手法上的继承和发展,然而其技术突破的特性与思想的独立性却使其艺术性的表现力产生了巨大的差异。因此,当DV机器在技术层面上的轻便和经济层面上的低价的两个优势同时具备时,便促进了DV数字影像创作主体的不断下移。人们渐渐地不再满足生活的被动和表达方式上的单调甚至是沉默,都有了自我表达欲望的唤醒。在创作主体多元化的同时,创作的内容也随之更加平民化、生活化,因而DV数字影像在创作的本质上更倾向于民间,倾向于生活。

DV数字影像,记录着芸芸众生的常态生活,让无名之辈跃然而出。如《铁路沿线》中的流浪汉,《高楼下面》中的外地打工者,《老头》中的迟暮者等不一而足。平常的人伦亲情和家长里短的细节无不感动着生活中的、真实的人们。无论是在DV镜头里面的表现,还是镜头之外的品位与思考,我们看到的都是生命力的细节化体现,都是人的本质力量的生动化表达,随时随地随处都存在着美的展示。毫无疑问,DV数字影像的本质正是在于对生活回归的重新认识。从某种意义上来说,它体现了人类的某种假说,即艺术的生活化与生活的艺术化之间其实密不可分。

可见,用最简单的方法实现最为深刻的艺术,是 DV 带来的一大革命性进步,"简约而不简单"岂不是很有魅力的一种境界?答案在大多数时候应该会是肯定的。

有人说"美本来是无处不在的,只是有时候缺少了发现美的眼睛"。DV 这只眼睛,正是发现了许多朴实无华的东西,展现生活中更为感人、更为真实的东西,无论丑的一面还是美的一面,都将毫无保留地呈现在镜头之中。DV 数字影像的平民化,是从纯粹个人的角度对普通人喜怒哀乐的表达,也是对底层老百姓生活与命运的近距离关注,还是对人的个体或群体的原生状态的真实记录。正由于 DV 数字影像创作这些与生俱来的特点,造成了它的流行和风靡。因此,如果在一个凌乱不堪的菜市场,在一个灰尘弥漫的建筑工地或在一个破败清冷的老街上看到一个手持 DV 拍摄的人在认真地忙活着,无须感到意外。因为,这样的人和人群就正是在以 DV 人的独到视角与思维,去捕捉周边生活中最平常、最质朴、最细小的片断。如西南大学学生创作的《最后的铁匠铺》,它所抓取的对象就是位于渝北静观场里的一家小小的打铁铺,那里曾经是"打铁行业"很发达的地方,后来因为农业机械化的迅速发展,手工铁器在生产和生活中逐渐淡出甚至是消失,不少打铁铺都因此而歇业了。影片中的主角——一对父子,却在他们长期的作息惯性里,维持着冷清的铺面。从影片中,我们稍加沉思就能看到新旧生活交替过程的一个缩影,无须更多的语言表达,深刻的含意已然尽在其中。

类似的作品还有美视学院的《棒棒军》,它非常纪实地反映了重庆"棒棒"在城市边缘不乏困苦的挣扎的状态,也折射出他们离开土地和农村流向城市的希望与梦想。在这里,那些社会底层小人物的生活状态与大都市的发展繁荣形成了寓意丰富的对比。《歌者》也是这样一部反映平民状态及社会边缘人生活状态的 DV 数字影像作品,该片导演兼编剧郑正先生运用电影学常规的方式和手段,将目光投向重庆民间的"死人板板"乐队。它讲述了一个农村女子到外地寻找失踪几年的丈夫,为了生存便进了一个再普通不过的丧事乐队。当她对找到丈夫的愿望已经彻底断绝时爱上了乐队的组织人,却又在一次演出中意外地发现当时的死者正是她要寻找的丈夫。片中对小人物命运的表现,凸现出一种平民化的审美视角,影片中无须刻意表达然而它的艺术性却已经完美呈现。杨天乙则是看到城墙根下的老头觉得好玩,于是萌发了要拍摄他们的念头,《老头》(见图 4.2)一片中展现的是一群地道的北京老人,他们操着纯正的京腔在墙根下晒着无聊的太阳,天南海北地聊着看似同样无聊的小故事。他们中有的已经口齿不清了,有的已经记忆衰退了,但是他们在人生最后的阶段依然显出轻松自然的神态，就连身边的老伙伴死去了，他们谈论起来似乎也要像老北京喊台一样的叫上一声"好"。这一切十分自然地从影片中流露出来，像是一撮茶叶在一杯滚烫的茶水中慢慢地往下沉去，缓慢却很有节奏。一切就如真实的生活一般亲切自然，但在主流的影视平台上却很少有机会得以欣赏。

《北京弹匠》的 DV 导演朱传明，因为一个偶然的机会结识了一位来北京以弹棉絮为谋生手段的湖南农民，由此引发了他拍摄这位农民棉匠生活际遇的想法。《铁道沿线》的导演杜海滨（朱传明的同班同学），则是在他的家乡宝鸡火车站附近偶然发现了

图 4.2 《老头》

一群以拣垃圾、拾破烂为生的来自中国各地的流浪汉群体；于是，为了尽量切入并记录这群被蔑视为"贱民"的人真实的生存状况，他运用 DV 的镜头开始关注着平常百姓的日常生活。"一部影片最重要的部分应该是人的真实生活，而不应该是编造的剧情，脱离生活的剧情是经不起琢磨和回味的，而我们之所以喜欢某些纪录片也正是因为我们有着某些生活细节的偏爱。人类的行为标示着一切，如果你用心观察细小生活，不难发现许许多多生活中的细节，正是这些平凡并不起眼的小细节组成了我们复杂的生活，并暗示着已经发生和将要发生的一切。"一位资深的 DV 人士作出如此的解释。

在 DV 数字影像作品的创作中，拍摄者不仅仅要通过镜头来观察生活，更重要的是需要切身体验着镜头下的生活内涵，与其说他们在拍摄记录着别人的故事，还不如说是他们正在重现着自己曾经用心去感受过的生活。DV 导演盛志名在他拍《心一心》时说过："当我回到北京的时候，是冬天，感觉特别累就开始玩儿，经常到酒吧之类的地方。玩儿的过程中就看到了我电影里那些小女孩的形象。有一天，我从酒吧出来看到三个女孩儿晕在地上，就送她们到另外一个地方，然后就跟她们认识了。她们的生活给我的触动特别大。我觉得我是真实地把她们的生活放在那里了，我没想作任何的遮蔽。这可能和我对生活的认识有关，我没看到那么残酷的东西，我觉得大多数人的生活没那么传奇。"

萧狼在《苦乐打工妹》的创作手记中也曾写到："我是在农村长大的，应该说小时候也吃过不少的苦；因为贫农的阶级成分的缘故吧，长这么大的 20 多年里，我接

触得比较多的是人文关怀者们所谓的'弱势群体',我们宿舍楼旁的小炒部的那些打工妹子给我的感觉毕竟是亲切的,我们之间有许多的共同话语。我想这是我们能够沟通的地方,因而这是我能顺利完成这个小片子最重要的原因。她们对于拍摄、采访、DV、纪录片等都是完全陌生的,也并没有去想她们会从自己日常看到的电视屏幕中出现。所以面对着摄像机,她们真是不会作秀,一切反而都如平常一样自然。在很短的时间里,我们成了真正的朋友。我也在凌晨4点起床,看她们做包子、煎鸡蛋。然后我可以安心地去睡觉,让她们午餐前给我打电话起来继续拍摄——拍摄成了我们共同的工作。"

　　这就是DV导演与创作者的独特之处。对于创作者与影片主人公之间的情感互通,与其说是共同的工作,不如说是一种共同的生活。杜海滨在《高楼下面》接近片尾的部分,镜头中出现了全片中唯一一个使用三脚架拍摄的段落。在除夕之夜的地下室的宿舍里,一个中全景的画面,主人公阿毅蹲在地上剥着葱和蒜,此时作者从画面右侧出现和阿毅一起剥蒜、洗菜,作者离开了又回来准备着他们的年夜饭。当作者从摄像机背后走出来,他使自己也成为一个被拍摄者,这便是DV创作者对生活的真正融入。吴文光在拍完《江湖》那部作品后,对"远大歌舞团"的关注也没有完全结束。有时候他仍然会出现在那个在穷乡僻壤流动演出的歌舞大棚里,因为那里是影像记录的根本所在。虽然大棚的演员换了一批又一批,然而在他们的印象当中,这个"戴眼镜、肯帮忙、还给他们做饭吃的吴老师"已经成为了传奇式人物。那次特别的经验似乎完全改变了吴文光以往的拍摄立场,他在一次访谈中说道:"我是在一种悲喜交加的感情中进行拍摄的,我甚至觉得不是在拍另外一种生活,甚至我就是在拍摄自己的生活,是在拍我自己的自传。我不知道为什么会有这种奇怪的感觉,这种感觉真好,也许我没有达到,但是的确拍他们就是拍我自己。我不能确定拍了这个团就像拍了全中国的团,但是我能确定拍的是我自己的生活。"

　　另一位DV创作者仲华也说道:"几年前我曾经在武警部队里当兵,做了好几年的电影放映员,所以《今年冬天》有种半自传的意味。再回到部队拍这个片子,这是我待过很多年的地方,这是我的地方,电影中四种不同的方式也是在完成一种电影的形象。使馆的镜头能看出来,那几乎是一个镜头一气贯成,那里边是我待过很多年的地方,那儿的一切我都非常熟悉。"当平民艺术家把家用摄像机对准被遮蔽的现实与生活的时候,对准可能要被遗忘的过去的时候,可能就完全是出于一种感性的冲动或者出于一种对同类人的理解和感悟。朱传明在创作手记中曾提到:"我常常被生活中这样的场面感动,当出现火车站疲惫而卧的人群,集市上拥挤的人流,马路边吆喝生意的摊贩,建筑工地脚手架上的民工……他们的呼吸像暗流一样汹涌,被裹挟而去。"而杨天乙与她所拍摄的老头之间,也产生了"他们成了我的生活,而我成了他们的念想"那样亲密的关系。DV拍摄者就是这样以一种人文关怀的心态为底层呐喊。生活中的轻贱和高贵都无所遮蔽地袒露在DV的镜头中,所有的故事、演员、导演都来自真实的生活,只是在影片的最后构成同一个艺术化的故事。

  DV作为影视艺术的革新工具不仅在于体现了拍摄客体的草根化,更在于为实现创作主体的身份出现提供了多元化的可能。DV数字影像的出现,无疑打破了专业"业内人士"和主流媒体的设备与技术的优势,模糊了昂贵的"专业影像"与低廉的"家庭录像"之间原本不可逾越的品质差异,从而赋予了更多普通人以真正意义上影像创作的权利。因为DV动用的低成本特性,更因为其主要使用者大多是社会各阶层的普通百姓与DV爱好者,所以从DV数字影像问世至今,它一直都体现出很平民化的色彩。曾在峨眉电影制片厂执导电影多年后又到西南大学文学院任教的余纪教授说出了自己的看法:"以前搞电影电视的,的确多多少少都有些'贵族感'。由于它具有很强的艺术性和专业色彩,对于普通老百姓来说,甚至它整个的摄制生产过程都显得较为'神秘'。但随着我国社会经济的发展,百姓生活水平的提高,DV机器和技术越来越得以普及,使得老百姓用影像的形式来自由表达自我成为可能。DV数字影像作为一种新兴的话语权力的载体,正在被泛化地、深入地动用,并影响和改变着我们这个社会和时代。"

  重庆大学美视电影学院副院长唐泽芊教授对此也有深刻体会,她认为"艺术领域的影像创作,离不开相应的技术装备。随着科技、经济的发展,后期制作功能的简便化,使原来停留在专业领域的影视艺术走入了寻常家庭。就像卡拉OK一样,影像艺术正在成为一种家庭化的艺术,平民化的艺术。"很显然,DV为我们提供了一种新的自由,一种新的思想表达和创作的自由,DV具有配合先进的剪辑器材进行非线性剪辑的明显优点,并且采用了数码信号的方式把作品传到网络上,极大地提高了传播的速度和效率。"DV数字影像最主要的优势对我而言在于真正的低成本,你不需要在创作前就担心市场,担心钱怎样收回,担心制片人给你压力,哪怕作品卖不了,也不会使我债台高筑,创作进入真正自由状态",一位普通的平民DV爱好者是这样表述自己看法的。由于技术的发展从形式上改变了艺术的发生,技术门槛的降低和操作的个人化使得越来越多的人拥有影像话语的权利和自由,这便是 DV 艺术的分量所在。

当代中国比较著名的 DV 导演除了吴文光等人以外,其余几部著名 DV 数字影像作品的导演全都是二十多岁的年轻人,而且都是第一次拍摄纪录片便一举成名的。这些年轻作者的创作初衷大都介于自发与自觉之间,没有谁在拍摄之前就对纪录片的本体或价值有一个明晰的认识,但每个人在举起摄像机的时候,都满怀着真诚表达的强烈愿望。吴文光认为自己使用了先拍后制作的工作方式,"拍的时候完全不知道这东西拍来干什么,以后有什么用,只是觉得非常有意思,不去制作一个惊人的作品,它是一个更私人的东西,它想表达什么东西,想说明什么东西,它肯定是属于我的,DV 数字影像代表了一种真正个人的表达方式"。

其中一位年轻的 DV 导演认为:"DV 在一定程度上可以成为作者的自来水笔,影像技术的进步可以使更多的人拥有一种表达自己的手段,一种语言。"可见,DV 数字影像在承受生活之轻的同时,也承担起了艺术的重量。当创作客体不断下移的同时,创作主体也在下移,创作的自由化和私人化却使得艺术更加有活力。虽不说人人都可以玩好 DV,但至少它已不再是主流影视创作群体的特权。而且,DV 机器家电化的趋势,也使得 DV 数字影像艺术成为一种平常的生活态度,有如"DV 着,艺术着,生活着"的状态。

不可否认,影视创作的确是一门高深的艺术。如果你想拍好一部电影就必须得有相当程度的专业知识,必须有相应的精良设备,更重要的是最好能有几百万的资金作为铺垫,看看当今的一些所谓商业大片就知道了,光那些著名演员的出场费就不是普通 DV 人所能承担的。DV 创作就完全不同,当然你也可以像《黑暗中的舞者》一样动用 100 台 DV,但那毕竟不是我们要走的路甚至是没有必要走的路。真正的 DV 创作,有一台合适的 DV 机器,有一腔对生活的热情,再加上一些基本的影视处理技巧就足够了。

比如,"DV 影像工作站"第三期的推荐作品是杨天乙的《老头》,这部片子至今仍能让人们津津乐道的是,这是一个之前跟影视毫无关系的女孩所创作的。她是第一次拿起 DV 机器,第一次拍摄独立纪录片,耗时超过两年,一切都是自费进行,而且拍摄的是一群被忽略的北京退休老头。虽然画面有点粗糙但不失最为珍贵的原创性和源自生活的艺术性。清华同学自编自导的《清华夜话》虽然画面有些晃动,声音有些生硬但基本上不影响观众对它的强烈兴趣,它是那样的活泼真实,充满着对生活积极向上的热情。萧狼在拍摄《苦乐打工妹》时,他镜头中的主人公甚至也会抢过摄像机反过来拍摄影片作者,让他说出自己的故事。如此一来,拍摄的对象和主体都已经融入到共同的生活中,融入到共同拍摄的快乐中去了。DV 数字影像创作者和参与者用他们自己的方式表达着对生活的理解,尽管表达的方式出现了新意,但表达的愿望始终是同样的强烈。2009 年 9 月起,云南省德钦县的几位藏族农民在一家社会性基金会的资助下,拍摄了《冰川》《茨中圣诞夜》《酒》《黑陶》等几部 DV 纪录片,这个"社区影视教育"项目的负责人郭净博士在项目宗旨中写道:"照相机、摄像机和电脑变得如此便宜,促使普通人产生了自己制作影像的欲望,当城市里的年轻人到茶馆为朋友的第一部短片助兴,当乡下的制陶师傅开始用摄像机记录村民选举的场景时,多样化的声音便在影像中出现了。"

从专业的角度而言,近年来比较知名的 DV 数字影像作品都在不同程度上存在着视听方面的技术缺陷,但这些新纪录片的创作人却以影片内容的真实性与原创力震动了国际影坛,形成了艺术化的魅力。比如杨天乙的《老头》获得了 2000 年法国真实电影节的评委会奖,朱传明的《北京弹匠》获得了日本山形国际纪录片电影节"亚洲新潮流"奖,而雎安奇的《北京风很大》则在澳大利亚国际独立电影节上获得了"最高喝彩纪录片"奖。这些奖项不仅仅是对这几位纪录片导演的个人褒奖,更重要的是,它传递了这样一种积极的信息。它表明一个普通人可以通过他的才华、毅力、对生活的热爱以及简陋的摄影器材,成为一位"真正"的纪录片导演,甚至成为真正的艺术创作者。

因此,DV 数字影像创作更深刻的力量则应表现为一种对普通民众的影像启蒙,是"贩夫走卒"、"乡野村夫"一类的平民都可以掌握并运用的记录工具,是无数双眼睛对我们这个社会不同角度的多元观察和描绘。乐观一些地预测,DV 将带来"民间影像"的灿烂前程。与此同时,我们可以进一步地断定,DV 将不会因为其承受生活之轻而损害电影艺术的分量。也许恰好相反,越是民间的便越是艺术的,越是生活的便越是深刻的。DV 数字影像是最具平民意识的产物与推动者,一切平民化的东西都是有生命力的,只要人们对这个世界保持经常观察,常常表达思考的习惯,每个人的眼睛都会变得更加锐利,感觉更加灵敏,思想更加开放,艺术也将更加具有生命力。

DV 数字影像从一种技术手段开始对艺术创作的主体起着深远的促进作用,进而对艺术内容的生活化起着催化的作用。如果说由技术带来了艺术的生活化是一种外在的手段,那么审美情趣和内涵表述的生活化则是艺术生活化的本源。通常来说,美是来源于人的本质力量的对象化,"对象性的现实在社会中对人来说到处成为人的本质力量的现实,成为人的现实,因而成为人自己的本质力量的现实",

面对"人化的自然",人们"不仅像在意识中那样理智地复现自己,而且能动地、现实地复现自己,从而在他所创造的世界中直观自身"。

因此,影像受众在艺术批评和欣赏中,有一个明显的"期待视野",他们期待艺术对生活的亲近,其艺术的真实性和真实的艺术性成为中外视觉影像作品接收和欣赏的衡量标准。它是在人类几千年欣赏和描写现实文艺作品的过程中和几十年接收写实风格的影视作品过程中形成的,从柏拉图"模仿乃是艺术之根本特性"起,到中国"千古文章,传真不传伪",无不要求艺术的高度真实性。可见,唯有真实才能引起受众的真正共鸣,受众也才能透过艺术作品来反观自身。受众代表的就是生活,DV数字影像反映的也是生活,受众的生活又呈现出艺术化的状态,因此当我们在观看DV的时候,其实我们也就是在观看自己。

当我们看到《不快乐的不止一个》中的家庭问题,《心—心》中的绝望中的希望,《苦乐打工妹》中的艰辛而又充实的日子,《清华夜话》中的学生生活,生活着的我们会十分本能地感到亲近,并能立刻意识到这就是我们周围的生活,这就是我们自己的生活,这些镜头真实记录的酸甜苦辣就是我们自己的酸甜苦辣。著名的影视界学者巴赞、古拉考尔等人曾多次指出,纪实电影与真实的生活有一种亲近性,正是因为电影与观众的亲近性引起了观众对电影的亲近性。DV数字影像作品应更是如此,它的兴起在很大程度上是因为它的题材对于生活的进一步贴近。国际权威调查机构AC尼尔森在调查中发现,观众喜欢收看的纪录片竟是《生活空间》这样的题材和内容。显然,"讲述老百姓自己的故事"是很多观众最为关心的话题。一直以来,人们期待纪实性的作品是因为人们希望看到自身。"纪录片,尤其是更多的民间创作,创作者的角度可能是相对小众的、私密的,但他们所揭示出的空间,却是大众共通的。"

《京华时报》记者在北京电影学院等艺术院校和北京工业大学等非艺术院校的学生会两类群体中,均进行了详细的调查,他发现,学生们对纪录片显示出的极大热情,让记者很是意外。其中的几部纪录片是学生们屡屡提起的,比如讲述了关于农民巡回演出的《江湖》,讲述了一群迟暮老人生活故事的《老头》,还有弹棉花的农村青年在都市中的遭遇和生活的《北京弹匠》等,而这些作品恰好都获得了专业影视评审的高度认可。吴文光先生说过:"虽然乍一看,这些拍摄对象都不是社会的主流,但从片子中,大家能看出许多人性中相同的东西,而这些恰巧是普通人不愿显露的,却是人人都有的,大家喜欢的原因就是这种大众化激起了心底的共鸣。"学者黄集伟也认为:"文字阅读中,那种以虚构为能事的传奇已是最靠不住的东西,

'非虚构'的加入,正显出了DV数字影像创作的无上魅力,也因而开始成为我们阅读生活中的核心期待。"文字是这样的期待,影像则更加承载着这样的期待。于是,DV数字影像中真实的生活,让我们更大程度地反观自身,使得艺术的生活、美的生活继续地发生着。

仅仅生活在现实之中,仅仅观看他人或者自己的生活也不能使DV创作者产生满足感,我们还有更进一步进行自我表达的渴望。于是,在欣赏别人的作品和别人的故事的时候,我们也会拿起DV拍摄自己和自己紧密相关的周围人的生活,于是便有了《清华夜话》。我们一边卧谈一边拍摄,一边看着我们的DV自我欣赏,于是又有了《冰川》《荠中圣诞夜》《酒》《黑陶》等佳作,我们在生活的同时把它记录下来,同时我们又成为自己创作品的第一个观众。这样,便可以把创作与审美在生活中融为一体。艺术的审美,得到的是一种心灵的共鸣。创作者的思维和影片对象的生活唤起了审美主体的某种相似经历和记忆,看到的是自己的本质力量的对象化,因此艺术更加真实、更具感染力。当影片制作的审美主体成为创作主体兼创作客体的时候,这种人的本质力量的对象化也就更为深刻。因为前者是反观自身而后者是直面人生,他们均是生活的主体和艺术的主体,审美的需求也促使艺术创作的生活化。

艺术的生活化与民间化,也从内容上改变了艺术的发生源泉,生活主体的艺术化又从形式上改变了艺术的生成过程。而DV这样地改变了艺术,也改变了我们的生活。无论是DV创作的导演、演员,还是生活在这个社会里的普通人,都会或多或少地在别人的故事中演绎着自己的故事。今天,我可能会出现在你的镜头中,也许明天你将会在我的镜头里出现,所谓"我站在桥上看风景,看风景的人在楼上看我,明月装饰了你的窗子,你装饰了别人的梦",DV数字影像便如此地沟通了艺术和生活,沟通了你我之间不同的群体和生活轨迹。我们期待着在DV数字影像中的我们,以此来反观现实中的我们。

"人是诗意的、栖居的",因此生活和艺术原本就不可分割。人类走过了一个又一个的循环,艺术自从劳动和生活中脱离开始就有一种回归的冲动,这也是纪录片兴起并经久不衰的根本原因。在高度工业化的现代社会里,人们更渴望一种高科技与高情感完美结合的生活,DV给了我们这样一个便利的工具,给了我们这样一个新的希望。与其把DV当作一种媒介,一种设备,不如把它当作一种能够表现美的生活态度,DV数字影像并不同于过去的"作者电影",它不仅仅是"个人的表达",它还是一种个人生活的重现与艺术性提升。真正跟DV精神有亲缘关系的是维尔托夫所说的"带摄影机的人",说的就是真实的人和真实的美,只不过是通过摄影机呈现出来而已。

同时,DV不仅使制作电影成为了一种个人的事情,它的欣赏也成了个人的事情。比如我们在自己家里观看DV数字影像作品,我们把DV作品装在上衣口袋里随身携带并赠送朋友等,当然远不只这些表面的含意,个人的DV更多的是指独立的创作和精神。DV数字影像,代表了一种新的生活方式,即独立的艺术与生活。或者说DV数字影像就是生活本身,它是生活中的一个全新的要素,并将演变成一种生活习惯或习俗。它在我们的掌握之中,在我们的生存之中。在它的面前,生活没有一个表里之别,它无法从生活的表层来观照生活。因为它就在生活的核心和骨髓之内,是我们每个人生活和思想的一个组成部分,面对它,我们就是在直面我们自身的肉体和灵魂。

席勒在《美育书简》中谈到:"人对美只应是游戏,而且只应对美游戏。唯有当他是充分意义的人的时候,他才能游戏;唯有当人游戏的时候,他才是完整的人。"如果说DV产品的产生和发展从技术上促使艺术回归生活,那么人的审美情趣则是从人的本性上要求艺术回归生活。美是自由的,就像我们的生活一样应该是自由的。DV数字影像给我们自由艺术自由表达的权利。艺术更重要的是参与性和互动性,游戏的艺术不仅仅是自由的,更应是积极向上的。我们都希望更好地参与到这个美的游戏之中,游戏中处处体现了人的本质力量的对象化,生活中处处展现着人的生命力,在对象化的现实中我们反观自身,在富有生命力的生活中我们关照自我,从而得到审美的愉悦和审美的升华。美在生活之中,艺术也在生活之中,美和自由是密不可分的,艺术和生活也是密不可分的,DV数字影像在走进生活融入生活的同时,也就从艺术起点回归到艺术的终极。回归是人们的审美理想,只有在生活中艺术,在艺术中观照生活,这才是完整的人和完整的生活。

第 5 章　数字影像创作理念与方法

5.1　创作理念的基础

关于数字影像创作,精英们常常会有一种理解,说是它给予了人们采用影像的方式表达某些权利的行为。然而这种权利的表达既需要宏观环境的支持,也需要在自己的创作中扎下一个深厚的理念,使之有生命力和感召力。有人说,理念就好比航行中的锚,只有深深地扎根在心里,扎根在灵魂深处,遇到外界动摇和被迫放弃的念头时,才能坚持地守卫到底。

过去的十几年里,比较有影响力的数字影像作品大多集中在独立纪录片上面。关于怎样定义"DV纪录片"影视界有过激烈的争论但并没有合理的界定和解释。有的说纪实性与原生态特征是DV纪录片的共性,其实也不尽然。目前,就有越来越多的DV创作者采用了虚拟和写意的手法,似乎不能将其他定义到独立纪录片之外。跟其他类别的意识形态一样,大可不必去条条框框地严格定义,给予一个开放性的拓展空间对新生事物的发展成熟往往是大有好处的。

而且,DV作为一种低价高效的摄像机器,作为一种由DV摄像机采集素材并由计算机后期处理而形成的作品,将会运用在许多领域,比如大众化的娱乐、特色教学、商业化传播等方面,因而原先固有的定义有些不妥。按常理来说,独立纪录片也好,DV纪录片也好,分别定义在"DV"、"独立"和"纪录片"这些关键的字眼上即可,似乎无须过多的咬文嚼字。

由此可见,DV数字影像创作的理念也相应地多样化、多元化。在DV记录方面,坚持原创、纪实和原生态的基础上,少量地运用艺术化手法进行加工处理,使之效果更佳、意境升华,都是应该支持和适度运用的。特别是在娱乐和商业上的运用，DV数字影像创作的纪实性和原生态特性就显得不是很重要了。相反，在DV数字影像创作中运用特效、虚拟元素而产生的效果与专业的影视作品相比，应该更胜一筹。

5.1.1 源自生活的记录

DV纪录片始终坚持真实的记录，即使将来DV机器更加先进，影视后期处理更加高效，创作者的专业程度更加高明，作为纪录片纪实的特性是不可以改变的，不管它是否具有DV属性。资深的DV作者们常常会提到一个令人肃然起敬的现象，有时候为了记录真实的"故事"和"情节"，特别是记录下有意义的、符合目标要求的素材片断，往往需要创作者们长年累月地等候。为了拍一个动物的诞生、成长和鲜活的瞬间，守候一个季节也是正常的。为了捕捉一个周期相对较长的事情经过，少则几个月，多则好几年，这是需要足够坚强的毅力和理念来支撑才能实现的。面对危险、艰难的情景仍然需要坚持挺住，更令人难以忍受的是，在创作者坚守和忍耐之后仍有可能完成不了原来所期待的目标。

这便是DV数字影像创作与纪录片不解的缘分，但这种不解之缘还能持续多久也是一个疑问。毕竟DV机器已经向专业化迈进了，而纪录片也许不再是一个人的战斗，团队性质的商业运作也将提上日程，以巨大的纪实性艺术来支持巨大的商业影视需求，前景似乎更加值得期待，可为之付出的空间也会更大。

娱乐性质的DV数字影像作品同样需要基于现实的创作，脱离了现实就不存在幽默、感人的效果，就可能变成了无聊表达和无病呻吟。

商业性质的DV数字影像创作也是需要生活化与真实的特性作为创作前提的。产品信息需要真实，企业文化和品牌导向需要在真实的状况下进行提炼展示，而且生活化、真正具有美感的素材是提升商业片效果的根本保障。或者简单一点地理解，商业本身就是一种现实和生活，二者又怎能脱离了干系？

5.1.2 来自艺术的构想

创作者们为什么那样执着无畏地拍摄DV纪录片？这里面包含了对艺术的追求、发现和再现。在广东茂名有一家百年老店，里面的铜制工艺品不仅全是手工制作而且传承了古老的工艺不曾变迁，如今新一代的掌柜想把传统的老字号变成现代化的商业品牌。DV纪录片的作者采访了店里几位月薪两三万的近八十岁的老工匠和老少掌柜。在这一过程中，工艺品的艺术、经营的艺术，以及从这一题材运用DV表达的艺术就有了很好的融合。

还有一个婆媳祖传几百年的玉器事件，那件玉器作为收藏品就已经价值连城，作为现代家庭和谐的调剂品就更是无价之宝了。想想现在的城镇家庭,婆媳关系不紧张的实在太少,一是因为物质因素的纠纷,二是因为爱情与家庭信仰的缺失。用DV记录那件玉器,本身就是对艺术的再现,用DV数字影像展现了现代家庭和谐相处之道也是一种人文艺术,而用纪实的手法突出了情感与信仰的重要性,则是真正的艺术体现。

所以,DV纪录片应不完全等同于原生态的创作,从类似的源自艺术发现和构想的记录很多,要想制作一个成功的DV数字影像作品,不但要把艺术的素材忠实地记录,而且要有选择性地捕捉现实,同时在意境化处理的过程中进行更高层次的艺术化提升。

5.1.3 个性化的叙事方式

DV纪录片常常是以"我"为出发点,以"人"为叙事和记录的焦点,更多地从自我、小我和以人为本的出发点进行叙事和情感表达。在我国主流电视平台和其他播出平台上,DV创作的个性特征并不是十分明显,创作者们的个人意愿往往并不能得到全部展现。比如,有位DV爱好者完整记录一个地下贩毒团伙贩毒的全过程。但是在播出平台上却难以审核通过,最后被剪辑掉了大部分的内容。素材也由真实记录贩毒过程变成了一个"禁毒"宣教片。当然,作为主流电视平台必然要设立一系列标准来对发布的内容进行约束规范,但这就会束缚DV创作者个人意愿的表达。

5.2 方案与脚本

一般来说,在影视正式制作之前,必须做一个思路清晰、可行性强的制作方案,用以指导整个片子的制作过程。影视创作方案一般比较笼统抽象,而具体到场景、画面和台词等细节则需要详细的分镜头脚本。在很多时候方案和脚本并没有严格的区分,最好视实际情况而定。方案和脚本可以说是故事的发展大纲,用以确定故事的基本结构和发展方向。

然后,确定故事到底是在什么地点、什么时间、有哪些角色、角色的对白、动作和情绪的变化,等等。这些细化的工作都是剧本上所要清楚地确定下来的核心内容。比如写一部小说,短则数千字或几万字,长则十万字或者上百万字,其中有些事件是在同一时间发生,但小说中却并没有写在一起,甚至相隔很远。所以,在将要创作一个故事或是改编一部小说时,得先写出脚本,将故事的发展过程以时间为标准将其发展的方向确定下来。而在此之后,可以清晰地展开如何讲述这一故事的逻辑顺序,最后予以一一细化处理完善。

分镜头脚本可以根据故事所要表现的主题、思想以及细节化、可拍摄、可剪辑、可合成的处理要求进行创作。只有在基本方案确定之后才进行剧本的编写工作。剧本编写完成之后,才是分镜头以及场景、角色的确定。比如日本动画制作过程中的脚本其实就是剧本,翻译不同而已;日本动画导演却不称为导演,而是动画监督。总之,脚本能给影视创作事先描绘清晰,以至在拍摄和制作的过程中有章可循而不偏离既定的主题和表现手法。

5.2.1 创作立意

即使在脚本这样一个看似简单的环节里,其实就蕴含着丰富的学问。失败的作品往往就失败在创作方案的失误和偏差上,总体的指导路线错了,整个影片的细节和技术再好也是白费的。在创作立意上,要表达什么样的主题,比如具体到爱情题材上面,究竟是体现哪个群体什么样的情境和心理以及背景等,都得在影片立意上体现出来。比如,大学生最喜欢拍摄和创作的爱情题材,通常是男生女生在大学校园的某次活动上认识了,然后约会、恋爱、分手、失恋之后再恋爱,等等。看起来符合大学生群体真实的状况,其实失去了影视作品的内涵和深意,也就是立意太浅,方案的确立太随便。

5.2.2 影片方案

把影片立意在创作者的头脑中稍作整理有了明确的逻辑思路时,就用文字和图形的格式以及程式将其表述出来,以供影片制作时基本遵循和参考。

5.2.3 脚本创作

这里指的是影视分镜头脚本的制作。关于镜头的分步,每个镜头的时长、画面、旁白、对话、配音等细节都需要量化标出。

5.3 实现手法

稳定的画面是一部成功 DV 片的关键。对作者和观众来说,每一个镜头都能平衡地善始善终才能算基本合格,随意拍摄浪费题材是极不可取的。从一般新手需要的基本技巧入手,现将 DV 拍摄的具体手法简单介绍如下:

(1) 稳定好自身,握好 DV 机。玩 DV 和玩 DC 一样,都是讲究手里的功夫,只要双手将设备拿得足够稳,画面自然就不会抖动了。站立拍摄时,双腿要自然分立,约与肩同宽,脚尖稍微向外分开,站稳,保持身体平衡,DV 机应保持在胸部稍上方一点的位置。采用跪姿拍摄时,左膝着地,右肘顶在右腿膝盖部位,左手扶住摄像机,而且呼吸要平缓。

(2) 稳固好支架,用好三脚架。手劲再大、耐力再好的人也不可能长时间保持一个姿势不动。因此在需要长时间拍摄固定画面时,一定要使用好三脚架。众所周知,它的作用主要是支撑设备以保持拍摄稳定,同时可以让双手交替休息一下。特别是在光线较弱的情况下用 DV 摄像,最好也使用三脚架,以增加画面的稳定性。

(3) 稳定好画面,使用广角拍摄。DC 的玩家都知道,在拍摄物体时焦距越长,视角越小,机身轻微的晃动透射到画面上,颤抖就很厉害,用 DV 和 DC 一样,在使用长焦拍摄时,轻微的颤动就会造成画面较大的抖动;而使用短焦的广角镜头拍摄时,由于视角较大,对焦相对容易,拍摄时 DV 机即使出现晃动,画面也不易觉察到。

(4) 稳持好镜头,慎用镜头变焦。一般来说,除非是因为场地的因素无法靠近,才使用变焦镜头将画面进行调整到你想要的大小。但是切记不要站在原地使用变焦镜头拍摄推近拉远的效果,这往往会造成画面的变形和抖动。一般新手在拍摄时应多用固定镜头,可增加画面的稳定性,一个画面接一个画面地拍摄,以大小不同的画面进行衔接,但尽量不要让画面忽大忽小、时近时远地变化。

(5) 熟练的动作,拍好动态镜头。在拍摄推拉镜头时,最好选择自动聚焦,这样当摄像机处于自动聚焦状态下,不需要进行任何高速摄像机的自动聚焦便可以把聚焦调整到最佳状态。在推拉过程中,画面构图应始终注意保持主体在画面结构中心的位置,且拍摄时不要上下移动。另外,推拉的过程一定要缓慢,速度越快越容易出现画面抖动的情况。

上述的手法其实是对前文所述的一次强调和细叙,因为拍摄手法是一切 DV 创作中最为基本的功底,虽然非常基础却又格外关键。

除了"画面稳定"的基本技巧外,后续还会具体地说明有关"画面构图"、"拍摄角度"、"运用镜头"和"拍摄光线"等具体的技巧和技术。

5.3.1 写实

从概念上理解,写实主义是现代戏剧的主流,从而延伸到其他艺术创作的领域。在 20 世纪激烈的社会变迁中,常以写实的手法对当代生活进行表达来吸引大量新的观众。一般认为它是 18~19 世纪西方工业社会的历史产物。狭义的现实主义是 19 世纪中叶以后,欧美资本主义社会的新兴文艺思潮。

电影新写实主义又叫意大利新写实主义,是第二次世界大战后新写实主义在意大利兴起的一个电影运动,其特点在关怀人类对抗非人社会力量的斗争,以非职业演员在外景拍摄,从头至尾都以尖锐的写实主义来表达。在形式上,大部分的新写实主义电影大量采用实景拍摄与自然光,运用非职业演员表演与讲究自然的生活细节描写,相较于战前的封闭与伪装,新写实主义电影反而比较像纪录片,带有不加粉饰的真实感。不过新写实主义电影在国外获得较多的注意,在意大利本土反而没有什么特别反应,1950 年后,国内的诸多社会问题,因为经济复苏已获抒解,加上主管当局的有意消弭,新写实主义的热潮于是慢慢消退。

从国际电影发展史上看,欧美大片几十年来一直热衷于光景特效的运用,科幻、灵异等题材较多,写实的影片却处于下风。纪录片正因为坚守写实的风格而备受市场冷落,这也正是纪录片最为可贵之处。在这里所说的写实,只是手法上的写实而非意境上的写实,也并非立意上的写实。立意上的写实就有如大学生题材里的恋爱流程,既无美感也不艺术。

5.3.2 写意

写意也是纪录片的基本属性之一,但不是重要的属性。因此,基于本质上写实的影片适当予以写意辅助,其实能更好地体现纪录片的价值和意义。比如在记录一件历史性事件细节时,适当地运用时空转换的写意效果,却能更好地强化写实的内涵。

5.3.3 超现实

关于超现实主义手法,一般探究此派别的理论根据是受到弗洛伊德的精神分析影响,致力于发现人类的潜意识心理。因此主张放弃逻辑、有序的经验记忆为基础的现实形象,而呈现人的深层心理中的形象世界,尝试将现实观念与本能、潜意识与梦的经验相融合。按常理来说,纪录片的写实与超现实主义是两个互不相干的概念。事实上,巧妙地、有区别性地加以运用,浅尝即止、恰到好处地采用,效果比写实基础上运用写意可能更加令人拍手叫绝,妙不可言。

5.4 技术与艺术的演绎

5.4.1 数字影像拍摄技巧详解

有过一定拍摄经验的人都知道,画面稳定是DV摄像的第一要素,否则最终作品的清晰度将大打折扣,没有了清晰度,其他方面的优异表现将会无人理会,后果"十分严重"。

最常用的就是手持拍摄,相关的技巧前文已经叙述过了,虽然都是最为基本的知识,却很重要。然后初学者可以根据这些基本手法和工作原理进行细节化的揣摩,摸索出适合自己的方法将更加有意义。

在特定的环境或效果的需要下,借助支架、支撑平台,利用好广角镜和系统程序化的功能,也是画面稳定性增强的重要辅助功能。总的来说,辅助的功能不如拍摄手法的熟练运用更能体现拍摄的艺术性。新手可以更多地运用辅助功能,而致力于影视高深创作的人来说,还是依据基本手法再结合自身的习惯会更加适宜。由于前文已经多次强调,所以此处不再多说。

从专业的角度而言,一般会把影像画面的结构分为主体、陪体、前景、后景和环境等几个要素。主体就是DV数字影像画面中所有重点表现的对象,也是画面构图的中心所在。它可以是人、物、背景等单个或组合的对象,一般分为直接表现、间接表现两种。直接表现就是运用一切可能利用的方式放大主体的位置、明暗、面积等要素。间接表现就是通过烘托气氛、营造气势来突出主体的存在与关注度。

陪体是为了衬托主体而存在的,无论它的位置、时长和鲜明度有多强烈,其唯一的目的都是烘托主体及其整个大环境的需要。

前景就是相对而言靠近镜头的影视对象,后景即为相对而言远离镜头的影视对象。环境就好理解了,它是影视对象必不可少的大背景。

为了实现构图的功能,就必须保持构图的平衡和优化。首先是合理取景,将远景、全景、中景、近景通过拉伸镜头的方法进行调节,用以表现不同镜头中不同的气势和氛围。

至于如何运用间接的构图手法,则更多地体现在分镜头的安排里面,这个环节应该在拍摄之前就已经策划好的,拍摄时较为严格地遵循即可。

虽然在大多数的情况下,我们都采用平摄的方法,但为了增强某种或者整体的效果,则会综合运用平摄、仰摄、俯摄、推摄四种角度。

平摄即水平方向上的拍摄,如果需要的取景高度与人的身体基本保持平行,则可以较为移动地运用平摄的手法。

仰摄即由下往上的拍摄方法,由于镜头所要表达的心理意境不同,仰摄则可很好地表达出人物的表情、肢体和事物的细节局部的意境。

俯摄即从下往上的拍摄方法,主要是为了表现大环境的气势磅礴和空间、时间的感觉,而且还以通过这种拍摄方法扭曲真实的现实环境而产生一种放大或缩小的意境。

推摄即对 DV 机器进行推动拍摄,或者采用变焦的方法达到推摄的效果。由于机器的轻便,这也是 DV 机常用的一种拍摄方法。推摄可以从多角度、立体感、速度感等方面强化影视镜头的意境。

由于拍摄的光线有强弱的严重对比、夜间无高亮灯光的照射、拍摄色彩不够分明等情形,所以影像光线的处理就显得很有技术含量。这方面的要点前文也已经反复强调过了,重点仍然是机器本身的功能运用,后期软件尤其是 PS 调色功能的运用,还有艺术化处理的能力等。

对于一个 DV 拍摄高手来说,功能性的光线处理手法最多只是点到即止,艺术化的布景、分镜才是关键所在。

5.4.2 后期制作的技术

影视后期制作,就是对拍摄完的影片素材或者软件处理后的源文件做的动画处理和特效处理。对素材和初始影片进行后期处理的工序,使其形成完整的影片,加上特效,再加上文字,并且为影片制作声音等(前文已有提及)。目前,对影视后期的处理都是通过计算机软件的操作来实现的。后期软件具体可以分为平面软件、合成软件、非线性编辑软件、三维软件等。后期编辑软件的种类有很多,其中非线性编辑软件就有很多种,读者在运用的时候只需要选择适合自己的一款就行了。因此,只要拥有一定的操作技能,软件运用本身不是太大的障碍,并在软件的预设上自定义好自己的偏好项目与模式将会更加方便。

常用的合成软件有 AE、Combution、DFusion、Shake、5D Cyborg 等，功能各有不同，分别是层级与节点式的合成软件（前两个是层级，后两个是节点式，可理解为最具代表性的纵向和横向编辑软件）。

常用的三维软件有 3D MAX、Maya、Softimage、Zbrush 等。

1. Photoshop

Photoshop 是计算机上最为常用的图像处理软件。对于广大 Photoshop 爱好者而言，PS 也可用来形容为"通过该类图形处理软件处理过的图片，即非原始、非未处理的图片"。多数人对于这个软件的了解仅限于"一个很好的图像编辑软件"，并不知道它诸多的应用方面。实际上，该软件的应用领域很广泛，在图像、图形、文字、视频、出版各方面都有涉及。从功能上看，该软件可分为图像编辑、图像合成、校色调色及特效制作部分等。图像编辑是图像处理的基础，可以对图像做各种变换，如放大、缩小、旋转、倾斜、镜像、透视等，也可进行复制、去除斑点、修补、修饰图像的残损等。这在婚纱摄影、人像处理制作中有非常大的用处，去除人像上不满意的部分，进行美化加工，得到让人非常满意的效果。图像合成则是将几幅图像通过图层操作、工具应用合成为完整的、传达明确意义的图像，这是美术设计的必经之路。该软件提供的绘图工具让外来图像与创意很好地融合，可能使图像的合成天衣无缝。

校色调色是该软件中深具威力的功能之一，可方便快捷地对图像的颜色进行明暗、色偏的调整和校正，也可在不同颜色间进行切换以满足图像在不同领域如网页设计、印刷、多媒体等方面应用。特效制作在该软件中主要由滤镜、通道及工具综合应用完成，包括图像的特效创意和特效字的制作，如油画、浮雕、石膏画、素描等常用的传统美术技巧都可借由该软件特效完成。而各种特效字的制作更是很多美术设计师热衷于该软件研究的原因。2010 年最新版本 Adobe Photoshop 版本除了包含 Adobe Photoshop 原貌版本的所有功能外，还增加了 3D 和视频流、动画、深度图像分析等。Photoshop 通过使用对 3D 的支持，艺术创作者们可以将 3D 内容纳入到他们的 2D 作品中，包括在 3D 模式下编辑文本。Enhanced Vanishing Point 使设计人员可以进行远景测量，并从 Enhanced Vanishing Point 输出一个 3D 模型。

有关 PS 的运用技巧，2012 年市面上有一本书叫《掌握 Photoshop 的十大核心技术》，特别针对运用最新版软件系统进行影像素材的处理作了全面讲解。建议中、高级的 DV 制作者都可参考阅读。

2. Adobe Premiere Pro

Adobe Premiere Pro 简称 Pr，也是 Adobe 公司系列软件中的一员，主要是负责影视的横向剪辑,与 AE 的纵向特效处理是相对应运行的。

作为高效的视频生产全程解决方案,目前包括 Adobe Encore & reg 和 Adobe OnLocation 软件(仅用于 Windows)。从开始捕捉直到输出,使用 Adobe OnLocation 都能节省用户的时间。通过与 Adobe After Effects Professional 和 Photoshop 软件的集成,还可扩大创意选择空间。还可以将内容传输到 DVD、蓝光光盘、Web 和移动设备。

其具体的功能如下:

(1) 素材的组织与管理。在视频素材处理的前期,首要的任务就是将收集起来的素材引入达到项目窗口,以便统一管理。实现的方法是,执行菜单"File"的子菜单"New"下的"Project"命令,进行设置后,单击"OK"按钮。此时便完成了新项目窗口的创建。通过执行菜单"File"的"Import File"命令,可对所需的素材文件进行选择,然后单击"OK"按钮即可。重复执行逐个将所需要的素材引入后,就完成了编辑前的准备工作。

(2) 素材的剪辑处理。执行"Window/Timeline"命令,打开时间线窗口,将项目窗口中的相应素材拖到相应的轨道上。如将引入的素材相互衔接地放在同一轨道上,将达到了将素材拼接在一起的播放效果。若需要对素材进行剪切,可使用剃刀图标工具在需要割断的位置单击鼠标,则素材被割断。然后选取不同的部分按 Delete 键予以删除即可。同样对素材也允许进行复制,形成重复的播放效果。

(3) 千变万化的过渡效果的制作。在两个片段的衔接部分,往往采用过渡的方式来衔接,而非直接地将两个生硬地拼接在一起。Premiere 提供了多达 75 种(最新版本的种数更多,而且还可载入更多的模板)的特殊过渡效果,通过过渡窗口可见到这些丰富多彩的过渡样式。

(4) 丰富多彩的滤镜效果的制作。Premiere 同 Photoshop 一样也支持滤镜的使用,Premiere 提供了近 80 种的滤镜效果,可对图像进行变形、模糊、平滑、曝光、纹理化等处理功能。此外,还可以使用第三方提供的滤镜插件,如好莱坞的 FX 软件等。滤镜的用法,在时间线窗口选择好待处理的素材,然后执行"Clip"菜单下的"Filters"命令。在弹出的滤镜对话窗口中选取所需的滤镜效果,单击"Add"按钮即可。如果双击左窗口中的滤镜,可对所选滤镜进行参数的设置和调整。

(5) 叠加叠印的使用。在 Premiere 中可以把一个素材置于另一个素材之上来播放,这样一些方法的组合成为叠加叠印处理,所得到的素材称为叠加叠印素材。叠加的素材是透明的,允许将其下面的素材透射过来放映。

(6) 影视作品的输出。在作品制作完成后期,需借助 Premiere 的输出功能将作品合成在一起,当素材编辑完成后,执行菜单"File"的子菜单"Export"的

"Movie"命令可以对输出的规格进行设置。指定好文件类型后,单击"OK"按钮,即会自动编译成指定的影视文件。

(7) 影片基本剪辑技巧 Project 窗口的使用。在 Project 窗口中,可以进行的操作有素材的输入、素材显示模式的调整、删除素材以及使用箱管理素材等。

(8) 输入素材。输入素材到 Project 窗口的同时也就是将素材输入到影片项目中。具体的操作方法很简单,选择"File\Import\File"菜单命令,选择所需的素材文件打开。素材输入项目以后,在 Project 窗口中选中素材,然后按下键盘上的 Delete 键,就可以从项目中删除这个素材。

(9) 设置素材的显示模式。在 Project 对话框中的下部有 3 个控制按钮用来控制显示模式,从左到右依次是"Icon View"(图标显示)、"Thumbnail View"(缩略图显示)、"List View"(列表显示)。这三种显示模式的切换很容易,直接单击相应图标就可以。选中素材显示列表中的任何一个素材后,就可以在左上角的预览窗口中浏览这个素材的缩略图以及其他详细的资料。

(10) 使用 Bin(箱)来管理大量素材。Premiere 为用户提供了全新概念的 Bin,在影片项目需要用到大量素材的情况下,使用 Bin 将这些素材分门别类,有利于快速找到这些素材。Premiere 中的 Bin 相当于 Windows 中的文件夹的概念,而且也拥有文件夹的操作特性,如新建、重命名和删除操作等。比如制作一个大影片时,用户可以考虑将视频素材、音频素材以及图片素材分别安置在不同的箱内。

(11) 素材的入点和出点。这里首先介绍一下素材、片段和入点出点的基本常识。素材是指那些输入到 Premiere 项目中的所有媒体文件,主要是音频文件、视频文件和图像文件。对于音频文件或者视频文件来说,往往只需要用到某些特定的部分,在 Premiere 中可以通过设置入点和出点来截取所需的部分,那么这个入点和出点之间的部分就叫 Clip(片段)。

(12) 使用时间轴。Premiere 中,常用的剪辑工具有"Timeline"窗口、"Clip"窗口和"Monitor"窗口,其功能各有优劣。使用时间轴和场景轴,用户可以将媒体汇编到所需的顺序中,并编辑、剪辑。使用"监视器"面板预览已在时间轴或场景轴中排列好的剪辑。使用场景轴可以快速排列媒体,添加字幕、过渡和效果。使用时间轴可以裁切、分层和同步媒体,可以随时在这两个面板之间来回切换。需要注意的是,如果选择显示面板标头("窗口"→"显示停放标头"),则该面板的名称为"我的项目"。时间轴和场景轴是该面板的两个不同视图。

上述用较多的文字介绍了 PR 软件的运用方法,主要是因为 DV 创作的特性而重点说明的。DV 作品以纪实为基础,因此以横向线性编辑软件为主,极少使用 AE、Maya 等复杂的后期特效软件进行后期加工处理。对于新手来说,十分流行的会声会影也是很不错的,界面十分简洁,且功能实用。

3. AE

AE全称为After Effects,是Adobe公司开发的一个视频剪辑及特效设计软件,常常用于高端视频特效系统的专业特效合成,隶属美国Adobe公司。它借鉴了许多同类优秀软件的成功之处,将视频特效合成上升到了新的高度,比如Photoshop中层的引入,使AE可以对多层的合成图像进行控制,制作出天衣无缝的合成效果;关键帧、路径的引入,使用户对控制高级的二维动画游刃有余;高效的视频处理系统,确保了高质量视频的输出;令人眼花缭乱的特技系统使AE能实现使用者的一切创意。

AE同样保留有与Adobe优秀软件的相互兼容性。它可以非常方便地调入Photoshop、Illustrator的层文件;Premiere的项目文件也可以近乎完美地再现于AE中;甚至还可以调入Premiere的EDL文件。新版本还能将二维和三维在一个合成中灵活地混合起来。用户可以在二维、三维中工作或者混合起来并在层的基础上进行匹配。使用三维的层切换可以随时把一个层转化为三维的;二维和三维的层都可以水平或垂直移动;三维层可以在三维空间里进行动画操作,同时保持与灯光、阴影和相机的交互影响,并且AE支持大部分的音频、视频、图文格式,甚至还能将记录三维通道的文件调入进行更改。

AE后期合成软件的运用功能十分强大,但对于DV作品一般极少使用,所以只是较为简单地进行介绍。

4. Maya

Maya是美国Autodesk公司出品的世界顶级的三维动画制作软件,同时也包括强大的影视后期处理的功能,如灯光、特效等。应用对象是专业的影视广告、角色动画以及电影特技等。Maya功能完善,工作灵活,易学易用,制作效率极高,渲染真实感极强,是电影级别的高端制作软件。其售价高昂,声名显赫,是制作者梦寐以求的制作工具,如果制作者掌握了Maya,就会极大地提高制作效率和品质,调制出仿真的角色动画,渲染出电影一般的真实效果,并向世界顶级动画师迈进。

针对DV作品,Maya的功能显得"十分多余",但偶尔也会用到,甚至能产生令人惊奇的处理效果,却丝毫无损DV作品真实性和生活化的特性。

5.4.3 技术与艺术的融合

下面将对影片剪辑稍作具体地介绍。

1. 电视画面编辑

电视画面编辑是电视片创作的后期工作,它是根据节目的要求对镜头进行选择然后寻找最佳剪接点进行组合、排列的过程。目的是最彻底地传达出创作者的意图。

与有详尽分镜头脚本的电影、电视片的编辑不同,以纪实性为特征的电视片的编辑,由于面对的是一堆杂乱的即兴式的抓取的镜头,这时编辑过程的创作味是很浓的。创作意图的修正和表达,都依据编辑过程逐步完成,只有好的编辑才能赋予电视片以生命。各种镜头在未经巧妙地组合统一起来为表达意义或叙述之前,只是许多零碎的片断,构图再美、信息量再大、表现力再强的镜头,若没有认真挑选和进行有意义地编辑,在段落中和成片之前,也只能像一块未经雕琢的玉石,难以展现自身的光彩。只有对它们进行切割、磨洗、造型、镶嵌等过程的整治,才能展现出其天生丽质,供人充分欣赏。这些切割、磨洗、造型、镶嵌等工序也就是电视片编辑过程中对前期拍摄的镜头的整治过程,即挑选、切除、组合和排列。它最终给人的不仅是视觉心理上的流畅,更让人从中获得一种积累的效果。这种积累是由于在编辑中融合了巧妙的构思,使得镜头的组合效果往往比多场景段落加在一起的效果更大。

在这个意义上说,编辑决不仅只是重造,而是一种创造。正是艺术性和技巧的巧妙结合,使得镜头在组合和排列中完成其功能,并传达出丰富多样的意义。进一步理解就不难发现,DV 的拍摄环节固然重要,但剪辑程序却包含了深刻的技术和艺术能力。

电视创作中的编辑工作只是它的后期部分,在此之前还有以下的环节:选题、采访、撰写提纲、拍摄等,编辑工作是以上这些环节的延续和最终完成。尽管在电视片创作中,编辑是主创人员,人们认为编辑工作的质量的好坏直接影响着节目的质量乃至成败,但是他若离开了其他创作成员,如导演、摄像师、灯光师、录音师和操作人员等,没有这些人员的合作,编辑也就无所作为。

编辑之前各环节的工作,主要为获取与节目有关的有意义的原始图像素材和原始声音素材所进行的种种工作。它包括对选题的确定,选取合适的采访对象并进行采访,确定合适的节目形式,撰写拍摄提纲,选择符合节目内容与形式要求的现场并进行拍摄,从而获取符合节目预想效果供后期编辑的图像、声音素材,并在拍摄现场作一些粗略的场记。

很显然地,要使这些零碎杂乱的原始音像素材最终形成一个能够达到原先设想效果的完整的节目形态,后期的编辑过程也是很繁杂的,因为挑选有用的组合、有意义的段落,并根据构思完成叙事表意目的,且有节奏感的排列,每一手都需反复斟酌,几经推敲,而且编辑过程中除考虑画面效果外,还得注意声音的效果。所以说编辑工作本身就是一种系统工程。

DV 数字影像作品如要进入电视平台进行播出,就必将遵循电视节目编辑的要求,因此对影片素材的编辑能力要求十分突出。虽然以前的 DV 纪录片在电视平台上的播出遭受过许多的阻碍,但随着我国政策上对文化产业改革的逐步推行,DV 片在电视台的播出限制将会有所改观。

2. 电影剪辑

电影剪辑是一个结构的问题,所以必须从剪辑师所要遇到和处理的素材出发。如果不熟悉那些素材,那又如何能用它们来组织结构呢?那么,剪辑师所遇到的素材有哪些种类呢?

剪辑是一部电影作品制作的最后一关,在制作过程中所使用的一切素材在这里全都要经过剪辑这一关,可见剪辑这一程序的重要性。而且,剪辑是一门比较独立的学问,比如说,在好莱坞导演是不被允许进入剪辑室的。剪辑有它自身的专业问题要研究,导演很可能没有在这个专业下过功夫,如果稍加干扰和干预最终的影片效果会大有不同。

在我国,不知何时起兴起了导演剪片子的现象,似乎这也是一种"专权"的表现。一般国内的导演都不懂剪辑,因为这是另一个与导演工作差异很大的领域。有的导演或许会武断地说,我拍的片子不需要太多的剪辑,这样说似乎一些专业的电影学院也不需要成立剪辑系了,很有些自以为是的意味了。

对于 DV 数字影像作品来说,多数情况都是创作者"自导自剪",好在纪实为主的 DV 片不需要太高深的剪辑技术。但是,关于素材的选取与配置,最好能与较为专业的剪辑师进行合作,能够取长补短,使得片子的效果更加突出。

3. 电影是心理学的产物

这是主要是强调电影艺术的重要性,而 DV 机器的便利优势将处于次要地位。不用那些或简单或复杂的机器,用手动的原始方式也照样可以制作出电影。比如说,可以把一系列连续动作的照片用手动的方式翻动,同样可以形成视觉的运动现象。机器只是给我们提供了更大的技术性的方便,使播放出来的活动影像的动作更加流畅而已,而且还可以更加准确地进行剪辑等。所以我们要着重研究电影里面的心理学。

直至现在,电影里的许多心理现象还没有得到科学的解释,依然处于实证阶段。从电影的角度来说心理学的研究是前途无量的。既然心理学目前还更多地处于实证阶段,那么实验是非常必要的,因为视听语言远远没有达到完善的地步。在 DV 数字影像创作中,心理的把握与平实的镜头表现是实现影片的艺术化升级的根本途径。

5.4.4 文化与艺术化的升华

通过前文不厌其烦地介绍硬件和软件知识以及电影心理学的部分艺术表现手法,相信最基本的 DV 软硬件问题已经不再是难题,真正要做的就是采集素材动手细化处理的过程了,其实这些都不是难事,因为它们只是属于技术范畴,而技术是大多数人可以学会的。

DV 数字影像创作的核心还是文化的领悟和艺术化的思维表达,如果在上述几个方面都很优秀了,从技术到文化和艺术化的升华也就必定能实现。

第 6 章 数字影像艺术

6.1 传统艺术

6.1.1 传统艺术概述

  古希腊哲学家亚里士多德称艺术是自然的模仿,看待模仿自然是一种艺术。从他之后也有很多人从不同角度对艺术下定义,可以说作为一种文化形态,艺术并没有一个固定不变的定义。我们认为艺术是人们基于客观世界而创造的一种文化形态,其目的是为了更好地满足自己对主观缺憾的慰藉需求和对情感器官的行为需求。艺术文化的本质特点,就是用艺术语言创造出虚拟的人类现实生活。中国的传统艺术有着悠久的历史,历代的中国画家、书法家、手工艺者、诗人、建筑师等通过它们对中国人、社会和环境的理解来创作艺术作品。中国的传统艺术同时也包含传统绘画、传统工艺、传统美术、传统雕塑等多种类型。作为中国人在几千年的文化长河中的伟大创造,中国艺术暗藏着五千年文明古国的深厚文化底蕴,同时也是中华民族的宝贵财富和全人类的宝贵财富。中国传统艺术也因为其浓郁的乡土气息、淳厚的艺术内涵和生动的历史痕迹,日益受到世界人民的喜爱和欣赏,因此也成了人类共同的文化"大餐"。

  绘画就是传统艺术中最为典型的一种,从原始社会新石器时代的彩陶纹饰和岩画开始就可以作为绘画的一种特殊形式,在漫长的历史长河中不断发展绵延至今。中国绘画注重抒发主观情趣,文人画悠久的传统更是被延续至今。到了清朝初期时,中国绘画已经开始向表现自我的方向转化,而并不只是简单地对客观世界进行描绘,中国绘画界中的一些名人如"八大山人"、"扬州八怪"、任伯年、吴昌硕等人的画里都有很强的自我风格，他们的画作并不一味计较自然真实性的再现，这种写意的风格也延续至今。以绘画为例，这种传统艺术形式对数字影像创作就有着潜移默化的影响，绘画中写意的表现手法使得数字影像创作的选择方式日益多样，因此也衍生出各种不同的艺术表现形态。但是在传统艺术发展过程中也或多或少地出现了一些新问题，这些新问题就极大地困扰着当代数字影像创作。吴小曼在《2014中国当代艺术新势力》一书中就指出："在策展人、艺术基金和企业资本的共同作用下，近年来中国当代艺术版图已在全然发生变化，曾经由画廊、学术机构承担的价值评判体系已被市场价格体系取代，权力与资本的合谋塑造着新的'财富神话'，他们极力寻找新人，使得中国艺术家代际关系更替明显，同时也带来认知和学术评判上的难度，艺术家一个共同的感受就是'谁能成为伟大的画家'，由此带来行业隐忧和普遍焦虑。"[1]

6.1.2 传统艺术与数字影像技术的融合

传统艺术到了今天虽然日益受到商业化的困扰，但是新技术的发展使得传统艺术重新焕发了生机和活力。数字影像艺术正是传统艺术的升级版，是传统艺术和新技术的融合。新技术也拓展了传统艺术的表现空间，创新了传统艺术的表现手法，使得数字影像艺术日益兴起，成为了一种独具特色的当代艺术。

数字影像技术在影像再造时不断突破创意表达中的想象力极限，使得多样的艺术表达成为了可能，艺术家们使用数字影像技术对传统艺术进行延展和衍生，使得传统艺术和数字影像技术实现了融合。首先，随着数字影像技术的发展，各种技术手段和表现方法被完美地用于艺术再造之中，计算机软件技术的发展使得我们可以使用非线性编辑软件来创意化视频素材，从而突破时间和空间的限制，将一些传统艺术技巧使用于数字影像的编辑制作过程中，从而使得人类能够完美地掌控数字影像艺术。此外在摄影过程中摄影装置的不断创新使得影像的获取不再只是依赖于画家，而是可以使用现代化学和光学技术来记录影像，从而使得传统绘画可以数字化表达。近些年，多媒体技术的发展使得虚拟图像、数字影像动画和互动游戏等技术不断显现为传统艺术的数字化表达、不断开拓着新的空间，计算机技术更是推动当代数字影像艺术的飞速发展。

---

[1] 吴小曼.2014中国当代艺术新势力[N].华夏时报，2014-02-24(29).

6.2 影像技术中的艺术

6.2.1 数字影像技术

数字影像技术的发展日新月异,各种不同种类和功能的视频装置不断涌现,不断开拓着人们的想象力和创意空间。摄影摄像装备的持续研发和广泛普及使得艺术创作迅速由传统艺术过渡到了数字影像艺术时代。技术上的不断突破使得影像的记录方式也发生了改变,由传统的胶片和磁带记录发展到了线性剪辑和电脑的非线性剪辑阶段,使得影像制作可以跨越时间和空间的跨度,产生多样的可能性。此外数字影像在拍摄中具备数字特性,使得拍摄者和被拍摄者的关系被大大改变了,数字设备使得拍摄过程中拍摄者有了多元选择的可能,如焦距的可调整,画质的可操控等,使得拍摄过程中可以更多地融入了拍摄者的主观思考,也可以更加真实地记录现实。因此,我们说数字影像技术的不断发展,使得数字影像创作者有了更为多元的选择空间,他们可以根据自己的思考制作和改造数字影像,使得创意化的艺术设计更为容易。此外,数字设备能够和互联网等新兴媒体能够有机地交融,能够融入新媒体是数字影像艺术创造的有力武器。

6.2.2 数字影像技术中的艺术创造

和传统艺术创造不同,数字影像技术中的艺术创造有着自己独有的特点。数字影像技术不断探索和提供着强大的可能性来对素材进行艺术创造。从艺术史上来看,每一次技术上的进步往往都会带来艺术创作和思维方式上的革命。比如,医学上的进步,使得素描和雕塑创作更多地采用了人体解剖学的相关知识;化学上的进步,使得油画家们能够使用更明亮而富有层次的化学颜料来表达自己的思想。光学技术的应用和革新促进摄影技术的不断进步,从而使得人们能够更为真实地再现事物。可以说每一次技术的进步,都带来了艺术创作上的巨大变革。

数字影像技术的发展丰富着艺术创造的可能,数字影像技术的每一次革命相应也带来艺术创造中的每一次革新。数字摄像技术的发展,大大降低了摄影装置的购买成本,使得摄影设施日益生活化和平民化,从而极大地推动了民间独立影像的兴起,老百姓纷纷拿起手中的摄像机进行影视拍摄,为数字影像的创作提供了多元化的视角。计算机处理能力的进一步提高又带动了数字影像制作软件的发展，MMX 技术在 CPU 中的应用极大提高了计算机对于数字媒体的处理能力，从而使得各种数字影像制作软件在计算机上的高效运行成为了可能。此外，多媒体技术以超级链接的整合方法突破了传统电视电影线性叙述的方法，带给人们非线性的作品体验，互动性在艺术作品中被大量使用。计算机网络的出现和发展为数字影像创作提供了一个最佳的展示平台，网络的广覆盖、低成本和大流量等特征使得其脱颖而出，有效地推动了数字影像的广泛传播。不同类型的数字影像作品上传到了网络中，推动了一批优质微电影网站的产生，如"三杯水 DV 文化网"、"V 电影"等网站。

我们比较关注的还有现代科技为数字影像艺术创作提供的多种可能性，除了之前介绍的计算机和多媒体等常见技术，数学、物理学、生物学、信息、智能技术等多个学科领域和数字影像艺术的融合都为创造一种新的艺术形态开辟了一个新的可能。数学在数字影像艺术中的应用主要表现为通过几何造型和数字曲面等多种方式来改造影像；物理学则通过光学手段的进步丰富数字影像的拍摄方式，从而能够使人们更真实地记录生活，更深入地表现情感，更广泛地拓展视野；生物学将人们的视野深入到了微观领域，通过对微生物等进行培育、活体组织培养等手段，通过对生物体的生长繁衍来实现数字影像艺术创作。

6.2.3 数学与数字影像艺术

科技的发展使得其艺术应用更为广阔，而不同学科的发展也使得艺术设计可以学科化，数学也可以在艺术上应用得越来越多，从点、线、面的造型生成和改变或者数学曲面、拓扑、空间和坐标变换，都可以呈现出数字影像艺术的数学学科特点。在数字影像艺术中可以完美地展现数学学科的特点，换而言之，使用数学方法可以完美地展现数字影像艺术，在影像艺术设计中使用数学方法可以产生许多手工无法获取的美，比如费马线、三叶线和连锁曲线等，同时一些新的算法也形成了一些新的数字影像，同时数字函数的使用也可以进一步获得高度抽象和完整的曲面图像，完美地再现数字影像的特征。使用数学方法同时可以用来影像造型，从方程式和参数控制的特点出发，使得数字影像设计更加参数化和群簇化，从而呈现出纷繁复杂的数字影像形态。与此同时，几何方法也大量地使用在数字影像构图之中，通过双曲几何、高维几何等可以分割空间，从而对时空进行描述，使用拓扑几何可以成功地对空间进行扭曲，从而掌握空间之间的函数关系，阐明空间的集合结构，创造性地丰富了数字影像的表现空间，由此也产生了一系列优秀的影像作品。数学上的分形方法也在数字影像中得以广泛应用，分形是一种无限复杂但具有一定意义的自相似图形以及结构的图形,比如花椰菜或云朵,使用分形创造出的一系列图形在影像作品中可以完美地得到运用,从而创造出一系列独具创意的影像。

6.2.4 物理学与数字影像艺术

物理学和数字影像艺术的关系更为密切,光学的应用催生了数字影像的产生和发展。几乎所有的数字影像作品中都有着光学的运用,而光学的不断进步使得我们能够更具创意地改造数字影像。光学使得我们不仅能够更为清晰地记录下身边的事物,还能将我们的视野开拓到之前从未认识过的显微摄影和天文摄影领域。此外,光学手段的进步使得红外成像、偏振光技术等也得以广泛的使用,使得数字影像得以更有创意的表达。比如,英国物理学家保罗就使用基本彩色照明灯、绳子和旋转电动机来完美地创造了光浪雕塑作品《黑暗物质》,这种表现多个数学方程的光雕曲面将人们带入无与伦比的梦境之中,是用物理学来表现数字影像艺术的一次完美展现。在数字影像艺术中应用的最为全面的物理学技术当属全息技术,这种技术使用激光投射全息片,使得观众不用佩戴 3D 眼镜就可以看到立体的影像。1976 年在莫斯科举行的国际电影技术会议上放映了一部长约 2 分钟的全息电影,成为世界上第一部全息电影。在这之后全息电影技术不断得到发展,又产生全息人体艺术、全息诗等多种艺术类型。之后又产生了数字化全息技术,使用系列普通二维图像,经过光学成像,再将全息图像成像原理记录在一张全息记录材料之上,而另一种方法则是由计算机控制直接曝光,从而以光束为像素单位逐点生成全部图案,因此可以形成具有特殊效果的三维全息影像,带给受众独特的观赏体验。数字化全息技术直接催生了全息影像动画的产生与发展,这种动画可以使用算法获得供激光全息显示用的实时数据,从而获得三维影像。在我国的一些动漫展上也使用此技术举办虚拟人物演唱会,获得了不错的效果。在数字影像的声音领域使用物理学原理则更为明显,声音以波的形式存在,其具有波的各种属性如频率、振幅、共振等,稍加应用就可以展现出绝妙的声音艺术,比如"声音聚光灯"技术能将音频信号转化为人耳听不到的频率非常高的超声波信号,在声波发出后通过与空气压力相互作用,从而能够还原出这种声音,使用这种技术可以使得人们能够听到某个特定的声音,而忽视其他无关的声音,因此可以广泛地运用在数字影像作品之中,从而提高人们对特定主题的关注度。此外,使用振动频率低于 20 Hz 的次声波也可以达到与超声波一样的奇妙效果,可以让人获得一种奇怪的感觉。因此在影片制作中,使用次声波可以使得人类获得一些奇妙而独特的体验,如不安、悲伤、恐惧和害怕等。

6.2.5 生物学与数字影像艺术

生物学对数字影像艺术的独特作用在于开拓了数字影像艺术的独特领域,赋予了数字影像一种全新的艺术形态,生物艺术家通过对生物的培育、克隆和活体组织培养等手段,完美地丰富了数字影像的表现类型。通过对微生物的拍摄和记录,展现了微观世界之美,拍摄了许多令人惊异的数字影像,比如对大肠杆菌、螺旋菌等的微观记录,可能或产生日常生活中难以见到的完美艺术类型。同时利用植物的光合作用等生物行为也可以再现一种艺术形态,比如就可以采用植物光合作用产生的色素来艺术再现印象,从而将这一复杂的化学反应过程固定下来。此外,宏观和微观的生物形态也成了数字影像的记录对象,比如人体内部的器官和宏观的城市生态等内容都可以成为数字影像的表现内容,人体器官完美的形态和独特的造型通过影像距离和固定,可以带给人们强烈的视觉震撼,从而产生一种独特的视觉感受。而城市生态因为和人们生活息息相关,使用影像艺术加以再现,会给人一种感同身受、如临其境的亲切感。最近,活体组织艺术又蓬勃兴起,使用活体培养和移植技术将少量动物细胞加以艺术构造,使用微观显现技术和影像记录技术,同时能产生与微生物和基因一样独特的艺术效果。以色列艺术家凯茨就在实验室里利用对动物活体组织的培养技术将动物皮毛中的活体细胞加以组合,生成了一件"皮衣"的图像,以号召人们保护动物,而这件皮衣也被称为"无受害者皮衣",这也就说明数字影像艺术已经脱离了纯粹的艺术领域,而或多或少地融入了社会思潮和人文思考。

6.3 影像艺术中的技术

6.3.1 网络多媒体技术

现今时代多媒体技术和网络技术的飞速发展极大地改变着数字影像的特征。一方面多媒体技术为各种媒介的整合提供了技术可能;另一方面,网络媒体本身的非线性和互动性又为艺术家提供了更为广泛的表现空间。多媒体技术使人们有能力将声音、动画、视频和文本等加以整合,使多媒体演示系统可以方便信息的交流和多媒体传播。①多媒体演示系统主要分为三种:幻灯型演示系统、CD-ROM型演示系统和基于网络的演示系统。幻灯型演示系统主要用于线性的内容展示,传输内容包括动画、视频和音频等,类似的软件有 Adobe Persuation、Astound Enterprise、MS Powerpoint 等;CD-ROM 型演示系统可以将演示内容通过 CD-ROM 发布给多个远方的客户,让他们可以自己使用,并让用户可以通过学习演示内容来进行互动,比较有代表性的软件有 Demoshield、Action 等;基于网络的演示系统主要是通过网络渠道来发布多媒体演示系统,同时网络多媒体的发展又可以为基于网络的多媒体演示提供专业的技术系统,如超文本、流媒体、XML 等。多媒体的发展正不断开拓着传统艺术的表现空间,使得数字影像艺术也可以使用多媒体来进行内容整合。Internet 的发展史尚可追溯到 20 世纪 60 年代末期,美国军方大力开展关于网络互联技术的研究,以方便异地之间传输信息。1972 年,第一届国际计算机通信会议在华盛顿召开,来自世界各地的代表在此次会议上确立了不同计算机网络之间应遵守的共同通信协议。1974 年罗伯特等人开发出了传输控制协议(TCP)和 Internet 协议(IP),通过这两个协议使得信息可以在计算机之间传送,并在 80 年代初期得到全面推广和进一步研究开发,在 90 年代初期合并成现在的 Internet。网络技术的产生与发展对传统艺术产生了翻天覆地的影响,新的艺术形态不断显现:网络音乐、超级短片、互动电影、网页艺术、互动性戏剧、超媒体电影和 Flash 动画等,这些新的形态不断丰富着人们的艺术选择,也给数字影像艺术带来了一场全面的变革。基于网络的互动性特点就产生了网络互动艺术,艺术家们通过特定程度或软件创造出必须依存于网络、但只有与欣赏者在互动中才能完成的艺术,互动电影就是其中一个最好的案例,2004 年 12 月,紫禁城影业和新浪共同策划了中国首个互动电影网站(http://imovie.sina.com.cn),同时启动了国内第一个互动电影项目,让网民得以介入到电影制作的整个过程之中,题材、导演、演员由网友自主选择,使得影视进一步民间化。①

嘎雅映画 2010 年跨年互动影视巨作《即刻发生》(见图 6.1)就是一部完美的互动电影,赳客互动游戏电影《即刻发生》讲述的故事是卖手机的周周无意间被卷入了一场绑架案,不交钱即撕票,网友可以选择如何能成功解救出被绑架女孩,而不同的选择也会产生不同的电影剧情。从这个案例中可以发现互动电影其实是一种用户能"玩"的交互式网络视频,它可以说是一种游戏化的视频,用户在观看互动电影的同时,每触发一个情节点,都需要通过点击视频播放器内的选项按钮来"选择"

---

① 张燕翔.新媒体艺术[M].北京:科学出版社,2011.

该部电影情节的走向，用户在"玩"互动电影的时候，就像在玩一款游戏一样，一开始就需要选择电影中的主角，并且随着剧情的深入，观赏者们会遇到不同的分支剧情；选择不同的分支剧情，电影就会进入不同的叙事段落，并遭遇不同的结局。如果判断错误，则会最终导致 Game Over；只有每一次选择都正确，才可以观看到完美结局。

图 6.1 《即刻发生》

6.3.2 影像装置

数字影像艺术的发展和革新都和影像装置密切相关，同时影像装置也可能诞生一种独特的艺术形式。影像赖以存在的录像机、电视显示器或投影仪甚至计算机都可以成为影像艺术家进行创作的材料，同时与影像一起用来构成和展现艺术之美，在有的影像装置中作者本人甚至也可以直接参与到作品的实现过程之中。比较常见的影像装置艺术类型有平面投影装置艺术、互动式图形生成装置艺术和多重显示器装置艺术。使用平面投影仪可以是做出单一平面或空间多重平面，甚至是多重影像的叠投，从而展现出一种绝妙的艺术效果。使用互动式图形生成装置，观众可以自由利用计算机图像生成软件实时互动生成影像，使用多重显示器装置可以在多个屏幕上播放影像，从而产生出一种独特的艺术感觉。

6.3.3 三维技术

三维技术同时是一种极为有效的数字影像艺术的展现手段，其中一些新开发的三维软件丰富了视觉表达空间，为数字影像开创了新的纪元。比较出名的大型三维软件有 Maya、TDI 和 Wavefront，这些软件利用三维技术能够制作出顶级动画，以用于数字影像艺术之中。常用的软件有 Maya，Maya 是美国 Autodesk 公司出品的世界顶级的三维动画软件，其应用对象主要是专业的影视广告和电影特技等。Maya 功能完善、工作灵活、易学易用、制作效率高、渲染真实性强，是电影级别的高级制作软件，Maya 的工业造型功能主要基于 NURBS 算法，具有极其强大的造型能力和细腻真实的渲染效果，界面极具逻辑性并且智能化，其雕塑造型模块甚至可以在电脑中揉捏造型，创意图层让用户迅速方便地安排物体的布局和位置。其嵌入性语言 MEL 甚至可以允许用户对 Maya 进行个性化的定制。三维造型技术也被广泛地使用到了数字影像艺术之中，使用该技术可以自由建立各种不同的模型，常用的建模方法有解剖法、素描法和蒙皮法，这些方法丰富了模型的创意表达空间，使得模型的空间感更强，其模型用于数字影像之中也更具表现力，其余的造型方法还有管线造型、面片造型、体块造型、混合造型、纺织造型和群组造型，这些造型方法创造出了无与伦比的影像，完美地实现了艺术构思的可视化。三维特效也被广泛地应用到了数字影像艺术中，通过铅笔和水彩可以将场景渲染成富有诗意的水彩画，在 3DS Max 中，可以使用 Fog 等按键来创建体积雾，使用 Gizmo 来实现火焰效果，使用 Particle FX 来创建爆炸效果，这一系列特殊的按键都可以实现数字影像的艺术效果。通过三维技术表达数字影像的题材有：写实、超现实、梦幻风景、科幻等。

6.3.4 数字动画技术

动画技术可以不直接用于数字影像之中，但通过使用动画技术却能和数字影像形成有机互补，数字影像可以被看成是由系列图像构成的画面，其图像能带给人真实而富有质感的体验，动画比较抽象而简洁，具有一种浪漫主义特征，因此在数字影像中运用动画，能使得其优势相互补充，对欲表现的主题起到双重强调和加深的作用。比如在电影《疾走罗拉》里就使用了大量的动画片段，将紧张的气氛生动活泼地展现出来。周啸虎的《蜜糖先生》同样通过人体动作与虚拟动画动作的结合来表现一个爱情的故事,这个作品是手工完成的,但同样可以通过在 Flash 软件里导入视频并且在其上绘画完成[①],从而创造出一种与众不同的艺术形式。此外使用 Flash 软件还可以将视频和动画整合在一起,可以实时而高效地制作视频动画,尤其在 MTV 中运用得更为充分,艺术家们将自己对于生活的感受直接通过动画表达在 MTV 之中,其简洁鲜明的表达让人耳目一新,并且能较为准确展现 MTV 的核心思想,因此也成为 MTV 这种数字影像较为常见的艺术表现手段。除了 Flash 动画之中较为高端的视频动画制作功能外,还可以单独制作动画,然后再将动画作为数字影像的一个部分来展示,较为常见的平面动画形式还有二维卡通动画、变形动画、路径动画、嵌套动画和角色动画等,这些平面动画可以拼贴在视频之中,作为其中某一幅或某几幅影像中的一个部分来加以展示,完美地展现数字影像艺术。

6.3.5 虚拟现实技术

虚拟现实是采用计算机信息技术生成的一个逼真的视觉、听觉、触觉及嗅觉的感官世界,并且用户可以运用人的自然技能与这个生成的虚拟实体进行互动考察。[①]在数字影像艺术领域主要是通过虚拟现实技术来实现全景电影,因此它具有普通电影不具备的独特优势,通常被称为"西尼拉玛",作为宽银幕电影的一种,全景电影在拍摄时通常使用三台连接在一起的摄影机进行拍摄,在三条 35 毫米的胶片上分别摄取宽幅画面的三分之一,在放映的时候使用三台同步运转的放映机,将各占画面三分之一的三条影片同时投映于银幕,并通过这种方法来合成整幅画面。全景电影不仅被放映在宽阔的弧形银幕上,还提供观众以 146°的水平视野,并配有多路立体声还音装置,给人一种身临其境、气势磅礴的感觉。1952 年 9 月 30 日,第一部西尼拉玛电影《这是西尼拉玛》在纽约百老汇剧院公开上映。在几个简单镜头之后,转瞬之间,银幕画面一下子扩展到了最大尺寸 19.812 米×7.62 米(即 65 英尺×25 英尺),这几乎相当于普通银幕的几倍,观众在看电影的同时就好像随着银幕上的空中飞车镜头做了一次惊险的滑行一样,因此也会给人带来一种惊心动魄的感觉,这种奇妙的感觉使得西尼拉玛一举成功。很快,许多影院陆续开始购买了西尼拉玛设备,开始放映西尼拉玛电影。在西尼拉玛电影之后,由全景技术演化出的虚拟现实艺术也逐渐在改变着我们的生活,由 Luc Courchesne 开发的 Panoscop

---

① 张燕翔. 新媒体艺术[M]. 北京:科学出版社,2011.

360就是一种半球形的虚拟环境,使用投影仪将鱼眼镜头拍摄的地面虚拟影像投射到半球面,人们在这个包围空间中不用戴立体眼镜就可以享受到立体空间感,除此之外还有多种利用投影机投射到屏幕的技术使得人们能够感受到一种虚拟的现实感,这样一类艺术创作的形式就叫作虚拟现实艺术,是数字影像艺术中一种极具表现力的艺术形式。

除了全景电影外使用虚拟现实技术的还有立体电影,立体电影也被称为3D电影,利用的是人眼特殊的成像规律,通过使用两台不同的摄像机从左右两个不同的角度进行拍摄,再同时通过技术手段控制,使得左眼只能看到左视角拍摄的影片,右眼只能看到右视角拍摄的影片,两个眼睛看到的影像在脑中产生了重叠,就会产生立体形象的感觉。立体电影是一种利用人双眼的视角差和会聚功能而制作的可产生立体效果的电影。2008年的《地心历险记》标志着3D电影在国内大范围上映,在该部电影中和观影者几乎近在咫尺的细微生物、呼啸而过的珍奇异兽等给人们带来前所未有的巨大视觉冲击力,该片在放映的前27周,票房竟然达到6700万元,平均每块银幕票房居然达到了80万元。以此为契机,我国的3D银幕数量开始出现了井喷之势,到2009年暑期的《冰河世纪3》上映时,中国的3D银幕数量居然已经发展到350块,而当3D电影《阿凡达》上映时,中国的3D银幕数量突破了600块,成为美国之后的全球第二大3D电影市场。

6.4 人文数字影像艺术

6.4.1 数字影像内容建构中的人文思潮

数字技术突破了传统艺术的表现空间而为数字影像艺术开拓了新的领域,数字影像艺术也不断带给人们新的人文思考。新技术在突飞猛进的同时使得传统艺术的形态发生着变化,同时在其艺术内容上也产生了颠覆性的革新效果,涌动着一股新人文主义思潮。在数字影像艺术中技术手段及其运用远不是其全部,艺术作品的思想性、艺术价值和美学价值等深层次内容才是数字影像内容的内涵所在,技术在突破传统艺术表现空间的同时,也带给我们一股新的文化思潮。在数字影像艺术作品中社会批评艺术作品的增多正反映了这一趋势,作者通过数字影像艺术作品来倾诉自己内心的需求,表达自己对于种种社会问题的思考。比如,Krzysztof就在1985年的一次录像投影作品中将纳粹党徽标投射到了伦敦南非驻英使馆的一座建筑物人型墙头上,作者想通过此作品表达自己的政治诉求和社会思考,直截了当地批评南非政府的种族隔离政策,以引起人们对于种族隔离问题的关注,同时表达了他对于南非反政府、反种族隔离政治势力的支持。

当然这种社会批评艺术作品也只是为数众多的数字影像人文艺术作品的一个小分支,还有很多的题材可以用来表达作者的人文思考,最为常见的也许就是环境主义人文作品了,作者通过数字影像艺术作品来表达自己对于环境污染的控诉,从而呼吁人们来保护环境。比如,首都高校环保DV大赛最佳作品《拉市海的守望者》就讲述了一位致力于野外摄影和环境保护的当地摄影师记录候鸟的故事,影片以他的视角来讲述别样的候鸟天堂拉市海,反映拉市海时代变迁对野生动物、当地居民及环境的影响,从而进一步思考人和环境的真正关系。该大赛最佳画面奖《碧水使者》则是由北林绿手指环保协会发起的以水质监测活动为背景的纪录片,作者在拍摄中真实还原和记录了一个普通的水质监测小组对清河所进行的一次水样采集、分析的全过程。从中想要大家知道,在看似平淡无奇的采水过程中,竟也有着独特的趣味。这部片子想要赞赏的正是这么一群看似很普通的大学生,他们用自己的实际行动来兑现"迎北京奥运,做碧水使者"的诺言。而大赛的最佳主题奖《绿脉》则记录了大学生支教的每个瞬间,包含了大学生从办公室备课到踏上公交车再到和孩子们在一起的全过程,告诉孩子们如何去珍惜爱护我们共同的绿色家园,孩子们有着最天真、最童稚的心,因此他们也希望自己所爱的自然是美好的。通过作品作者想传达的是如果绿色的血脉能够延伸到每一个角落,如果每一个人都能关注环保,那我们的环境就一定会更美好的理念。

6.4.2 数字影像形式表达中的人文美学

数字影像作品的制作是一种美的表达,尤其是由传统艺术转为数字影像艺术的过程中会融入作者本人的美学思考,而作者本人的审美水平也极大地决定着数字影像作品的美学水平。数字影像技术作为一种技术手段开始对艺术创作主体产生了深远的影响,进而对艺术内容的生活化起了催化作用,如果说技术带来的艺术的生活化是一种外在的手段,那么审美情趣的生活化则是艺术生活化的本源。[1]

---

[1] 冷冶夫.民间影像的革命[M].北京:中国广播电视出版社,2007.

数字影像技术作为传统艺术的一种新的承载方式,使得传统的审美标准也发生了新的变化,DV影像作为一种新的数字影像表达形式,就使得传统的审美范式发生了天翻地覆的变化。在过去,数字影像的制作者们依靠着电视台配给的价格高昂的摄像器材和后期编辑才能去"制作"数字影像作品,而DV设备的出现,使得低成本、小型化、高质量的数字影像制作成为了可能,打破了传统电视体制下影像制作的技术和资金上的统治霸权。由DV影像营造出的这种平民化、自由化、创造性的审美价值就可以看成是数字影像形式表达中的一种美学趋向。

冷冶夫在其著作《民间影像的革命》中说:"纵观影视领域的百年演变,任何一种影视创作新范式的出现都是以独特的审美经验作为最终动因的。DV节目创作的初始阶段,我们会欣喜地发现一些富有创造精神的DV创造者们,他们中许多都是没有受过专业影视制作培训的,这些先驱者们的心中郁积了许多新鲜、独特的审美体验。他们没有主流制作者的功利思想和精英纪录片艺术家们的名利思想,因此轻易突破了意识形态和大众审美规律的束缚,并且在西方纪实理念的冲击下,创造出一种突破旧有纪录片模式的新范本。如果抛开DV的记录基础功能不谈,仅仅讨论DV节目的创作,那么作为一种影像表现手段和艺术创作的DV审美,至少包含两个主要特征:独创性和体验性。"[①]

可以说DV完全颠覆了传统纪录片的审美取向,而更注重一种独创性和体验性的审美体验,对于DV创作者而言,其想在纪录片中表达的情感是作者对生活的独特体验,不受传统体制和资金的限制而可以较为自由表达出自己的情绪和情感,而要想获得好的大众体验,则必须在创造中融入大众普遍审美规律的创作手法,从而实现独创性和体验性的完美统一。当然除了DV影像,数字技术对传统影像的美学特征也产生着较大冲击,推动传统影像艺术向数字影像艺术的方向演变,马腾在《大众文化科技化下数字技术对电影美学影响刍议》这篇文章中指出:"当下的大众文化呈现出科技化的趋势和特征,随着社会的发展和科技的进步,新科学、新技术被越来越广泛地应用于大众文化娱乐之中。当今社会,高科技技术正迅速地改变着整个人类的生存状态和精神面貌,前所未有的科技大潮影响着人类社会的方方面面,作为人类生存与生活的重要组成部分的大众艺术文化自然也不例外。尤其是进入20世纪90年代以来,由于信息技术和计算机技术的开拓性研发和利用,使得艺术创作、文化传播、大众娱乐都深深地打上了科技化的烙印。大量利用高科

---

① 冷冶夫.民间影像的革命[M].北京:中国广播电视出版社,2007.

技手段制作的文化商品充斥着当今的文化艺术娱乐市场,诸如数码游戏、音乐、影视等艺术文化娱乐形式,已然进入了我们的精神生活常态。科技无限,创造无限,当今人们的审美意识和审美观念正不断趋从于大众文化科技化特征的影响,因此大众文化科技化的浪潮有愈演愈烈、不可阻挡之势。"①

6.5 反 思

6.5.1 当代技术对艺术理念的冲击

在艺术史上每一次技术的进步都会带来艺术观念的一次革新,这一点对于传统艺术和现代艺术都是如此,数字影像艺术时代这一趋势显得更加明显,无论是3D电影、DV影像或者网络剧,其核心艺术理念都与其使用的数字技术密切相关,数字技术的进步也开拓数字影像艺术的表现空间,由于DV的产生,大大降低了拍摄成本,而且使得影像拍摄更加便捷,同时计算机软件技术的发展,使得我们在自家电脑上使用简单的软件就可以进行剪辑,这又把数字影像带入了平民生活,由此开创了一股独创性和体验性的艺术思潮,艺术创作者创作艺术作品更加个性化,同时也更为关注人们的使用体验。电影艺术也是如此,虚拟现实技术的发展使得越来越多的传统电影开始走向3D电影之路,3D电影以其高度真实的空间感和震撼力的视频效果倒逼传统影像,同时也演变成为一种新的艺术形式。网络剧也是如此,随着互联网技术的发展和计算机的普及,人们可以在家使用互联网来接受信息,技术创新使得人们传统的收视习惯发生改变,出现了一种媒介转移的趋势,更容易接受新事物的年轻人往往选择互联网而不是传统电视来收看电视剧,这种收视习惯直接对电视剧的制作和创作提出了新的要求,要求其要越来越适应网络时代人们的收视习惯,因此更加适应年轻人收视需要的网络剧就诞生了,网络剧颠覆了传统电视剧高成本、规范化的艺术特征,而更趋向于个性化和平民化的艺术特征。

---

① 马腾. 大众文化科技化下数字技术对电影美学影响刍议[EB/OL]. (2012-06-21)[2014-06-10]. http://www.doc88.com/p-9641679141130.html.

6.5.2　现代艺术中的思潮反哺技术

现代艺术创作中涌现的人文思潮也无时无刻不对数字影像技术提出新的要求,在现代艺术的题材选择上,越来越多的人关注到了环境、社会这样的严肃题材,同时更加关注人本身,关注人的生活和日常感受。这些人文关怀使得数字影像技术不再是一种冰冷的技术,而成为了一种富有活力的艺术形态,由技术开拓的表意空间中同时可以融入一些人文思考,比如新环境主义思潮,就着重于描述现代技术的发展给环境带来的破坏,而通过数字影像艺术来表现作者本人对于这种技术带来的压迫感的无声控诉,同时也鼓励人们更多地关注自然,而不是成为被技术异化的工具。社会批评主义则把关注点放在了对一些常见社会问题的批判之上,希望通过数字影像来潜移默化地影响人们,同时传递出创作者本人的艺术思考。这样一些思潮使得数字影像艺术不单单只是一种对于传统艺术的技术上的革新,而是通过技术的革新丰富了题材的表现力和冲击力,同时也使得数字影像成为引领社会思潮的一个重要部分。现代艺术的人文思潮的最重大意义在于肯定了人本身的价值,更加关注人的感受,又超越了传统的一些影像形态,不需要像电视节目那样关注收视率,像电影那样关注票房,而是更关注于影片本身对人成长的特殊价值,关注于人们观看影片时的体验,这样的一股思潮使得冰冷的技术也越来越有人情味,同时也大大地提升了数字影像的艺术价值。

第3部分

文化形态篇

第7章 多形态DV影像

7.1 认识 DV

7.1.1 关于DV的概念

通常地理解,DV就是英文"Digital Video"的缩写或简称,原本只是"数字摄像机"的意思,后来出现了词义延伸,DV还可以理解成为"数字视频、数字影视"的意思。它是由索尼、夏普、东芝和佳能等多家著名家电巨头联合制定的一种数字格式。很显然,在绝大多数的商业场合中,DV代表数字摄像机的含义,在DV创作领域内则意味着以DV摄像机为工具进行拍摄的影视作品及其艺术行为的系统性总称。

7.1.2 对DV的初步认识

也许读者在很久以前就听说过DV一词,但却未必真正了解DV的"身世和来历"。如果在十几年以前,当读者对摄影师和电影艺术有些神往不已甚至神魂颠倒时,是否想过有一天,只需花费不到一两个月的工资,就可拥有比较高端的影像装备,并在自己心爱的PC上面做成一个个精彩纷呈的艺术"大片",一股成就感油然而生。至少是,它能够记录生活中的细节小事,拍个小电影,或者做个创意十足的网络小视频,既吸引了大量的粉丝关注又达到了尝试商业推广的目的。

DV发展到现在,就是由最初的"貌不惊人"成长为现在这般可爱的玩意儿!透过纪录片、小电影和网络视频,甚至我们还可以拆开它的外壳,解剖它的内部结构和影视源文件把曾经神往的东西细细解剖。那好,我们就一起来更加认真地、更加深入地认识一下它吧。前文已经介绍过，DV 是英文"数字视频"的缩写，通常被指"数字视频"的影片或者数字摄像机相关的设备。一个是影视作品，一个是硬件设备，通俗地理解就是用数字摄像机拍摄数字影像素材并运用数字编辑合成的方法合成影视作品一类的事物，无须一帮人架起庞然大物进行拍摄采集、制作特效与剪辑处理，只需将"娇小玲珑"的 DV 机器运筹于股掌之中，并拥有一台同样精致但功能强大的电脑足矣。

虽然数字视频是指以数字信息的形式记录下来的视频信息，英文对应的词语是 Digital Video，但是英文 Digital Video 更加倾向于表示采集数字视频的设备或者软硬件系统集成的含义。与数字视频相对应的概念是模拟视频，比如普通的（模拟）电视机和模拟摄像机。数字视频通常被记录在专用的储存介质上，是通过光盘特别是 DVD 来发布、播放的。当然事物总是向前发展的，一些新型的摄像机已经可以直接将采集的视频内容记录、储存在 DVD 上或者电脑硬盘介质上，甚至开发出了容量较大的硬盘介质以逐步取代传统的磁带、光盘等容易损坏的介质。比如，采用 Digital8 的摄像机常常将数字视频录制在通常的模拟录像带上，而最新一代的高端 DV 摄像机则可以使用大容量的硬盘介质进行储存，制作成本进一步降低而且影片内容得以更好地留存和传播，而影片的质量几乎不会受到任何减损。

自从 DV 诞生，影视作品的摄制就不再需要复杂的技术支持和巨大的人力物力投入了，DV 体积轻巧、功能便捷、易于操作，这些都是它超越于专业摄像器材的优势所在。

7.2 DV 的发展历史

7.2.1 DV 摄像机的发展历程

从世界上第一台数字摄像机诞生到现在已经有 15 个年头了。这 15 年，数字摄像机本身就发生了巨大的变化，机器的外形由笨重发展到了越来越精致，同时也更加注重外形的时尚性特征。而 DV 的存储介质也从磁带、DV、DVD 发展到了大容量硬盘，其总像素也从 80 万发展到了 400 万甚至更高，影像质量也从标清 DV（720×576）到高清 HDV（1440×1080），甚至还出现了超清的概念和标准。而这一系列让人极为心动的变化都是在短短的 15 年中发生的事情，而且这一技术的进步还在持续,更多更大的惊喜往往能够超出人们的想象力。

1995年7月,日本的索尼公司就发布了第一台DV摄像机DCR-VX1000。DCR-VX1000一经推出,即被世界各地的电视新闻记者、制片人广泛关注、认同,并迅速、主动地为DCR-VX1000进行传播推广。这款产品不仅使用了Mini DV格式的磁带,还采用3CCD传感器(3片1/3英寸、41万像素的CCD)、10倍的光学变焦以及光学的防抖系统。在当时这款摄像机发布的售价高达4000美元,其发布也标志着影像革命的新起点。DCR-VX1000的发布也正是影像史上的一次重大变革。大众化、平民化的数字摄像机的上市而使得人类社会开始真正地、全面地步入数字时代。

2000年8月,日立公司又推出了世界上第一台DVD摄像机DZ-MV100。在当时这款摄像机不仅用DVD-RAM进行记录,还第一次把DVD作为存储介质引入到数字摄像机产品中来。不仅使用了8厘米的DVD-RAM刻录光盘作为存储介质,还摆脱了DV磁带的种种不便以及不低的耗材花费,因此可以称得上是继DV摄像机之后的又一次重大革新。不过在那个时代,并没有多少专业人士注意到这款新型产品,DZ-MV100也仅在日本本土进行销售,在我国难觅踪影。DVD摄像机广泛地被人们认知是因为3年后索尼公司的大力推广。

2004年9月,胜利公司推出了第一批带有1英寸微型硬盘的摄像机MC200和MC100,使得硬盘开始进入消费类数字摄像机的潜力型产品领域之中。这两款硬盘摄像机的容量均为4GB,拍摄时的视频影像均采用MPEG-2压缩格式,用户同时还可以通过更改压缩率来延长拍摄时间,因此十分方便和实用。很显然,硬盘介质的采用使得数字摄像机和电脑之间的信息交流变得更加方便,而MC200和MC100以及后来的几款1英寸微硬盘摄像机通过灵活更换微硬盘,初步开启了DV硬盘介质时代。到了2005年6月,胜利公司又发布了采用1.8英寸大容量硬盘摄像机Everio G系列产品,最大的容量达到了30GB,不仅很好地控制了产品体积和外观,在价格上也保持了与同类DV摄像机不相上下的水平。

2004年,第一台HDV 1080i高清摄像机诞生,这标志着DV机器的发展又向前迈出了重大的一步。

由于DV摄像机的技术进步和产品制造能力的突破,2003年9月,索尼、佳能、夏普和胜利四巨头就联合制定了高清摄像标准HDV的相关标准。2004年9月,索尼发布了第一台HDV 1080i高清晰摄像机HDR-FX1E,HDV的记录分辨率就高达1440×1080,水平扫描线比DVD增加了一倍,清晰度得到了革命性的提升,HDR-FX1E包括以后推出的HDV摄像机都沿用原来的DV磁带,而且仍然支持DV格式进行拍摄,并支持继续向下兼容,在HDV摄像机推广初期内起了良好的过渡作用。

7.2.2 DV制作软件的介绍

DV摄像机是影视作品拍摄采集的工具和手段,是影视作品原始素材的主要来源(除了拍摄的素材之外,还有三维动画和后期特效也是影像的重要素材)。由于拍摄技术和场景选择等原因,一般的影像资料在采集之后都会去掉一些不必要的素材片断,以免影响了影片的整体效果。因此,对采集过来的原始素材需要进行合理的剪辑、合成、后期加工处理,使之变得既富有技术含量,又充满着艺术的成分。这一过程就需要影视制作软件来完成了,即使再完美的原始素材都可以为之锦上添花,就别提原本有待提高的原始素材了。

值得强调的是,从前的影视剪辑并不能在一台PC上系统性地完成,其设备的复杂、团队的配合、烦琐的流程、专业的技术,那时的影视后期任务都不是一般普通个人或团队所能完成的。当DV与计算机并行发展到今天,一切才变得那么的简单、神奇。

影视后期的工作从理论上讲,根据以视觉效果传达影视理念的理论为基础,掌握影视编辑设备和软件(线性和非线性设备)以及影视编辑技巧,才能够更好地进行影视特技制作和剪辑合成的工作。

从技术层次上讲,基于计算机的数字非线性编辑技术使得影视剪辑手段得到很大的发展,甚至称得上是颠覆性的革新。这种技术要求制作者将各种素材记录到计算机之中,利用计算机硬件和视频编辑软件的协作程序进行剪辑合成与后期处理等加工工序。这一环节采用了电影剪辑的非线性模式,然而用简单的鼠标和键盘操作代替了剪刀加糨糊式的手工操作,剪辑结果可以马上回放,所以大大提高了效率。同时,它不但可以呈现出各种线性编辑机所有的特技功能,还可以通过软件和硬件的功能扩展,提供线性编辑机无能为力的复杂特技效果,而且成本的低廉和程序的简化与传统的剪辑手法简直不可相提并论。

数字化的非线性编辑不仅综合了传统电影和电视编辑的优点,还对其进行了进一步的融合发展,是影视剪辑技术的重大进步。从20世纪80年代开始,数字非线性编辑方式在国外的电影制作中便开始逐步地取代了传统的线性剪辑方式,成为电影剪辑的标准方法。而在我国,业内全面地利用数字非线性编辑技术进行电影剪辑还是近十年以内的事,但发展十分迅速。目前,我国大多数从事电视和电影制作的导演都已经认识到"非编"强大的、无可比拟的优越性。如果不出意外,线性编辑将很快彻底地退出历史舞台,非线性编辑无疑为影视创作者提供更加强大的技术支持和影视效果的表现能力,它的功能也将随着计算机技术、新媒体技术等手段的进步而继续表现出更加神奇、高效的一面。

关于非线性编辑常用的软件有以下一些：

后期合成软件。AE、Combustion、DFsion、Shake、Premiere 等，功能侧重点各有不同，分别属于层级与节点式的合成软件（AE、Combustion 是层级合成软件，而 DFsion、Shake、Premiere 等是节点式合成软件，也可通俗地理解为横向编辑和纵向编辑两大类）。

三维辅助软件。3DS Max、Maya、Cinema4D 和 Softimage、Zbrush 等（既有三维建模和辅助功能，又有动画特效功能）。在我国，3DS Max 较为流行，但 Maya 在电影级的影视制作中优势更加明显，其灯光、特技和动画方面尤其出色，由于编程功能的扩展性，Maya 的深层次功能在国内还远未得到充分的挖掘利用。而且，在三维运用环节中，Zbrush 是一款强大到"变态"（资深网友语）的建模软件，其建模的逼真度、便捷性和艺术性可为其他综合性的三维软件提供强力支持，尤其是与 3DS Max、Maya、Cinema4D 等的结合运用。

辅助软件。PS（色彩调整）、格式工厂（视频格式转换）、Cool3D（对镜头画面进行修饰，或者进行简易片断的直接导入使用）等，如此一些小型的三维软件的作用却不容小视，在特定的情况可以极大地简化制作的程序。

7.2.3 我国 DV 作品创作历程

自改革开放三十多年来，影像创作在中国电视领域里的发展速度几乎可以用"成倍增长"来形容，这主要反映在资金上的巨额投入，电视市场的深度开掘，技术上的不断更新，还有观念上的持续突破等。但在 20 世纪 80 年代末至 90 年代初的中国影像创作的发展进程中，DV 影像及其创作对那一代电视人的影响甚为深远，导致了纪实艺术在观念和创新意识上的步伐永远比技术进步和其他因素都要走得艰难。

举个简单的例子，2008 年的中国国际纪录片选片会中的 120 部 DV 获奖节目，成为 2007～2008 年度全国优秀纪录片的一次大检阅，其间涌现出无数值得深思与借鉴的新作品，收获不可谓不丰硕，也体现了 DV 纪录片强劲的发展势头。然而，中国纪实类电视节目在 20 世纪 90 年代后期面临了栏目化的阻碍，困境明显。经历市场化带来的困境之后，近些年终于在独立精神和标新立异的基础上艰难地迈出了可喜的步伐，但迈出的步伐仍然有限。即使是目前的"繁荣景象"，其艺术性和市场性仍然受到极大的制约。

7.3 DV的运用现状

7.3.1 独立纪录片

何为"独立纪录片"？不同的国别和地域，由于政治、经济、文化制度等因素的差异，"独立"的涵义与表现也不尽相同。我国的独立纪录片主要具有以下两个鲜明的特征：一是在资金的运筹方面，不再依附于国家体制的支持，独立制作者在资金筹措、运作和拍摄方面有着相当大的独立性和自主性，并能够较为独立地控制着作品的销售及发行渠道；二是在创作方面，没有太多商业化和播出限制的压力，作者的创作理念基本不受外部人为因素的制约，能够得到自主自如的贯彻和实现。概括来说，独立纪录片的"独立"，不单是一种独立的行为和姿态，更是一种独立的立场和精神。

与国外的同行相比，中国独立纪录片制作者的处境显然要艰难得多，有人曾用三个"没有"来形容中国独立纪录片人的现实状况——"没有技术支撑，没有拍摄经费，没有播出平台"。虽然中国的电影市场如火如荼，电视栏目收视率日益火爆，各类影视公司也多如牛毛，但独立纪录片丝毫没有分到一杯羹的意思，市场仍旧对它紧闭大门。好在不利的情况也并非一成不变，民间的资金、国外的技术、各种电影节甚至院线正在渐渐向独立纪录片打开一扇充满着希望的窗户，似乎验证了"好事多磨"、"光明总在曲折后"的道理。

根据相关统计资料的显示，近年来有"记录在案"的获奖纪录片包括：

王兵的《铁西区》于2003年在法国马赛国际纪录片电影节获得最佳纪录片奖，在日本山形国际纪录片电影节获得最佳纪录片奖以及2005年在第二届墨西哥城国际现代电影节获得最佳纪录片奖等。

黄文海的《喧哗的尘土》于2005年获得马赛国际电影节国际纪录片竞赛单元"乔治·波格尔"奖；他的《梦游》于2006年获二十八届法国真实电影节评委会大奖等奖项。

周浩的《高三》于2006年获得第三十届香港国际电影节最佳人道奖纪录片奖。

赵亮的《罪与罚》于2007年获得西班牙国际电影节银奖、第十届捷克"就一个世界"电影节最佳导演奖，并在法国南特三大洲国际电影节上荣获最高奖"金气球"奖。

冯艳的《秉爱》于 2007 年获得日本山形国际纪录片电影节亚洲新浪潮单元的小川绅介奖。这部影片还在 2008 年西班牙的 Punto De Vista 国际纪录片电影节获得大奖。

赵大勇的《废城》、于广义的《小李子》于 2008 年获得第五届中国纪录片交流周评委会大奖。

……

最近两三年,也有不少优秀的作品获得国际殊荣,但后续的影响力如何以及如何拓展在国内的影响力都有待进一步观察和深入研究。

7.3.2 大学生 DV

自从 1995 年 DV 摄像机问世以来,更多的人可以拍摄和制作自己理想中的影像作品。由于成本的日益低廉和操作的相对简易,影像制作开始逐步走向平民化,不再像从前那样神秘得高不可攀。大学生影视创作群体正是在这样的大背景下大规模地、群体性地崛起,而且形成了一个有着明确定义和鲜明特征的专有名词——"大学生 DV"。

何为大学生 DV? 顾名思义就是以大学生为行为主体并且以大学生活为主轴的影视题材创作,加上大学生在创意、激情和创作时间上的优势,便形成了这样一个独特的概念。事实上,近年来大学生 DV 热的背后还有一定的、特殊的文化背景。在社会发展多元化的今天,大学生经济条件较为宽裕且思维活跃开放,他们渴望表达自己的想法,表现自己的个性。而相对廉价的 DV 摄像机的及时出现,为这一群体提供了现实可行的创作条件。通常来说,进行 DV 创作的大学生并不局限于新闻和传媒等专业,还涉及数学、哲学、法学等诸多看似"不沾边"的专业。"这恰恰说明,大学生思想活跃,渴望表现自己,不拘泥于传统的约束",某资深的专业人士得出了这样的结论。不少的大学生都有拍过 DV 的经历,也做过"电影梦"。自己写剧本、自己当演员、自己当摄影师,自筹经费,即使是没有摄影器材用 QQ 视频头圆一下"电影梦"也很过瘾,至少其认真的态度令人肃然起敬。但是,最后真正坚持下来的人却没有超过十分之一。"玩 DV 电影,有很多麻烦事要做,还要吃很多的苦,许多人刚开始有新鲜味,但没多久就会泄气。"不少参与的大学生会说,要想玩好 DV,离不开"执著和坚持"。也许,这还不是最重要的。

作者对当代大学生 DV 群体进行了小范围的采访实录,在访谈中既透露出了他们的真实现状,也捕捉到了一些关键的问题。他们大多数最终选择了放弃,并非不能吃苦那么简单,由于生活的阅历和对艺术的感悟程度都有着极大的欠缺,尤其是对生活的感悟、专业的操作水准和对影视文化内涵的把握并不是多数的大学生DV创作者所能真正具备的。

但是,相信在不久的将来,大学生DV创作群体在历经分化组合与优胜劣汰的过程中会产生真正的、有着更深意义的、影响力逐步显现的影视作品,并将在一定程度上告别无聊的爱情肥皂剧和无病呻吟的虚无化创作思维。

7.3.3 视频的网络传播

根据网络权威媒体的统计分析,随着我国未来网民的个人价值观和网络行为日趋碎片化、复杂化和多样化的特征显现,网民的视频创作与消费状况也将呈现多元化、创意化和个性化的新特点。网络消费需求结构的多元化将驱动中国网络视频市场竞争格局向追求规模和追求差异化的两个方向同时、同步地发展。2011年之后,中国的网络视频市场形成以大型门户矩阵、专业视频网站和专业化的行业服务提供商为主体的竞争格局。而其中,全球移动视频服务付费用户突破5.34亿。2014年全球的网络视频用户较2007年增长3倍以上,达到至少12亿人的规模。

何为网络视频?从技术层面上理解就是指由网络视频服务商提供的、以流媒体为播放格式的、可以在线直播或点播的声像及影音文件的泛称。网络视频一般需要独立的播放器,目前的文件格式主要是基于P2P技术占用客户端资源较少的FLV流媒体格式。

由于网络视频的传播在审查方面受限较少,而且具有精短、创意、生活化、细节化等突出特征,其新鲜、生动的内容也普遍受到欢迎,再加上DV创作的便捷性和低成本制作等因素使得创作门槛大为降低,运用其作为网络上的娱乐、互动、文化及商业等价值的实现,必将是未来的DV创作者的主战场之一。

7.4 DV制作的现实意义

7.4.1 平民化的表达

相对于官方主流媒体的宏大声势与宣教式特征,DV创作则具有鲜明的平民特性。通过DV影视的表达方式可以展示个体的个性和小众的共性。在话语权上不再是被动地接受,更多的是争取主动表述和表达。通过这种方式可以表达个体对群体、非主流对主流、民间对官方、隐性对显性的影响力，并在此基础之上展现商业和艺术化的内涵价值。

7.4.2 个性化的视野

在我国过去的几十年里，尤其是改革开放之前的那段时期，人们的个性化需求与表达长期被压抑着无法释放。人们的观念和想法往往被强制性统一成一个模式，个人的爱憎喜好也无法用实际行动来进行选择。在影视创作上几乎只能由主流媒体和精英群体主导，大众化、个性化的草根群体只能被动接受，而且影视表达的视角也是从整体出发而非从生动的、细节的、差异化显著的个体出发。因此，DV影视的发展，为大众群体的个性诉求提供了一个新的渠道，虽然在现阶段它仍然比较狭窄和低效。

7.4.3 多元化的产业趋势

自从20世纪90年代我国有了DV影视的创作开始，直到现在仍然是聚焦在纪录片上，平台依然聚焦于电视台的投放和播出。然而，DV只是一种影视的新型工具和载体，完全可以根据经济社会的多元化发展而进行多元化的运用，尤其是在文化领域和商业领域，影视作品的作用和意义远远没能得以发挥。局限在纪录片的圈子里不能自拔是一种片面的、故步自封的思维，虽然DV曾拯救了中国独立纪录片，但却不能继续单纯地依托纪录片来支持DV创作事业的进一步发展。

第8章 微电影

8.1 认识微电影

8.1.1 微电影的概念

微电影又被称为微影或小型电影,言下之意,其具有小而微的特点,微电影兴起于网络飞速发展的时代,是网络时代的一种全新电影形式,微电影的"微"代表着电影本身播放"时间短、制作小、投资少",因为其短小、精炼、灵活的形式而风靡于互联网。

微电影中的一部分,被专门运用在各种新媒体平台上播放,适合在休闲时段和移动状态上播放观看,是具有"微时长、微制作、微投资"三大特征的完整体系的视频短片,其题材类型和风格融合了幽默搞怪、公益广告、创意展示等多种类型,可以单独成篇也可以系列成剧。和传统电影有着很大的区别。

微电影的三大特征如下:

(1) 微时长,指的是微电影成片的时间长度很短。作为电影,拥有完整的故事情节是最严格的标准,传统的电影时长各异,微电影的时长更是可以不受限制。一般一部微电影的时长不会超过30分钟,短的甚至只有30秒。

(2) 微制作,指的是微电影的制作周期短,一般一部微电影在一周左右就可以成片,最长也不过数周。

(3) 微投资,指的是微电影的投资规模小,一般一部微电影的投资金额为数万元,不需要大成本的投资。

微电影的三大特征使其彻底区别于传统的电影和电视,微电影的发展是电影发展过程中一场"草根革命",反映了新经济时代人们追求精神自由和互动体验交流的感性诉求,是信息技术革命下的 Web 3.0。

微电影的这些特征使得互联网成为微电影的最佳展示平台,互联网帮助微电影将"微"字发挥得淋漓尽致,在互联网上能够使得微电影的传播者和受众实现最大程度的交流和沟通,用户也可以随时将自己创作的微电影作品上传到网络上供他人欣赏,而一些专业的微电影网站更是迅速打造了自己的品牌,成为受众观看微电影的最佳渠道,比如"V电影"网站,上面就会随时更新微电影作品,其题材也多种多样,不仅有各类影展的获奖作品,也有草根的上传作品,网站还会专门组织业界行家给影片评分,方便观众根据评分和介绍加以选择观看,受众也可以根据自己的收看体验在该网上发布意见,也可以相互沟通和交流,近些年来,像这样的一些优秀的微电影网站如雨后春笋,而这些网站也大大加速了微电影的发展和传播。

8.1.2 微电影和 DV 短片

最近几年,微电影越来越热,甚至有一种说法,表示 DV 短片已经发展到了微电影的水平,这种说法也是有一定道理的。

DV 短片一度在高校学生和年轻的电影爱好者间风行,各种以大学生微电影为名号的影视作品比赛大都是大学生带着自己的 DV 作品参加。微电影和 DV 短片之间的界限似乎越来越不清晰,这样看来,DV 短片甚至有消亡之势。

我们习惯将 DV 短片定位为"用 DV 摄像机为工具进行拍摄的影视作品",如果一段影片定位为 DV 影片,那么它必须是用 DV 摄像机来拍摄的。相比之下,微电影在技术方面的限制却没有那么多。在普通人之间,部分微电影是用手机来拍摄的,或者使用 iPad 等智能设备来拍摄微电影的也大有人在,可见微电影并不拘泥于传统的 DV 设备;专业团队拍摄出的微电影,设备方面甚至和专业大荧幕电影接近。

在播放平台方面,诞生于 Web 3.0 时代的微电影似乎和网络的结合比传统DV 更为紧密。微电影的发布和收看完全依赖于网络,网络已是微电影的最佳展示平台,而对于传统 DV 而言,有一部分大学生 DV 是通过多元化平台来展现的,比如 DV 展,各种形式的电影节等,并不一定要上传到网络上,从这一点来说,微电影更具有网络时代的特征。此外,微电影既然是以电影来冠名,那么在影片水准上也具有相对高的要求,一般指的是要具有完整故事情节和制作体系的作品,对清晰度的要求也较高,而 DV 短片的要求就相对低得多。

虽然说微电影和 DV 短片有许多细微的差别,但从总体上来说,称微电影是

DV 短片的后一阶段也无可厚非,首先,两者都是一种"草根革命",任何人只要具备一定的技术水平和艺术素养,都可以拿起手中的电子设备,进行数字影片的拍摄。而传统电视和电影则对创作者的要求较高,要求其具有较高的专业水平。其次,两者都把互联网作为作品展示的最佳或者唯一平台。早期的 DV 作品就认识到了互联网这一平台的独特优势,成本低廉、互动性强、传播面广,为了获得更好的传播效果往往选择互联网作为最佳的传播渠道,而后期的微电影则更是网络时代的产物,因为它是网络时代的一种独特的电影形式,其与互联网更是密不可分的。最后,两者的基本特征极为类似,作品一般长度较短,不会超过 30 分钟,有的甚至只有几十秒;围绕影片的相关投资也较小,有的大学生 DV 短片甚至只需要数百元就可以完成拍摄,而好的微电影作品的投资一般也只需要数千元,任何人只要有创意、有资源都可以轻松拍摄出一部好的微电影作品;从时间和金钱投资来讲,和传统电视与电影不同,微电影更为看重的是好的创意和新的题材,而不是如何更大程度地盈利,当然商业性质的微电影也会把盈利作为其目标之一。

8.2 微电影的前世今生

8.2.1 微电影的历史

微电影最早诞生于美国 20 世纪 90 年代初期,多在咖啡室、啤酒屋和地下室自主放映,影片供小范围人群所欣赏,而如今,微电影已不再是简单的短片,它依托网络媒介和摄像技术,在网络上迅猛发展。在中国,2006 年年初《一个馒头引发的血案》被认为是"微电影"的雏形。2010 年,吴彦祖出演的 90 秒凯迪拉克广告《一触即发》(见图 8.1)标志中国微电影的诞生。《老男孩》引发网络上的"微电影热"。

《一个馒头引发的血案》是中国自由职业者胡戈创作的一部网络短片,其内容主要重新剪辑了电影《无极》和中国中央电视台社会与法频道的栏目《中国法治报道》,其对白被重新改编,只有 20 分钟长,无厘头的对白,滑稽的视频片段分接,搞笑的另类穿插广告,许多人认为这就是微电影的雏形。作为历史上真正意义上的第一部广告"微电影"——吴彦祖主演的《一触即发》,其剧本来自电影《一触即发》,剧情通过 90 秒的"微时间"讲述吴彦祖在一次高科技产品交易中突然遭到袭击,为了将高科技产品送到安全地带,吴彦祖使用调虎离山等对策,几经周折终于成功达到了目标,全片场面宏大,制作精良,也是一部大制作的网络微电影,堪称微时代的里程碑。

图 8.1 《一触即发》

微电影是网络时代的产物,随着网络视频业务的发展壮大,互联网成为了重要的影视剧播放平台,各大门户网站和视频网站争夺优质视频的竞争日趋激烈,而优秀的影视作品往往被多家网站所购买,各大网站所播放的视频同质化现象严重,此外,高昂的版权购买费也导致了巨大的运营成本。在这种情况下,网站需要走差异化路线,提高原创能力,自制微电影成为了一个不错的选择。

在广告植入方式上,微电影也更加灵活,以往的电视植入广告在广电总局"限娱令"、"限广令"下举步维艰,而更加软性和灵活的微电影广告是未来企业广告的走向。

影视技术的突飞猛进,影视设备购置成本的大幅降低,使得微电影拍摄的技术壁垒越来越低,甚至通过手机、照相机都可以拍摄微电影,影视技术的普及让更多的人尝试微电影的制作和发布,这也使得微电影能够发展壮大。

当然微电影能够迅速发展也有其自身的优势,微电影形式简单,短小精悍。不仅拍摄的时间和金钱成本低,有利于任何个人和机构进行拍摄,此外,对于受众来说,也可以充分利用各种闲暇时间,在短时间内就可以收看一部微电影。

8.2.2 微电影的发展现状

在中国,微电影还是一个近些年才出现的新生事物,但是其蓬勃发展之势已经引起了各方的高度关注,有专家估计,我国微电影产业价值将在未来五年内达到100亿元以上。

2011年10月份广电总局发布了"限广令",对电视广告的要求更加严格,大幅缩减了广告播放的时长,禁止在电视剧中插播广告,这也大幅度拉动了电视广告的价格,面对天价广告费用,许多中小企业纷纷选择了退出电视广告,而选择了价格低廉的微电影植入广告,这也进一步促进了微电影的发展,同年,共生产出了2000部左右的微电影,最高成本记录是姜文主导的《看球记》达8500万元,最低的草根微电影成本也就数百元,甚至连基金公司也都参与了微电影的创作,比如富国基金就推出了以本公司员工为主角的"超越看得见"系列微电影。国内的主流视频网站也都纷纷开始了微电影的制作计划,网易更是将微电影作为其视频的战略核心,而华盛影视宣布联合国内首批近100家著名品牌客户共同推出了"美我网原创微剧本基金",总规模超过1000万元,而华谊兄弟则宣布,将与中国电信共建"天翼视讯""微电影微剧"频道,致力于打造国内最大的"微电影微剧"发行平台。

微电影火热的同时,也存在着一些问题,与传统的影视剧相比,微电影在资金、人员等多方面都有很多劣势,比如说资金不足、演员业余、播放渠道非主流等,微电影也面临着一些困境,在品牌价值传递上,虽然说可以通过植入广告迅速引起很高的关注度,但植入广告过多就可能会拍成广告片,而广告片则会引起受众的反感,可能不利于传递品牌价值。此外,将来微电影制作者是否会愿意将视频免费上传也成了一个问题,毕竟微电影的制作是有一定成本的,任何个人和制作方都不可能长期地亏本制作微电影,如果微电影品牌营销没有好的表现,那么可能极大地挫伤微电影制作者的积极性。微电影如何发展,国家政策也影响巨大,如果像传统影视那样申报审批,可能会扼杀微电影。

8.3 微电影的题材解析

8.3.1 草根恶搞型

草根恶搞型微电影以胡戈为代表,这一类型的微电影是以恶搞无厘头为创作风格,然后基于产品和故事的情节,进行夸张的演绎。草根恶搞型微电影一般都是以叙事形式来表现,然后插入幽默搞笑等大量效果元素,使原本平淡无奇的故事增添了生趣,另外该类型电影在场景和人物形象选择上都偏向草根型,符合一般小众的生活特点。代表作品有《七喜广告——"七件最爽的事"》(见图8.2)、《家安空调消毒剂广告——咆哮私奔谍战剧》、《威猛先生洁厕炮广告——2016炮有传奇》。

图8.2 《七喜广告——"七件最爽的事"》

由胡戈指导的《七喜广告——"七件最爽的事"》是一部有点灰色幽默的作品,影片恶搞了一系列事件,中国足球队夺得了大力神杯(讽刺糟糕的中国足球队),球员冲进了男主角的家中,男主角的前多任女友也和男主角重归于好,男主角的老板居然也给加薪,男主角终于找到了父亲李钢(我爸是李刚事件),居委会大妈送盐(日本核泄漏防辐射需要盐),七喜降价(插入广告),恶搞了六件不可能发生的事只为了突出七喜降价这一件真实的事,选择了草根男球迷作为主角,使得观众更容易产生亲近感,意识到这个广告中的事可能就发生在我们身边,符合七喜广告的定位,不仅幽默搞笑,还是一次成功的品牌营销,不仅树立了七喜亲民的品牌形象,也使观众对七喜降价形成了深刻的印象。

8.3.2 青春爱情型

该类型的微电影的主题为青春和爱情,这一系列的微电影主要为表现爱情的青春美好,然后基于基本的故事情节上,将品牌加入。而这一品牌一般都是作为微电影中的道具,或者某个重要场景。青春爱情类型的微电影都是采取叙事的形式,但是微电影在主要演员的选择上也都是以青春靓丽型为主,以吸引观众的眼球。在场景布置上也很花心思,致力营造出温馨浪漫的环境,来衬托出爱情这一主题。代表作品有《你好吗,我很好》《这一刻,爱吧》。

《你好吗,我很好》(见图 8.3)这部微电影以极富想象力的电影手法,打造了一个以"黑白配"为主题的温情故事。这个故事大体内容是:在浪漫而孤寂的圣诞夜,女主角收到了一个盒子,里面有一款手机,记载了她与爱人曾经甜蜜的点点滴滴;然而已患癌症的男友为了不让她伤心,独自离开去承受癌症带来的痛苦;而就在这个浪漫而孤寂的圣诞夜,女主角遇到一个男子,长得与已过世的前男友一模一样。而所有的这一切巧合,都围绕着三星 SⅡ两款黑白手机发生的。三星手机自然地植入剧情之中,成为男女主角感情传递的桥梁。该剧由台湾地区"新电影教母"李

图 8.3 《你好吗,我很好》

烈监制,主打纯情催泪牌。台湾艺人陈建州与许玮甯饰演情侣,而陈建州的妻子范玮琪的代表作品《黑白配》则是该片的主题曲。《你好吗,我很好》在上线以后,迅速取得了8000万左右的点击率,不仅在影片收视上取得巨大成功,也让观众深入了解了三星手机的外观形象、性能和用途。

8.3.3 励志奋斗型

该类型微电影以励志奋斗故事为主,以励志奋斗故事为话题,选择奋发向上的年轻人,抓住奋斗的特点来加入情节,在品牌传播上也偏向励志方面。其表现手法以叙事为主,在影片风格上更为自然真实,以真实感人的故事引起观众的共鸣。代表作品有《老男孩》(见图8.4)、《为渴望而创》、《梦想到底有多远》等。

图8.4 《老男孩》

《老男孩》是"十一度青春"系列电影之一,影片于2010年10月28日首映。《老男孩》讲述了一对痴迷迈克尔·杰克逊十几年的平凡"老男孩"重新登台找回梦想的故事。在影片中一对中学的好朋友在中年时,组成乐队参加"欢乐男声"选秀节目,而他们的参赛歌曲《老男孩》也深深地感动了观众。

肖大宝在学生时代是一个流氓头头,曾经欺负过王小帅和包小白。但是肖大宝和王小帅有着相同的音乐梦想,他们酷爱迈克尔·杰克逊,并因为模仿迈克尔·杰克逊成为校园中风靡一时的"偶像"。时间就像流水,一转眼20多年过去了。此时的肖大宝成为了一名蹩脚的婚庆主持人,而王小帅则成为了一家理发店的小老板。有一天,肖大宝在街上开车的时候,因为注意力不集中,刮到了别人的车,这个车主的保镖就要找肖大宝麻烦。正巧,这时这辆车的主人出现了,他就是肖大宝的高中同学包小白。此时的包小白已经非比寻常,不再是当年受肖大宝欺负的小混混,而成为了一名电视制片人,还娶了当年的校花。包小白告诉肖大宝说,如果想继续自己的音乐梦想,可以去参加他的节目"欢乐男声"。肖大宝于是邀请王小帅参加包小白推荐的"欢乐男声"的选秀活动。比赛中王小帅和肖大宝仍旧认真地跳着他们熟悉的迈克尔·杰克逊的舞蹈,幸运的是,两个人的努力没有白费,他们进入了复赛。但此时与肖大宝有过节的制片人包小白暗示评委在下轮比赛中淘汰年纪又大又不符合潮流的"筷子组合"。在复赛中这一首描写了青春岁月的电影同名主题曲《老男孩》被筷子兄弟唱响,在歌声响起的时候,画面转移给了他们的高中同学。如今的他们身在四方,做着各种各样的工作,过着千差万别的生活,相同的是,在这首歌响起的时候,他们都流下了眼泪。虽然筷子兄弟坚持了自己的音乐梦想,但是在潜规则下,他们最终还是被淘汰了。他们不得不回到原来生活的轨道上,肖大宝仍旧在做着他那蹩脚的主持人,王小帅仍旧在做着一家理发店的小老板,但是他们的生活还是发生了一些微妙的变化。一对"老男孩"的青春励志故事,让无数观众留下了感动的泪水,也显示了此类微电影的巨大影响力,这部影片把梦想和现实的矛盾清晰地展示在人们的眼前,引导人们去回味和思考。

励志奋斗的话题一直是年轻人所关注的,每个人年轻的时候总会有梦想,而该类型的微电影抓住了"梦想"这个词语,通过平凡人的奋斗故事来激励观众,为影片赢得了7000万的点击率,这说明了励志奋斗题材微电影在观众心中的特殊位置。

8.3.4 感人亲情型

该类型的微电影主题是亲情,多讲述的是父母与子女之间,或者配偶之间的感情故事,这类微电影也是在情感上最具有感染力的微电影类型,由于每个观众都有自己的亲情故事,在观看微电影的时候也容易产生共鸣。微电影场景的选择上以温馨为主,人物的语言对话富有感情和内涵。代表作品有《父亲》《把快乐带回家》《空巢》。

筷子兄弟贺岁之作《父亲》延续了《老男孩》的怀旧和平民化特点,故事内容聚焦于小家庭、小故事、小温情。《父亲》讲述了一个具有中国特色的父女故事,最后落脚在女儿婚礼上老父亲的真情流露,父爱话题引发共鸣。除了对父爱的感情呼唤引得观众泪如泉涌之外,筷子兄弟一如既往的怀旧式的幽默搞笑,也让很多经典台词成为大家的网络签名、新口头禅和茶余饭后的谈资。《父亲》上线一周就取得了1000万的点击率。

8.3.5 唯美风景型

该类型的微电影有一个特点,就是在影片中穿插唯美、令人向往的风景,作为微电影内容上的一个特色,着重风景的展现,以唯美清新的画面夺得观众眼球,并在其中穿插人物的爱情、生活故事等。其代表作品有《66号公路》《再一次心跳》（见图8.5）。

《再一次心跳》是由陈正道导演，罗志祥、杨丞琳主演的微电影，讲述了一段在充满浪漫惊喜的悉尼发生、在古典与现代并存的墨尔本升华、在返璞归真的塔斯马尼亚寻觅真爱的心跳之旅。与其他类型的微电影不同，影片着重展现了澳大利亚的唯美风景，在风景中穿插浪漫的爱情，不仅使风景更加具有吸引力，也将物与人很好地融合在一起，此片不仅展现了澳大利亚的旅游名胜，也体现了人文风情等。

图8.5 《再一次心跳》

8.4 微电影的制作流程

1. 主题定位

主题是一部微电影的灵魂，首先要确定好自己要拍摄一部什么类型的微电影，有一个中心思想，然后才可能进行拍摄，微电影题材包括草根恶搞型、青春爱情型、励志奋斗型等，选择其中一个题材，明确影片的核心思想，才有可能制作出理想的微电影。主题鲜明的微电影，观众在看完影片之后，不是云里雾里，而是有所思考。

2. 器材准备

要拍摄成功的电影，好的拍摄器材是最基础的保障，如果是企业制作微电影，在资金上一般不存在太大问题，可以购置较好的设备；如果是个人拍摄微电影，则应根据个人的实际能力来租赁器材，不仅要考虑到器材的性能，还要考虑到器材的租用成本问题。器材准备过程中，必须有专人跟踪负责，以免器材丢失或其他意外情况。

3. 进行拍摄

拍摄前，要安排好拍摄日期，选择好拍摄手段，才能保证拍摄过程更加顺畅，要对取景的地方进行事先踩点，一切按计划进行，不应临时抱佛脚，在拍摄中，要注意对于拍摄成本的有效控制，尽量避免海量采集，海量采集会增加后期剪辑的工作量和难度。

4. 后期制作

片子拍摄好后，要进行初剪、精剪、配音、配乐、字幕、特效等一系列的制作，可以尽量选用较为专业的非线性编辑工具，当然个人常用的 Premiere 等视频制作软件也可以实现影片的有效制作，在最终成片之前，往往会经过多道审片程序，以确保最终成片的质量。

8.5 微电影的营销特征

8.5.1 宣传软性化

微电影营销,不同于商业化的影视大片营销,也不同于大众言论的视频短片营销,它是介于两者之间的一种新媒体网络化的营销手段。对于企业来说,微电影营销多数是为企业而定的影视营销,这点与影视植入广告较为类似,但是微电影并没有采用传统广告那样生硬的宣传方式,而是采用了一种更加柔和的、融入故事本身叙事风格中,使观众在潜移默化中接受企业品牌的营销方式,微电影由于受到时间和资金限制,因此多以情节和创意制胜,而企业可以比较轻松而自然地将品牌信息融入到故事情节中,以通过故事主人公的"事与情"达到升华、突出表现或引发关注、情感共鸣等。

例如,在微电影《为爱冲动》(见图 8.6)中,MG 品牌的广告代理公司为全新 MG3 制定了整个上市传播策略,这一策略紧紧围绕着影片"为爱冲动"这一主题展

图 8.6 《为爱冲动》

开,影片中男女主角的个人魅力和浪漫曲折的故事情节使得越来越多的人关注起了 MG 品牌。还有,以《老男孩》为代表的科鲁兹"十一度青春"系列电影,收获了超过 1 亿的网络点击量;以《父亲》为代表的科鲁兹"青春感恩记"系列,则是一组关于"感谢"的深情表达。《父亲》这部微电影围绕父子、父女之间的故事,写下了"70 后"、"80 后"与父亲之间那种始终难以出口的爱,在影片及主题曲结束之际,雪佛兰科鲁兹 logo 及"未来为我而来"几个字出现,毫无做作痕迹,自然过渡,却深入人心,企业品牌在故事情节中得到升华。这样的营销方式,和传统的硬性广告相比,更加轻松自然地向观众传递了产品的信息。2011 年微电影行业数据分析显示,89.6%的受众是愿意接受微电影广告的,微电影以其特有的传播手段,开创了新的营销方式,为品牌传播提供了新的方式和空间。

8.5.2 成本低廉化

传统的广告多用于电视广告或电影植入等方面,其广告投放费用是所有媒介中最高的,在央视投放一分钟广告的费用就可能要上百万,而微电影在广告投放上的花费就很低,只需要简单上传到视频网站或自己的官网或交友网站上就可以了,大大缩减了广告的营销费用。此外,微电影营销还能够节约交易成本,交易成本的节约体现在企业和客户的两个方面。对于企业,尽管互联网需要企业有一定的投资,但是相比其他销售渠道,交易成本已经大幅降低,降低交易成本主要包括降低通信成本、促销成本和采购成本。对于客户,无须销售人员主动寻找客源,而是让客户主动"送上门",节约了人力资源以及成本。奥康鞋业就是通过微电影营销来降低运营成本的企业之一,对于奥康拍"微电影",奥康品牌推广部负责人表示,她更愿意把这种视频看作"病毒视频",它的最大特点是富有一定的情感诉求,能在短时间内激发人们积极的情感并达到一种共鸣。"我们不推广产品本身,只是传达一种精神、一种理念,诠释我们的品牌文化。"这种视频主要是针对年轻群体,因为他们更能接受这种营销形式,品牌可以以此达到品牌营销的目的,而在营销上她也表示微电影营销在广告投放上几乎没有产生任何费用,并且大大节约了人力、物力,和投放电视广告相比,不仅省去了广告投放费用,还节约了通信费、员工工资费用和代理广告公司的费用,企业只需要承担制作微电影的相关费用就可以了,大大降低了公司的营销成本。

8.5.3 传播便捷化

对于受众来说,微电影可以说是最为便捷的获取产品信息的渠道之一,微电影中有趣的创意会被受众不断转化和分享,而短小又有悬念的微电影更是能够吸引受众主动观看,而由受众撰写的微电影影评,进一步起到持续传播和强化品牌冲击的效果,从这一点说微电影营销有点类似于网络病毒营销。微电影营销是一种低成本、人性化的推广方式,避免推销员对消费者的干扰,并通过信息与互动的对话和消费者建立长期良好的关系。网络是一个活跃的信息传输通道,与存储传统的销售方式相比较,企业可以在网络上发布信息或者发送一封电子邮件广告,客户在家里可以询价或了解订购信息,实现双向互动完整的市场销售流程。网络互动性也表现在市场推广活动,市场单方面积极传播和实现偏转在网络与客户沟通和交流的双向互动,使推广效果更有效。微电影之所以有别于其他网络广告形式,就在于其互动性和传播的便捷性,内容必须能够充分调动网民的参与热情,使全民参与收藏、分享、讨论甚至是二次创作,进而释放微电影的影响力。如今,越来越多的微电视频频跳入网民视线,并成功演变为众网民乐于互动的话题。

8.5.4 广告电影化

微电影作为一种新的电影文化,能更好地诠释品牌理念,未来有可能实现广告与电影的融合,微电影有着明确的传播诉求点,诉求方式更加坦诚、自然、直接。无时间限制,情节完全可控等特征,也为创意提供了巨大的空间。可以通过先确定一个和当前品牌营销相关的故事基调,然后导演、编辑确定剧本,在情节、对白和道具中确定客户植入的内容。例如,知名鞋企匹克体育就为其品牌拍摄了微电影《灌篮高手三分扭转杯具》,这部影片刚上线,就引起业内轰动,单是在优酷网上,两天内就被点播了16万次,据了解,这已经是匹克第二次用轻片子这种新兴的法子来进行品牌营销了;其第一次尝试的《跑过死神的快递员》在网络上的点播量累计超越了800万次。而在多个月前,特陶卫浴的《马桶编年史》在短短10多天达到100万次的播放量,一个个成功范例正在告诉着我们,继硬广告、恶俗炒作之后,网络营销可能会迎来微电影营销时代。而广告电影化也日益成为了企业微电影营销的鲜明特征。

8.6 微电影的未来发展

8.6.1 内容为王,创意致胜

和传统电影相比,创意对于微电影来说显得更为重要,由于资金和人才的限制,微电影很难从规模和大场面上和传统电影竞争,但微电影偏重于巧妙的构思,微电影能够在短时间获取观众的注意并让观众产生持续收看的兴趣,在内容上其题材最好新鲜有趣,贴近生活和社会热点话题,适当采用较为诙谐的网络语言。随着观众审美趣味、欣赏水平的提高,微电影的深度也不容忽视,执导微电影《纵身一跃》的蔡康永曾经用震撼、提醒、讯息、启发四个词来概括微电影,如果微电影缺少一定的思考和人文关怀,那整部电影就有成为广告附庸的可能,失去思考的力量的微电影很有可能沦为庸俗娱乐。现在的微电影大都是噱头大于创意,但是好的微电影最重要的还是创意,比如佳能的微电影短片《Leave Me》,虽然没有明星出镜,但却用短小精悍的故事打动人心,虽然明星可能会增加影片的关注度,但微电影不应走"明星轰炸"的老套路,否则有可能带来受众的审美疲劳,只要题材新颖,形式灵活,制作精良,那么即使用新人也能取得较好的播出效果(见图 8.7)。

图 8.7 《Leave Me》

8.6.2 保证品质,打造品牌

在微电影的发展上,到底是走文艺片路线还是商业片路线已成为了一个争论不休的话题,这也可以看成是对微电影前景的一种审视。尤其在各大网站相继开辟微电影疆域的当下,微电影数量迅速增加,如何在保证品质的基础上适量地植入广告也成了网站和企业需要共同关注的问题,在商业价值最大化的基础上最大限度地提升微电影的品质和内涵,也成为微电影投资方和创作者需要共同思考的话题。微电影作为一种供大众消费的商品,就必须要创立自己的品牌,品牌效应也可以带来更长远的收益,比如在业界具有良好口碑的"优酷出品"、"奇艺出品"就成功打造了自己的微电影品牌而获得了业界的认可,同时借助明星人物,通过改编微小说、畅销书、名著等也可以形成品牌效应。此外,好的播放平台,也可以迅速打造微电影品牌,比如"V电影"网,就是目前国内一个最大、最文艺的微电影分享交流平台。该网站有顶尖的影评人、微电影制作人等,是文艺青年的聚集地。该网站实时不断地分享全球最新最好的微电影,并提供各种相关微电影拍摄教程,同时,定期会举行开放日活动,邀请著名影评人、电影人、电影爱好者一同探索微电影的奥秘。相对于国内众多的视频分享平台,"V电影"网的优势在于更加专注,专注于微电影领域,提供有风格有品位的观影体验,并因此吸引了大量忠实粉丝,在各大主流社区(豆瓣、微博、人人等)的官方账号都有庞大的粉丝群体,一部好的微电影很快就可以被许多人分享传播。微电影未来会有品牌化的趋势,而微电影是否能成功打造自己的品牌就显得极为关键。比如,贺岁片就是冯小刚的品牌,而思想性就是姜文的品牌。

8.6.3 丰富类型,培养人才

目前出品的微电影,多以恶搞、情感、剧情等类型为主,话题也多集中在爱情、亲情等方面,而微电影要想实现更为长远的发展,就需要在影片类型上进行更多尝试,纪录片、动画片、音乐片甚至包括公益微电影,院线电影番外篇等都可以成为微电影的题材和思路。比如由贾樟柯监制、联想集团出品的公益微电影《爱的联想》,就采用纪录片的手法,真实再现了联想公益计划支持的三个草根公益团队的成长历程和感人事迹,在传播为公益理念的同时,也塑造了企业的良好形象。而由网易打造的《雪花密扇》番外篇、《东成西就2011》番外篇等在创造高点击率和转发率的同时,更是给微电影创作提供一个新的思路。同时,微电影的创作需要源源不断的新人的加入,特别是品牌营销类微电影,要求创作人员兼具电影和广告两个领域的知识,对人才的要求更高。各大网站和企业也应通过电影大赛、影人计划、微电影节等平台发掘人才,培养微电影新人。

8.6.4 扩大传播,规模盈利

由于微电影时长的局限,要想收到最好的传播效果,在制作上可以借鉴美剧边拍边播的经验,采用预告片、正片、花絮相结合的方式来扩大传播效果。观众看到预告片的同时就可以产生兴趣和期待,同时也可以根据观众的反馈及时调整拍摄内容。在平台选择上,可以利用微博、人人等社交网站进行网络传播,可以鼓励网友转发,进行人际传播。微电影要实现规模盈利,就要走产业化的道路,使得获利方式更加多元化,除了依靠广告、点击率外,还可以开拓周边产品,微电影版权、艺人经纪、微电影节等获利渠道,同时,加强与影视公司的合作,实现自身资源的整合和优化配置。

第 9 章 独立纪录片

9.1 独立纪录片的相关介绍

9.1.1 什么是独立纪录片

中国的独立纪录片创作实际上是在中国特殊的体制下产生的一种纪录片创作形式,在这种体制下的纪录片创作具有一种独立的特性,是中国最缺乏的"独立"精神的突出体现。之所以被称为独立纪录片,说明其在独立性上远远区别于传统的纪录片,这种纪录片创作形式也因此独具特色,这种纪录片创作甚至也可以被认为是在两种截然不同体制下的纪录片创作。

首先说明一下中国式的"独立纪录片",大概包含两个方面的含义:一是跟官方电视台有所区别的;二是跟电影审查不沾边的(有的"纪录片"是奔电影市场的目标去做的,所以要拿到电影局去审查,希望能通过审查然后去上院线播放)。另外,如果还有高一点的要求,就是跟一些民俗的、动植物方面的以及科教、旅游等方面的影像区分开来。严格来讲,这种定义也不需要跟国外的一些电视台在中国"订制"的节目划清界限。

中国的独立纪录片人同样是一个特殊的群体,目前活跃在独立纪录片创作领域的电影人半数以上并非"专业出身",也就是说他们过去在大学里面所接受的教育是跟电影或者电视专业基本上无关的。在这些人里面,每个人的背景不尽相同。有可能有几个方面背景的人是比较引人注意的,除了一些本来就是学电影的以外(学电影里面,可能包括导演、编剧、制作、摄影、电影美术、电影文学等专业的),也包括有美术背景的(广义的包括学油画、国画、雕刻、设计、非纯电影意识上的影像等专业的)、学院背景的(读博士的、当教师的、从事学校的行政等工作的),以及新闻工作者、诗人或者作家等,不一而足。

每个人的资金来源同样有差异。每个人获得制作纪录片的资金的途径与来源可能都是不一样的。但是当他们制作第一部电影的时候,则可能有着同样的经历:自己花钱花时间,或者借钱花时间,或者借设备花时间。总的来说,更多的是个人出资的形式,而且所花的时间是无法按照劳动报酬来支付的。很多人在做纪录片之前可能是自由职业者或者自由艺术家,也可能是在某些单位上班的员工。但是一旦加入独立制片的领域,他们无一例外地都必须成为"自由人",这对许多人来说可能是意味着失去一份稳定的工作。对于刚刚认定一个稳定收入的职业是非常重要的中国人来说,这样一个选择是十分危险的,常常也得不到家人的支持和理解。

再进一步地说,即使第一个影片比较成功——这种成绩一般来说几乎不含任何的商业成分,更多的收获则是能参加一些比较重要的国际电影节,最好是竞赛型的而且能获得一些奖项——那么导演制作新的影片就可能获得一些经济上的支持。少量的资金支持可能是来自国内的一些制作公司,虽然这样慷慨解囊的公司目前还比较少,也可能因为创作的精神和艺术的魅力得到的一些国际上的基金会或者类似机构的支持。但是,总的来说支持的渠道和金额都会很少,而且基本不会有官方电视台的支持。因此,普通大众性质的 DV 创作者在一开始就期待从别处获得资金支持,那简直就是异想天开。

多数独立纪录片的直接资金投入不会超过十万元人民币,据说甚至可以降低到几百元以下。一般来说,资金投入主要用于这样一些方面:设备的购买包括摄影机、刻录机、计算机等,现在购买摄影机大多数的人可能是选择 HDV 了,而几年前最经典的设备是索尼的 150P。另外资金稍微宽裕的是一台苹果计算机,目前 Macbook 之类的已经完全可以支持这方面的剪辑了,而且非常的便携。

当然,除此之外还需要必要的差旅费,除非离拍摄对象非常近,否则这可能还是一项比较大的支出。另外就是住宿和吃饭的费用。少量的导演会支付被拍摄对象一些费用,多数的可能靠的只是说服,或者其他的让被拍摄者同意在影片中出现等附加条件。比如去拍摄拆迁事件时,被拆迁户几乎都是欢迎有摄影机的介入的。独立制作的 DV 创作者则均需要自己承担所有的费用。

2000 年前,在中国放映独立电影是非常稀少和零星的。2000 年以后逐渐开始了一些民间放映和影展,有的一直坚持到现在。最近两年来,影展之外的放映开始活跃起来。但是,受公众关注的程度可能还比不上 2000 年前后。

9.1.2 独立纪录片的意义

在电影审查和新闻审查制度下,独立纪录片的发行空间是非常狭隘的。以前主要是音像的渠道(从 VCD 到 DVD),现在增加了互联网视频的发行,但是互联网比起音像的监管来说,其严厉程度有增无减。因为互联网目前受到的控制更加的严格,投资互联网的都是大型资本,他们不愿意为了"独立纪录片"这样一个小小市场而损害他们的大市场。而音像市场则比较的传统和零碎,小规模的民间发行能够在一定的空间内生存。这种空间容纳了独立电影、独立音乐、地下文学刊物和诗刊等,几乎是一个非常丰富的地下世界。中国发行独立电影的音像公司其实也非常少。其中半数以上都属于某个小型工作室所为。

尽管如此,独立纪录片的意义仍然有以下几个:(1)坚持独立、自由的文化精神。独立纪录片创作者们一直在追寻"独立"的道路上做着不断探索,独立纪录片以自由的思想、飘逸的灵感和对现实的深刻剖析让人印象深刻,在此基础上已演变成了一种文化符号,寄予了独立纪录片创作者追求独立、向往自由的精神追求。这种精神已成为了这些创作者所标榜的一种特质,从而形成了这类团体的共同特征。(2)继续着理念和信念上的追求。独立纪录片创作者们不简单把纪录片创作作为一种艺术创作行为,而是把纪录片创作当成了自己在理念和信念上的追求。他们在纪录片创作中寄托着自己的人生思考和生活体会,并将纪录片创作变成了一种发泄的渠道。在独立纪录片中他们将自己的内心和外界生活完美打通,外界生活成了他们创作的素材,而他们的纪录片中也反映着对人生的思索。(3)中国的独立纪录片的生存和发展还在继续摸索和探寻。中国独立纪录片的生存和发展仍然面临着诸多挑战,在商业化影片的冲击下,独立纪录片小制作、低成本、差画质的弱点暴露无遗,因此在多数情况下中国独立纪录片往往是一种非营利性的纪录片形式。这些特点束缚了独立纪录片的发展,制约了独立纪录片的表意空间。因此在日益激烈的市场竞争中独立纪录片找准定位,落实投入,才能够获得生存和发展。但从这三点来看无论是哪种意义上的实现,从事独立的 DV 纪录片的事业都是很了不起的壮举。

9.1.3 重大事件回放及影响

(1) 1976 年,胜利发布 VHS 格式摄像机,标志着家用摄像机时代的雏形初现,VHS 是指摄像机所使用存储介质为宽 12.65 毫米的磁带。相比之前的专业领域才具有的大型摄像系统,VHS 体积小、功能简化,它是 Video Home System 的简化命名,使得视频影像民用化的概念得以推广。

(2) 几年后,胜利提升摄像机清晰度,学超人那样给 VHS 胸前加了个 S。S-VHS 意为超级家用录像系统。

(3) 超人在 1982 年被升级为 2.0,缩小磁带规格,改名称为 VHS-C。

(4) 索尼在 20 世纪 80 年代末发布 8 毫米格式录像带,减小了体积还提高了音质。

(5) DV 机 1995 年正式诞生,采用 Mini DV 带记录数字信号。

(6) 手持 DV 机问世,索尼与松下争夺发明权,其实谁先谁后并不重要了。

(7) 百万像素摄像机于 1999 年由索尼发布,DCR-PC110 带来以高像素补偿噪点和实现防抖的概念,同年的概念还有触摸屏。

(8) 2001 年,蓝牙网络、数码相机、闪光灯进入 DV 机器之内。

(9) HDV 的标准于 2003 年正式对外宣布。佳能、夏普、索尼、胜利开发出高质量、高清晰、媲美电影影像的摄像机。这就是高清时代的宣言。

(10) 2004 年胜利发布硬盘储存方式。

……

截至目前,DV 摄像机的功能越发完善,像素越来越高,储存的介质容量也越来越大,各种增值功能也得到了不断的开发运用,DV 机的性价比依然很高,高度专业的特性进一步得以体现。

关于高清 DV 的发展状况,还有更多的细节性演变,此处就不一一介绍了。

9.2 独立纪录片的价值

9.2.1 现实价值

近年来,我国的社会矛盾在微观层面表现得越来越明显,关于就业的、婚姻的、贫富差距的各个方面,可用于记录和传播的题材越来越易于获得和再现,独立纪录片的现实价值逐渐趋向于有利于 DV 创作者一方。独立纪录片本身并不需要通过传统的电视媒体的渠道来加以再现,而是更多通过网站等新媒体平台来加以展现。因此在题材创作上独立纪录片受到的束缚更小,具有更多元的选择。独立纪录片的固有特征使得独立纪录片独具风格和特色,在这些纪录片之中个体的生存状态被创作者们"平等"地记录了,家庭命运、个人际遇、微观历史都格外受到纪录片创作者的关注,作者有时也会将这些普通人的生存状态直接参与到宏大事件的叙事之中。在这些独立纪录片创作方面最具有代表性的是王兵的《铁西区》,以及李一凡和鄢雨的《淹没》等。宏大的主题,反过来包裹起个人在时代之路上孱弱的躯体,使得个人的命运化身成为时代的命运,在这些纪录片当中可记录和可创作的素材比任何时候都更加方便和丰富。而且由于网络传播方式的便捷性与迅速性,越来越多的人会更加方便地从网络上获取相关信息,因此也有可能获得最大的传播效果,使得人们更快捷地接受独立纪录片这种数字影像形式,我们也相信独立纪录片的现实价值在不久的将来也会更加突出。

9.2.2 历史价值

今天的时事新闻就是明天的历史故事。关于现实中的任何有意义的事情,只要独立纪录片创作者有一双善于发现和捕捉的眼光,它就极有可能成为明天值得大谈而谈的历史话题。独立纪录片创作本身就可能成为一种崇高的事业,成为一段历史的忠诚记录者。独立纪录片创作者们把历史书写到纪录片作品当中,有的通过纪录片还原一段历史,如庄孔韶的《虎日》等。《虎日》这部片子就描述了小凉山彝族虎日仪式过程,从而重塑了一段历史。由于地处云南,小凉山常常有毒贩经过,当地彝族人就能很容易地接触到毒品,从而带来了族内人吸毒的严重问题。影片成功地将神圣的宗教仪式与戒毒问题很好地联系起来,并且得到了很高的戒毒成功率。这部反映彝族历史的人类学纪录片就突出表现了独立纪录片本身的历史价值。

而且,有关影视的历史价值绝不局限于大事件和有深远影响力的事件,真正能反映历史特征的往往由细微的小事组成,越细微的事情越能反映出历史的真实性。这是独立纪录片创作者既能回避政策局限又能发挥才能的有效办法。独立纪录片导演周浩拍摄了8年的《棉花》就聚焦棉花产业链,通过拍摄河南打工者在新疆工作的工厂和居住地等,展现了采棉工生活的不易。而由上海SMG制作、首部全4K拍摄的纪录片《迁动人心》就细致地讲述了上海旧城区改造的过程。八一电影制片厂最新创作完成的纪录片《守望者》就讲述了在祖国西北部的巴丹吉林大漠腹地上被誉为"铁路守护天使"的"铁四连"的官兵们的故事。

9.2.3 文艺价值

在现代社会里,由于信息的便捷和人们的快节奏生活,很多有价值的瞬间在当前并不被重视。挖掘其中极具文化和艺术的部分并留存下来,其价值正是独立纪录片的目标所在。特别是本身就具有文化和艺术内涵的题材,在记录并留存下来之后,经历的时间越是久远,就越能显露出它的人文和历史上特殊的价值。特别是一些文艺题材的纪录片,其完美的剧情和浪漫的表达让人感到其中深厚的文艺底蕴,这些特质对于独立纪录片的创作显得更为重要。《圆明园的艺术家》就是这样一部稍具文艺气息的纪录片。这部片子讲述的是在1995年之前的几年中,北京西郊靠近圆明园的村落中陆续出现来自全国各地的一些追求自由创作的青年艺术家。但随后政府却毫不费力地就把住在村落的近百名艺术家和他们的孩子们一起赶走了。本片记录了这个春天,以及春天以后这些艺术家们在冬天的故事,片子文艺气息浓厚,具有较高的文艺价值。

9.2.4 商业价值

通常来说,目前的电视剧、电影流行置入式广告与赞助商冠名,在我们的纪录片或者单纯的数字影像里同样可以做到。而且,只要水准足够,吸引力足够,独立纪录片可以做到更加隐蔽和高超,使得二者之间相得益彰、互为有价值的整体。独立纪录片要想实现商业价值,关键是要在自身质量上过关,使得可以凭借自身的质量吸引到足够的注意力,从而获得广告商的关注。借助置入式广告与赞助商冠名,将注意力资源转化为实际的收入,从而获得收益。同时对于独立纪录片来说题材也十分关键。有一部独立纪录片的剧情是:住在湖南偏僻乡村的刘老太,自幼爱饲养畜禽,68岁那年(1997年)她从县里的集市上买了一头23斤的小猪饲养。谁知这头小猪第一年就长到了800多斤,第二年又长到了1300多斤。大猪远近闻名了,刘老太也跟着出了名。慢慢地这头猪长到了2000多斤,刘老太更是喜不自禁。但是一连串的问题也出现了,大猪每天40多斤的饲料怎么解决?自己的身体还能盯得住吗?这么老的猪还能卖出去吗?到了2003年,大猪7岁,刘老太74岁,大猪每天还在吃,每天还在长,刘老太陷入了深深的困境……。这部片子因为其独特的创意和较高的画面水准吸引了广告商的注意,因此也获得了不错的广告收入,但是广告收入并没有影响到这部纪录片的独立记录的精神,因为这部纪录片的剧情里其实并不涉及任何广告元素。独立纪录片里有广告并不影响它任何一方面的属性,独立的创作精神不会变,记录生活与真实的属性更加不会改变。而且,拍摄机器仅仅作为工具而言,如何使用就更加无所谓了。

9.3 独立纪录片的特性

9.3.1 创作独立性

此处的独立性是指不依靠国家体制内的扶持和直接帮助,而实现纪录片的发行的运营。其含义更加体现在创作的思想和独立自由的运作,均保持着独特的特性。

独立性还可以表现为整个片子的拍摄、制作、后期处理都出自一个人的思想与思维,并不是多个人或多个思维的拼凑、组合。在很多独立纪录片中,我们往往看见不受束缚的个人思维的独特性和创造性。北京顺义区杨镇地区沙子营村的农民邵玉珍就自己创作了一部纪录片《我拍我的村子》,她拍摄的不过是平淡无奇的农村日常生活片段。在她拍摄的时候就有村民表示质疑,比如她拍别人"盖房子",房子主人就很不理解,"盖房子有啥好拍的?"甚至不愿意让她拍摄,但她巧妙地和房主拉起了家常,顺利完成了拍摄。这样一部个人完成的纪录片最终竟然获了当年村民 DV 计划的一等奖。记者曾经不解地问邵玉珍为什么要拍这样一部片子。邵玉珍说自己是农民的一员,最了解农民,因此能站在平等的视角上进行拍摄,最大限度地还原农民的生活,而以往的纪录片拍摄却是居高临下的,农民的真正声音往往被忽略。个人思维的独特性和创造性在独立纪录片创作中得到了完美的诠释。

9.3.2 视角独特性

纪录片区别于一般的商业片或者电影、小电影、微电影之类的影像作品,最大的特征既不是人云亦云,也不是标新立异,从自我和小众的角度出发,从微观的层面引出值得深思的主题和内涵,即独特性来源于深度的挖掘和差异化的视野。

康健宁的作品《阴阳》就记录宁夏西北地区一个连年干旱的村子发生的故事,这部片子以村民"阴阳先生"为焦点,记录了他们打井抗旱、结婚、过节、农事以及村民之间的日常生活纠纷等。这部片子完美地还原了当地农民生活的细节,同时又融入了作者对这个村子村民生活的忧虑。王芬的《不止快乐一个》记录了亲人的日常生活片段,但却从中发掘了亲人们日常交流的冷漠和弱势群体话语权的缺失,看似松散的片段里却有无限的感伤。杨天乙的《老头》通过真实记录一群老头的日常生活,从中让我们了解了当代中国老年人的生存状态,从而吸引着越来越多的人对这样一个特殊群体的关注。

9.3.3 立意现实性

独立纪录片创作者都知道,每个作品的立意均不会大幅度地超出现实性的属性约束,纪录片的本质含义之一就是基于现实的创作和再现,而且是尽可能地以写实的手法表现文化与艺术的境界,其他的手法也是为更加出色地衬托现实与生活的本质属性。纪录片《我,我们》就是一部记录现实的散文风格的纪录片。片子以轻松的风格记录身为艺员经纪人的"我"的所思所想。《群众演员——包荷花》大胆突破平和叙述风格,作者朱传明以大量窥私镜头拍下了包荷花等群众演员在北影内外的生活,真实还原了群众演员在北影的生活状态。此外,《夏青的故事》通过对一个艾滋病患者命运的记录唤起人们对这类人群现状的关注,给人以凝重质朴的感觉。这类纪录片均是在现实基础上加以记录和再现,通过挖掘题材本身的闪光点最大程度实现文化和艺术的融合。

9.3.4 坚持理性写意

在独立纪录片创作上,应特别注意主题和题材的需要,纪录片仍然需要适度的写意成分作为主体的补充,但均会在理性和冷静思考的范围内合理进行调配,既能使纪录片提高效果和意境,又不使之丧失基于现实的真实特质。焦波的《俺爹俺娘》描述在山东省淄博市东南山区一个叫天津湾的小村里住着的拍摄者焦波的爹娘。夫妻俩相濡以沫,共同生活了72年,焦波把镜头对准自己的爹娘,记录他俩的生活片段,编织了一段世纪老人平平常常却动人的故事。孙宪的《2003:老衰的冬季》主要展示了天鹅卫士袁学顺在对天鹅的保护和救助中付出的种种艰辛和努力,揭示人们对于环保意识的逐步增强。在这些纪录片中我们不仅感受到了作者理性和冷静的独立思考,同时又不脱离我们日常生活的体验。

9.4 独立 DV 纪录片的前景分析

9.4.1 个人 DV 纪录片制作前景

随着我国文化政策的逐步开放和文化环境上的宽容,个人的 DV 创作前景是无限巨大的,但问题是仍然需要因人而异,那就是创作的才能和天分,以及执着的信念和灵魂的理念。在现有文化环境中,最大限度地发挥个人的价值,仍然需要人们去感知和理解创作者。一些极具天赋和潜力的创作者的作品往往会给我们带来独特的艺术体验,但我们仍然需要去感知和理解这种创作文化的独特性和内涵,由于人与人之间的差异,人们对于作品的评价也往往产生巨大的分歧,对于年轻的中国独立纪录片,我们应该去宽容和理解,并且保护这些天才的创作者们。

9.4.2 DV 纪录片主流化发展趋势

由于 DV 机器的进一步优化,其性价比势必更高,便携性必定更好。主流影视能干的事,独立纪录片的创作者也能逐步地做到,主流媒体和独立创作者开始融合共生是难免的事情。独立纪录片创作者们的机器越来越好,越来越接近主流媒体的硬件水准,再加上有些创作者们奇妙的构思和独立的思考,主流媒体和独立创作者的融合并不是一件不可能实现的事情,或许某一天独立纪录片会成为一种主流的影视形态。

9.4.3 草根与主流的整合

两者的融合可能会体现在分工合作上面,一方提供小众化的制作和来之不易的纪实素材,另一方提供平台和更加专业的商业运作。"草根"影视和"主流"影视各具优势,两者的融合将开创独特的表意空间,也必将完全开拓独立纪录片的意境和内涵。"草根"能做的也许"主流"做不了,而"主流"也往往比"草根"拥有更多的资源,我们期待未来"草根"和"主流"将实现更完美的融合。

9.4.4 DV 纪录片的综合发展

独立纪录片是对中国状况最为现实、直接、逼真的反映,因而成为了一种具有创新精神的纪录片形式。因而当民众遇到这样的作品的时候,其兴奋程度是可以预期的。当然也不排除更多人的麻木,对这些揭露中国现状的纪录片不屑一顾。

随着我国社会的整体进步与政治的日益开明,更多的人乐意生活在积极参与和互动的氛围之中。有人害怕复杂的环境变化,有人担心矛盾的表现手法受到限制,但这些都不是真正的问题,因为国家和民族始终处于一个激昂前进的步伐之中,虽然有不如意之处,但前方的路总是光明的,总是富有希望的。

也正是这种戏剧性的背景,更强烈地促发了新的独立纪录片工作者的创作激情。我们身边处处都有矛盾,而这些矛盾又一一得到解决,正符合了马克思主义哲学所言的"时时有矛盾,处处有矛盾,矛盾的不断解决就推动了事物的进步发展",而影视作品需要的就是矛盾,否则就如一摊死水了无生气。

在矛盾中不断进步,在解决矛盾中不断实现艺术的进步和升华,这就是我们国家所有独立DV纪录片创作的前景和希望所在。

第10章 网络剧

10.1 网络剧的定义

网络剧是观众可以通过互联网进行观看的一个随着新媒体发展而产生的全新影视剧种。

国内对网络剧的定义有许多种,其中,对于什么形式的作品才能算作网络剧存在一些分歧。青年学者刘扬提出:"网络剧是利用摄影机、摄像机、录音机和其他视、音频摄制设备拍摄录制的,模仿电视剧或电影的一般本体美学特征,以视听元素和剧作手段为其形式,以展现故事和塑造人物为其内容,以网络作为首要传播渠道,符合网络的传播方式和受众的观看方式的特定视听节目形态。"[1]电影学者王志敏则这样定位:"网络剧是电影的衍生品,只不过是电影六种形态(银幕电影、电视电影、网络电影、电视剧、网络剧、电影剧)中的一种而已。"[2]

百度上对网络剧的定义是:"专门为电脑网络制作的,通过互联网播放的一类网络连续剧,是随着互联网发展产生的。与传统电视剧的区别主要是媒介,是以电脑网络为媒介的剧种。"当今的网络已经不仅仅是电脑终端那么简单,大量的手机用户也习惯于直接使用手机客户端进行电视电影的观看。

本书对于网络剧的定义更接近于:用数字视频技术编辑制作,依托互联网这一全新的互动式的传播媒介传送,在互联网上放送的电影电视节目。

---

[1] 刘扬.新媒体语境下的网络影视剧传播与本体美学特征[J].民族艺术研究,2010(5):160-164.
[2] 王志敏.电影学:基本理论与宏观叙述[M].北京:中国电影出版社,2002.

首先，网络剧是以网络为播放媒介，在互联网上首先播出；同时，采用边拍边播的方式，使得网民能够及时地通过互联网实时进行交流。网络剧的每集时间较短、制作成本较低廉、制作周期短、多有植入广告并获得收益。[①]多媒体制作、数字摄录技术、非线性编辑技术等影视多媒体计算机技术的广泛应用作为技术支持，推动了网络剧的飞速发展。

影视视频制作逐步由专业化影视机构的制作，转向个人化和普及化的阶段，使每个人可以拿起手中的摄录设备，记录下生活的点滴和对社会的感悟，并通过互联网的传播与他人分享。特别是第三代移动通信技术（3G）的出现与发展，使除了电脑外，其他新媒体（如手机、掌上电脑等）可以快速接收处理图像、音乐、视频流等媒体信息；另外，Web 2.0 网络互动平台，能够将一部影视作品的影响力通过点播、上传下载、互动观看等操作方式发挥到最大。所有这些为网络剧的出现和发展提供了硬件基础。

而"网络剧"的概念是由美国 NBC 电视台率先提出的，NBC 率先尝试制作并播放迷你网络剧集。刚开始，NBC 拍摄网络迷你剧的目的仅仅是为了用在传统的连载电视剧的冬歇期间，填补长篇电视剧网络播放的空白，结果收到了出乎意料的好效果，一举两得。

10.2　网络剧的特点

10.2.1　网络剧的传播特点

1. 网络剧的传播自由化

网络剧的收看途径多样化，契合年轻人快节奏的生活状态。

网络剧通过互联网进行传播，登录视频网站的视频资源，受众可以随时点播进行观看。每部网络剧的更新时间是固定的，收看时间却相对自由，受众可以根据自身需求自由安排。

随着科学技术的进步，以及"一云多屏"等技术的推广，视频网站开始推广在手

---

① 黄宝贤.中国网络剧的叙事艺术研究[D].南京：南京艺术学院，2011.

机、平板上可以使用的客户端。即使受众无法在个人电脑面前登录网页，也可以使用手机、平板电脑等电子设备连接互联网进行收看。

在快节奏的生活中，便利程度远远超过收看传统电视和影视作品的网络剧，更加契合现代年轻人的生活节奏，受到了年轻人的追捧。

2. 网络剧传播的互动性

互联网上，用户可以快速地分享自己的想法，同时，在收看电视作品的时候，观众也可以直接将自己的想法通过网络反馈给网络剧的制作方，甚至可以影响网络剧的内容走向。与网络剧和传统的观众被动地接受传统电视剧和电影作品完全不同的是，观众可以主动地影响网络剧的进程，产生强烈的参与感。

由优酷出品制作的动画网络剧《泡芙小姐》在网络平台上播放之后引起了观众的追捧。《泡芙小姐》的制作班底在腾讯微博上开设了以"泡芙小姐"为名字的微博，全面打造"泡芙小姐"这一动画人物的人格化形象。观众可以通过这一微博平台向原创人员发出自己的看法，观众对《泡芙小姐》的意见甚至会影响到剧情的走向。

同时，通过微博、微信等社交媒体，观众们可以彼此之间交流对同一部作品的看法，起到对网络剧的推广作用。

《泡芙小姐》的腾讯微博页面就可以在受众之间相互分享、扩大宣传。各大视频网站在网络剧作品的播放页面也会开设网友交流的专区，这些专区类似于一个个主题明确的 BBS，方便网友们及时交流对各个网络视频的观感。一个个小版块满足了观众们的交流欲望，使观影感受更加丰富，看网络剧已经不单纯是一个人的事情。

观众们不出门也能够享受和友人一起看片、一起交流的快感。网络的匿名性使得彼此间的交流更加流畅和真实，观众们通过随心所欲的交流和沟通，能够暂时性获得虚拟性的解脱。

10.2.2 网络剧的台本特点

短小精悍的网络剧的放送过程也相对自由。优酷出品的《万万没想到》（见图10.1）系列在网络上引起巨大反响。于是，在完结篇之后，制作组又在春节期间和电视台合作，制作了春节特别剧集，并同样受到了观众的喜欢，不仅收获了网络观众的好评，也通过电视台扩大了自己的受众。这种方式也是由网络剧的制作费用低廉、剧情简单以及播放时间短等特点决定的。

1. 网络剧台本的碎片化特质

网络剧通过互联网传播,面对的受众年龄较轻,生活压力大同时节奏较快。为了迎合观众的需求,网络剧的剧情大约可以总结为以下5个特点:(1)剧情短小,播放节奏快;(2)内容幽默搞笑,情节紧凑;(3)播放时间自由;(4)收看地点限制小;(5)内容变化限制相对小。相对于故事情节复杂、节奏缓慢的传统电视连续剧和电影而言,网络剧的故事情节简单、单一,基本上每集讲一个故事,故事和故事之间关联性小,叙事呈现出碎片化。——"碎片化"是这些特点的共同之处。

图 10.1 《万万没想到》

网络剧追求简单、采用碎片化表现手段,主要是因为网络剧在播放时间上限制多,追求简短,所以剧情上不能跟受众娓娓道来。于是,网络剧的创作者避免在剧情上制造复杂的人物关系,避免安排变幻不定的场所,使得情节设置上尽量紧凑,力求在短时间内呈现矛盾冲突并且达到高潮。

每集5分钟的《苏菲日记》、每集10分钟的《嘻哈四重奏》都因为其简单有趣、内容精悍同时节奏紧凑的特点获得了年轻人的追捧。碎片化是描述当前中国社会传播语境的一个形象性的说法。在快节奏的城市生活中,情节简单、节奏紧凑、内容有趣的网络剧能够满足大部分都市人的需求。

近来在网络上火热播放的《屌丝男士》(见图10.2)从德国的喜剧电视剧《屌丝女士》得到灵感,由搜狐视频投资拍摄,至今已经拍摄到了第三季。《屌丝男士》的每集故事都是由几个毫无关系的小故事组成的,为了追求纯粹的"笑果"而放弃了剧本创作所遵循的一些传统创作原则。这些创新之处更加符合现代人的观影需求。

图10.2 《屌丝男士》

2. 网络剧台本的娱乐性特质

无论播放形式怎么创新，如果一部作品的内容空洞，始终不能长期地吸引住观众。网络剧的创作注重台词、情节贴合年轻人的实际生活，力求真实贴近时下最流行的生活、语言形态；最新的社会事件、娱乐新闻甚至政治信息在网络剧中，都会以诙谐搞笑的形式融合在剧情和台词中展现给观众。

广电总局对电视剧内容的控制相当严格，相反的是，国家对网络剧剧本内容的审核则相对放松，互联网上传播的时评相对宽松的言论尺度让创作者空间更大，网络剧和传统电视作品也走向了不同的道路，双方相互弥补，各有特点。网络剧中，开放的言论和随性的态度也得到了年轻网民的喜欢。网络剧对社会热点问题的开放讨论、对敏感问题的善意恶搞引起了观众的强烈共鸣。第一部引起全社会关注的网络恶搞作品《一个馒头引发的血案》就是最好的例子。胡戈抓住电影《无极》中的片段进行吐槽、恶搞，他准确抓住观众心理，成功地将"大片"《无极》洗成了一部大烂片。但《一个馒头引发的血案》更像是一部网络短片，和播放有连续性的网络剧仍然有所区别。

搜狐视频出品的脱口秀《大鹏嘚吧嘚》是一档以嘲讽时下最热门新闻为生存方式的作品。主持人大鹏在节目中极尽搞笑之能事，放开言论对时事进行犀利点评，不掺杂官方媒体与生俱来的限制，引得观众会心一笑。在《大鹏嘚吧嘚》成功抓住观众目光之后，该脱口秀的主持人主演了网络剧作品《屌丝男士》获得了成功。《屌丝男士》利用了时下流行"屌丝"一词吸引了大量观众的目光，内容是将时下大龄单身青年真实生活搞笑再现，剧情里充满了年轻人间最热门的段子和故事，第一集通过网络放送之后反响空前，爆笑的剧情引得网友疯转。

网络构建着网民群体对网络时代即兴表达的共同话语。网络是一个非集权型性、反中心化的自由空间，所以它的叙事不是严密体系中的宏大叙事，而是一种对网络时代网民群体生存状态的碎片化、凡俗化叙事。① 生存在互联网中的网络剧与生俱来的自由是传统媒体无法比拟的。

10.2.3　网络剧的传播效果研究分析

选择收看网络剧的观众大都是为了缓解快节奏生活的压力并得到精神上的放松。收看时下流行的网络剧也能获得和同龄人交流的谈资。

一部网络剧通过互联网传播之后能够被更多的观众接受并喜欢就是成功。一

---

① Zoonen V L. 女性主义媒介研究[M]. 曹晋，曹茂，译. 桂林：广西师范大学出版社，2007.

部网络剧是否得到了足够多人的关注,就是这部作品传播效果好坏的衡量标准。

  网络的互动性特征直接影响了受众的使用感受的同时,也对网络剧的推广和进一步传播产生了促进作用。观众间的交流和分享,使得网络剧的传播效果增强,同时帮助网络剧增强了推广力度。当今社会,社交网络逐渐成为在线视频流量的重要入口。① 人际传播在媒体的传播中的作用尤其是在网络媒体间远远大于传统媒体。"口口相传"的形式虽然已经改变为屏屏相传,但本质没有变化。视频浏览页面的显著位置大都添加了社交网站的链接,让浏览者与好友快速分享剧情内容;设置"顶"、"赞"等按钮,直接显示了观众的评价以及推荐。视频网站资源通过在社交媒体上的铺展和整合,促成了网站与观众、网站之间以及观众彼此之间的无障碍沟通,为网络剧的营销信息投递赢得"广播效应",又极大增进了观众的参与感和口口相传效应,促成了访问量与分享量的不断攀升。② "成为谈资"在网络剧作的特征中占有很重要的位置,网络剧剧本创作的风格走向也因此被影响。

  网络剧受众的平均年龄偏低,这部分受众感兴趣的内容决定了网络剧中大部分的作品都以轻松幽默的方式关注生活、贴近现实同时幽默搞笑。很多讲述年轻人生活的网络剧,通过一个个和网络剧观众相似经历的故事,帮助他们认知自己的情绪、心理和行为,又为他们提供解决社会问题的参考。因此网络剧在剧情设定上必须考虑受众对象,以符合年轻人的审美要求。网络剧叙事加入了观众想要的信息和感官刺激。故事的许多元素和效果常常是网友喜欢的,在网上流行甚广的,甚至是通过互动反馈提出建议直接加进去的,这就是一场一场属于观众们自己的狂欢。在关于网络剧的贴吧论坛或互动网站上,大家讨论之声沸沸扬扬、热情高涨,网络剧就是这样的一个消费平台,只要你喜欢网络剧,就可以参与进来,消费这道视觉大餐,这是一种网络社会消费文化下的全民狂欢。国家对通过互联网传播的影视作品以及电视作品的管制远没有传统媒介的严格,限制相对小得多。各种类型的网络剧可以满足不同年龄段、不同喜好的人们的需求。网络剧受众们可以在他们想要放松的任何时候收看网络剧。随着网络剧的受众人数的激增,越来越多的专业制作团队也加入到了网络剧的制作中,网络剧的整体制作水平也不断地提高着。网络剧的"网民参与度高"、"互动性强"、"观众基础"等优势在三网融合的大背景下更得到了进一步的夯实。手机流媒体技术的发展和移动接收设备的不断更

---

① 刘兰兰. Netflix:如日中天,如履薄冰[EB/OL]. (2012-01-05)[2014-6-10]. http://m. sarft. net/a/44893. aspx.

② 周云倩. 网络自制剧 4C 营销的"奇与正":美剧《纸牌屋》的亮点和启示[J]. 青年记者,2013(31):96-97.

新,正在改变着现代人的生活方式,吸引越来越多的人通过网络视频接收的方式观看影视剧集,网络剧的观众群体正在不断壮大。①

葡萄牙人创作的《苏菲日记》(见图10.3)被多国翻拍后,在2008年12月由华索影视数字制作公司制作完成,并在网络上和观众们见面。到2009年2月中旬,它已经拥有了1530万的点击量。播出十周累计点击率就超过2100万。美国的《剧艺报》周刊在2009年2月19日一期报道网络互动剧《苏菲日记》吸引中国青少年,在中国走红的情况——"互动式节目目前在中国电视市场非常红火,十几岁的青少年正一窝蜂地观看《苏菲日记》,这是葡萄牙网络互动剧《苏菲日记》的中国版本。""这里有近三亿网民,青少年用手机交谈或发短信的时间似乎比面对面交流的时间还要长。"②这部剧以一个叫苏菲的北京女孩为主角,向

图10.3 《苏菲日记》

观众展示了真实而充满快乐的校园生活——刚萌芽的美好爱情,朋友间宝贵的感情,更是加入了当时年轻人中最流行最能引起共鸣的话题。《苏菲日记》每周播出一集,每星期由观众在网上投票帮助苏菲解决上一集留下的问题,决定下一集该怎样做,投票的结果会融入下一集的剧情中。观众还可以通过博客、网上评论、短信等方式进行互动。这部网络互动剧引发了一股中国网络剧的拍摄、讨论及围观热潮。关注度的提升就会带来利益,加上网络剧制作周期短、成本低、广告植入回报率高、市场前景大等特点,继《苏菲日记》之后中国网络剧进入了快速发展的阶段。③

---

① 李娜.中国网络剧发展的推力脉象[J].科学咨询:科技·管理,2011(9):108-109.
② 华莱士·马丁.当代叙事学[M].伍晓明,译.北京:北京大学出版社,2005.
③ 黄宝贤.中国网络剧的叙事艺术研究[D].南京:南京艺术学院,2011.

10.3 网络剧的发展和现状分析

10.3.1 网络剧的石器时代

从1995年世界上第一部网络剧《地点》拍摄完成至今,网络剧的发展也只有不到20年的时间。《地点》网络剧以家庭主妇为主要收看对象,是一部讲述了七名年轻人经历的生活剧,是由专业的摄影团队和演员合作拍摄完成的。和一般电视剧不同的是,《地点》主要针对的是互联网的使用者,准确地说,《地点》应该是一部电脑连续剧。

按照本书对于网络剧的定义,2000年我国出现的第一部真正意义上的网络视频作品——《原色》。相比于一些网络播放的电视剧作品,《原色》更像是一部五位大学生自娱自乐的具有玩票性质的作品。《原色》的导演、编剧、演员甚至后期工作都完全由这五位吉林大学生完成。即使是国内首次尝试的网络剧,即使是由几名普通大学生合作创作的草根作品,《原色》也丝毫没有失去身为网络剧的特点——《原色》的结局就有两个——董明和刘迪菲见或不见,全由观众选择。

第一部在我国引起较大反响的网络作品当属胡戈在2005年制作的《一个馒头引发的血案》。这部网络影视作品,一如《原色》是一部极具个人特色的作品。虽然《一个馒头引发的血案》中的镜头鲜有原创,借用《中国法治报道》的节目形式,恶搞了电影《无极》,但内容诙谐搞笑,其中直白的讽刺直指观众内心,引起了大量观众的共鸣。该片在网络上传播,使得一些原本并不熟络于网络视频的观众开始关注这个新兴媒介。《一个馒头引发的血案》的创作手段在观众间产生了极大的反响的同时,也不出意外地受到主流媒体的声讨和批判。但是,不容置疑的是这部"狗血"的作品大胆地发出了自己的声音,代表了很大一部分观众的心声,和传统电影电视剧相比,因为其"接地气"的特点,受到观众的追捧。此后,各种恶搞作品层出不穷,在搜索引擎中输入"恶搞视频"四个字,观众就可以尽情享受恶搞带来的无限乐趣。

草根化的自制网络作品扩大了网络剧的群众基础,带动了网络剧的发展。随着多媒体制作、数字摄录等技术的发展和普及,这一方面的视频作品质量越来越高,传播也越来越广。

受国外网络剧的影响,2003年我国制作出了第一部网络剧《百分百感觉》,但该剧仍旧停留在只能在电脑上收看的阶段。只是播放媒介从电视转变成了电脑,通过网络传播的更多特点和便利性并没有体现出来。但同时期的《编辑部的故事之e时代》等网络剧都注意到了网络作为播放媒介,具有能够和观众互动等传统媒体不具备的优势。《编辑部的故事之e时代》在播放时设置了参与通道,观众可通过在线投票、互动留言等手段参与到影视剧的播放中来。这样的新鲜感虽然一时吸引了不少的收视人群,但最后也因为视频质量本身的粗糙、缺乏内容性等特点,并没有长久地发展下去①。

这一时期,大量网络短剧涌向网络,这种造价低廉的视频,既可以满足年轻人的娱乐需求,丰富大家的生活,也可以满足一部分人小小的"电影梦"。

10.3.2 中国网络剧的多样化发展

在网络剧发展起来的这不长不短的20年里,互联网本身也以难以估计的速度飞快地发展着,网络使用者对于参与的需求也日益增加,而网络剧的种类也不断丰富着。

2008年,由香港林氏兄弟制作的真人视频《电车男追女记》(见图10.4)通过YouTube和观众见面,一经上线即引起网民追捧,大量网友点播参与。因为这是一部特别的真人视频,是用户可以参与其中一起"玩"的交互式网络视频,或者说是视频化的游戏。互动性作为区别于传统影视剧观赏方式的一个比较根本的特点,是网络剧能够吸引大量受众的一个原因。网络互动剧更是将互动的特点之于网络剧发挥到了极致。

从形式上看,网络互动剧杂糅了戏剧的基本叙事要素和游戏的互动方式,很难把互动视频划归到某一个具体的类别中,它既是电视剧,又是游戏,更是网络文本独特构造方式的变体。②

互动剧是一种用户能深度参与、"玩"在其中的交互式网络视频,是一种游戏化的视频。用户在观看互动剧时,每触发一个情节点,都需要通过点击视频播放器内的选项按钮,来"选择"剧情的走向。从目前欧美国家的影视作品发展趋势来看,多版本、不同结局及互动征集已经成为制作的潮流。越来越多的电视热播剧将剧情评判的权杖交给观众和网民,网民的建议和反馈成为评价一部电视剧成功与否的关键性指标。这一制作潮流的兴起,为电视剧剧情提供了全新的、多样的选择,而受众参与到剧情中,自己选择剧情的形式提高了观众的参与感和互动感,能够获得

---

① 杨景然. 网络剧传播研究[D]. 重庆:重庆工商大学,2011.
② 曾明瑞. 后现代语境下的互动视频特性初探[J]. 现代视听,2011(5):12-16.

玩游戏时体会到的逃避式的快感，同时又能体会到在看电视作品的时候那种既接近真实生活又可以在感受后全身而退的快感。不同的选择体现不同的价值取向，从而使剧集版本呈现繁荣之势。

图 10.4 《电车男追女记》

目前，网络互动剧的类型大多集中在角色扮演、恋爱养成和悬疑推理三个方面。用户"玩"互动剧的过程，类似在玩一般的电脑游戏，选择扮演视频中的角色，并随着剧情的深入，选择不同的分支剧情；以此进入不同的叙事段落，并看到不同的结局。互动视频也如同网络游戏一样，会因为判断失误导致 Game Over。只有游戏顺利结束，才可以观看到完美的结局。

国内早期专业的网络剧《苏菲日记》设置了可以选择观看的两个版本，甚至可以两个版本同时看，观众完全可以自由选择。也就是说，基生于互联网的网络剧血统中与生俱来的素质就是自由。

2014 年，搜狐视频邀请了金球奖、奥斯卡颁奖礼导演 Hamish Hamilton 和好莱坞资深互动编剧 Luke Hyams，采用创新模式，合作打造了互动喜剧《疯狂演播室》（见图 10.5）。《疯狂演播室》采用即拍即播的拍摄手法，每天拍摄一集播放一集，网友可以通过每集影片的结尾处的提示，参与创作并且影响剧情的走向。《疯狂演播室》追随美国搞笑情景剧的模式，恶搞时下最"热腾腾"的话题，尤其关注和观众自身相关的剧情和内容，增加剧情的真实感，提高观

图 10.5 《疯狂演播室》

众的参与感。

为了推广《疯狂演播室》,制片方尝试在影片中隐藏一些福利,观众可以通过找到影片中一些信息获得价值不菲的奖品。这是我国网络剧发展过程中对互动模式的创新。

互动剧为国内影视产业链各环节的整合起到了重要作用,并且以极快的速度发展着。互动剧的互动特质,在现代的网络剧中已经深深扎根。网络剧与"互动"一词早已经有了不可分割的关联。

10.3.3 网络动画剧

现代动画,作为电影艺术的分支,与现代电影制作技术同生共长。现代摄影技术为动画电影的出现提供了技术准备。相比之下,动画电影在角色造型以及场景搭建上比真人电影的困难则小得多。多样的角色造型和场景设计,剧情上的个人化、丰富的创意更是满足了观众多样的审美需求。

迪士尼公司制作的动画电影《花木兰》(见图10.6)耗资巨大,Web 2.0时代到来后,网民身份的"翻身"使得这种被动的局外感被一部分网友拒绝。而动画网络剧创作空间大、表现形式灵活、更容易推陈出新等特点,符合现代网民对新鲜和有趣事物的追求。

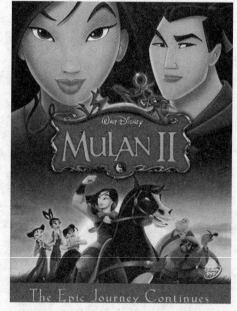

图10.6 《花木兰》

起初，由于技术上的限制，网络上的动画绝大多数是通过运用 Flash 技术制作的。通过制作周期短、传输便利、储存量大等优势的 Flash 技术制作出的动画，画面色彩简洁、线条简单。整体上来说，这一时期的网络动画发展的规模较小，非商业目的的用处大都在学术交流展示、个人创作展示或者上传至互联网供爱好者观看和交流等。① 企业也多制作 Flash 动画来作为产品宣传片等。网络 Flash 动画幽默、搞笑的内容以及轻松、生动的表现形式受到了大家的喜欢。如美国运通、通用汽车、K 玛特、MI-IJ-FR BREWING 等公司均通过 Flash 广告获得了更好的宣传效果。

当网络硬件设备提高，作品的细致程度也大大增强。作品中大量运用 2D 甚至 3D 技术。独立的动画制作人不断增加的同时，专业的动画制作团队也越来越多。

日本作为动漫产业大国，在动画方面属于领先地位。由葵关南创作、狗神煌绘制插画的轻小说《学生会的一己之见》（见图 10.7），继 2009 年 10 月被 Studio Deen 改编为 TV 动画后，由 AIC 领衔的全新制作班底打造的新 TV 动画《学生会的一己之见》已经从 2012 年 10 月开始在 NICONICO 上先行播放了。在漫画杂志《少年 ACE》2007 年 9 月号上开始连载至今的超人气动画《凉宫春日的忧郁》及原作小说派生出的四格恶搞漫画《小凉宫春日的忧郁》（即《凉宫ハルヒちゃんの忧郁》）由京都动漫制作成网络动画在 YouTube 上播放，同时搭载的还有动画《猫嘴鹤屋》，于 2009 年 2 月 14 日放送，共 25 集。被众多网友称为"国产动画新光芒"

图 10.7 《学生会的一己之见》

的《我叫 MT》（见图 10.8）是一部原创 3D 网络动画。其由七彩映画工作室出品，是以魔兽为核心的人气旺盛的同人网络动画。其制作精良，深受魔兽玩家与其他爱好者的推崇。观众可以通过制作组专门设立的网站将自己的建议反馈上去，和制作组产生了良好互动，推动了该剧的人气。

《十万个冷笑话》于 2012 年 7 月 11 日开始在网络视频网站连载播放，每月一

---

① 陈婷婷. 浅析网络动画的市场前景[J]. 湖北经济学院学报：人文社会科学版，2011(4)：129-130.

集,每集约5分钟。第一集在新浪微博发布之后,3小时转发破万,转发热度在当天排名第一。《十万个冷笑话》漫画单部作品日访问量突破100万,并且荣登百度搜索风云榜七月榜单第二名,《十万个冷笑话》热度指数曾一度高达27万。动画经过传播之后,三天内播放总量迅速突破1000万次,并且在海外的YouTube上同期播放量也突破了60万次。

以上这些案例和数据,说明了网络剧、网络动画剧无限的潜力。

图10.8 《我叫MT》

10.4 网络剧的专业化走向

10.4.1 网络剧的专业化

网络剧的飞速发展和受众的激增,引起了专业视频网站的注意。网络上的草根网络视频质量参差不齐,专业电视剧、电影由于审查严格在选材上限制较多。专业团队打造的网络剧作品既要在质量上有保证,又要避免走向传统影视作品的老路,保持自己创作上的自由和接地气的特点,和最广大的受众产生互动。平民化不等于低俗化,所谓的高等艺术不应该成为网络剧为代表的大众文化盲目跟随的方向,同时也不能盲目寻求全社会认同而舍弃本身的特质。

国际互联网的发展是网络剧发展的大时代背景之一。商业门户网站不断发展,搜索引擎服务越来越成为被网站看中的盈利方向。

2010年11月,"广电总局关于印发'广播影视知识产权战略实施意见'的通知"下发,提高了保护版权、打击视频网站盗版的力度,增加了各大视频网站购置影视节目的成本,为了取得更大的经济效益,各大视频网站更加注重网络自制剧的开发和投入,为网络剧向专业化、精品化、艺术化方向发展提供了动力。①

2007年,搜狐视频打造并推出了国内第一档网络综艺节目《大鹏嘚吧嘚》(见图10.9),是中国互联网第一档网络脱口秀节目,节目针对热点事件,进行麻辣点评为主,佐以各种搞笑短片,受到网民们的热烈欢迎;2009年,优酷网制作现代都市喜剧《嘻哈四重奏》,受到广大白领网民的欢迎;2013年,万合天宜与优酷共同出品的迷你剧《万万没想到》(见图10.10)优酷均集播放量29281065,总播放量446624 035(截至2014年2月4日)②,并收获了登上新浪热门微博排行榜TOP1/影视搜索排行榜TOP1/综合热搜排行榜TOP3③,百度风云榜搜索排行榜TOP5,豆瓣电视剧新片榜TOP3,豆瓣评分8.2分④等成绩。

图10.9 《大鹏嘚吧嘚》

图10.10 《万万没想到》

---

① 王志荣.中国网络剧发展成因与特性探析[J].兰州交通大学学报,2013(2):120-122.

② 优酷.中国网络视频指数[EB/OL].(2013-08-01)[2014-06-01]. http://index.youku.com/.

③ 万家资讯.叫兽易小星《万万没想到》日和中文主创打造迷你神剧[EB/OL].(2013-08-07)[2014-06-01]. http://365jia.cn/news/2013-08-06/843BF07D7DBB3B25.html.

④ 腾讯娱乐.叫兽力作首集上线《万万没想到》引爆热潮[EB/OL].(2013-08-06)[2014-06-01]. http://ent.qq.com/a/20130806/014030.htm.

2010年,土豆网正式宣布推出"制播合一"的全新制作模式,推出"制作水准堪比电影、电视剧"的网络剧。这个致力于打造优质网络剧的计划被命名为"橙色盒子"。自此,土豆网率先实现从"内容平台"到"平台加内容",单一角色向双重角色的转变,打开视频网站进军影视内容制作领域的序幕。①

优酷视频以曾经掀起怀旧热潮的"十一度青春"系列为开头,至今已经展开持续了五季的"青年导演扶植计划"。在2013年,优酷出品举办的"青年导演扶植计划"电影发布会上,总经理卢梵溪强调:"优酷出品成立以来致力于扶植青年导演,为传统影视产业不断输送新鲜血液。经过五年,我们组建了追梦者联盟,先后扶植50位导演拍摄18部网剧、近60部微电影,总播放量累计近20亿,本季起'青年导演扶植计划'全面升级。"优酷出品力邀罗伯特·麦基、顾长卫、张婉婷、罗启锐、芦苇、张元组成"青年导演导师团"对青年导演进行长期性扶植。卢梵溪透露,2014年优酷出品将推出"4+4"计划,顾长卫、张婉婷、芦苇、麦基组成的专业导师团一对一辅导4位青年导演来创作影片,让导演可以得到更多前辈的经验帮助。资金方面,制作推广费用全面大幅度提高。平台方面,不仅有优酷和土豆的强大平台宣传推广,并陆续与香港国际电影节、上海国际电影节、台湾电影金马奖、釜山国际电影节、台北电影节等亚洲顶级电影节达成战略合作,联合甄选亚洲青年才俊创造青年影像,并在各大电影节和互联网同步推出,为青年导演提供更好的展示空间,针对优秀导演的长片计划也随之启动。②

优酷、土豆、爱奇艺等国内门户视频网站都开设了专门放映网络剧的板块。其中,爱奇艺设置的"全网独播"板块,除了播出由爱奇艺独家买断的电视剧作品网络播放权的影视作品,更会定期放送由爱奇艺自己制作上线的电视剧;优酷设立了板块放送独家"优酷出品"的电视剧作品以及网络原创作品。至此,网络剧的专业化程度已经今非昔比。

优酷出品最新推出的电影《脱轨时代》就已经将视频网站的身份提高至专业电影制作机构,而非简单的播放平台。《脱轨时代》由陆川监制,新晋"80后"导演五百指导拍摄。

---

① 经济观察网.打造"橙色盒子"网络剧计划,土豆网重启内容引领战略[EB/OL].(2010-05-29)[2014-06-01].http://www.eeo.com.cn/2010/0529/171269.shtml.
② 光明网.优酷出品青年导演扶植计划升级,《等风来》发布[EB/OL].(2013-12-12)[2014-06-01].http://tech.gmw.cn/2013-12/12/content_9793597_4.htm.

10.4.2 网络剧和"一云多屏"时代

2013年,由中央电视台主办的综合性国家新闻网站CNTV公布了"一云多屏,全球传播"的新媒体战略,同年CNTV移动业务总监于洋在华为云计算大会上透露,目前央视在整个IT建设上已经投入几十亿元。

所谓多屏融合,是以用户为核心,以业务体验为导向,在多种终端之间形成无缝的视频资讯传递、互动和可定制的统一服务,从而丰富和增强各种应用场景下的用户体验,实现视频业务的价值填充和提升。此时,用户、终端、网络和运营都在不断融合,不仅是电视机、计算机和手机,只要有屏幕都可以成为视频内容的终端,我们已经进入了泛"屏"的媒体阶段。[①] 这不仅仅对有线电视的相关产业,对于互联网相关的发展也是个利好的消息。有资料显示:CNTV从伦敦奥运会开始推出"一云多屏、多屏互动"的战略,初步实现多屏的生产和分发体系,但云端的整合以及多屏之间的互动通道有待于进一步深化;2011年推出"一云多屏"战略以来,百视通也是大力发展云端建设,实现了统一管理、统一服务,在多屏方面利用IPTV在电视和移动终端之间进行了多屏互动的尝试。

技术发展带来的"一云多屏"趋势促进了网络剧的传播。IPTV是用宽带网络作为介质传送电视信息的一种系统,将广播节目透过宽带上的网际协议向用户传递数字电视服务。由于需要使用网络,IPTV服务供应商经常会一并提供连接互联网及IP电话等相关服务,也可称为"三重服务"或"三合一服务"。IPTV是数字电视的一种,因此普通电视机需要配合相应的机顶盒接收频道,并且供应商通常会向客户同时提供随选视频服务。

相关数据显示,2011年底中国PC的保有量为3.2亿台,智能手机的保有量为1.3亿部,平板电脑(Pad)的保有量为3000万台,并且,这几类产品的渗透率都相当高,由传统电信运营商和设备制造商构筑的产业壁垒在苹果领导的智能移动终端革命中逐渐土崩瓦解。优酷、搜狐等还未进军电视领域的传媒机构当前主要是在PC、Pad和手机上实现多屏,在不同终端上共享消费、断点续看、共享收藏等功能。而乐视、爱奇艺等和互联网电视集成牌照商合作的视频网站,通过发展互联网

---

① 百度文库."一云多屏"之下用户行为分析[EB/OL].(2011-09-30)[2014-06-01]. http://wenku.baidu.com/link?url=dE-xRuK9cFSxGUVsi8Uvtd4qnbs4gn8TDmFbVwSp3ghhkJsxiPR5203t0L1TqS7PkRItnVHt6poZImbOqOx7hQEKzTmIZDLUdXXQNXsmk2e.

电视机顶盒实现了从 PC、平板电脑、手机到电视的多屏延伸。[①] 不仅仅实现了电视节目在各种电子设备的共享,更能够增加网络视频用户的总数量。各个视频网站相继推出了各自的客户端,提高了用户收看各自网站的视频的便利程度,进一步增加了用户黏性。在一个家庭里,几口人可以通过包括电视在内的不同电子设备同时收看电视节目和网络节目,这不仅仅使得电视机重新进入了年轻人的生活中,更使得通过网络播放的电视电影节目拥有了更广泛的收看群众。

同时,国内最大的正版视频节目供应商乐视网在网络剧资源的开发上始终领先。制作了在国内水准相对精良的多部偶像网络剧,乐视和台湾地区的团队合作打造了《光环之后》(见图 10.11)等作品,提高了国内网络剧的整体制作水平。由李小璐监制投资拍摄的网络剧《女人帮之妞儿》也在乐视网独家放映。在视频资源的占有上,各家视频网站都有自己的专长。

图 10.11 《光环之后》

乐视网与全球最大规模电子产品代工商富士康共同开拓智能电视市场。乐视网开发的乐视超级电视致力于打造一种具有完整价值链的"乐视生态",这种生态包括"电视机收入+内容收入+应用分成+终端广告"。乐视超级电视在营销模式上也将有别于传统彩电,更注重于互联网营销。可以说,购买乐视超级电视的人基本都是乐视网络视频的追随者,是因为乐视的内容而购买电视的。最终,乐视网联合供应商夏普、美国高通公司、富士康和播控平台合作方 CNTV,正式推出 60 英

[①] 洛冉,张健,王玮宏."一云多屏"的实现方案探讨[J].有线电视技术,2013(10):30-32.

寸、4核1.7 GHz智能电视——乐视TV超级电视X60以及普及型产品S40。2013年10月10日,乐视TV在京发布50英寸超级电视S50。从此,填补了40～60英寸之间的尺寸空白。

10.4.3 网络剧的营销模式探索

1. 网络剧营销促进视频网站的发展

从2006年开始,宽带用户数量迅猛增长,网络视频数量随之猛增。艾瑞市场咨询公司发布的《2007～2008年中国网络视频企业竞争力评估专题报告》显示,2007年中国网络视频用户已经达到1.7亿,约占网民总数的81%。上网欣赏视频节目已经超越浏览新闻,成为仅次于搜索的第二大网络需求。[①]

2009年开始,国内各大视频网站发展状况持续良好,纷纷表示皆有盈利。同时,央视网也推出了两个国家级的视频网站"爱西柚"和"爱布谷",使得网络视频网站的队伍更加庞大和丰富。

比尔·盖茨曾在达沃斯经济年会上预言:"互联网视频必将为传统媒体带来一场革命。"我国的视频网站"百花齐放"的状态身体力行地证实了他的说法,如何在如此众多的视频网站中脱颖而出,是各家视频网站的最重要的课题。

对于传播媒体来说,提供优质的内容迎合消费者的需求,是工作的重中之重。喻国明先生曾在自己的书中提到:"在传播渠道规模扩张和爆炸式的增长后,传播渠道的拥有和掌控能力对于传媒产业核心竞争力形成的贡献越来越小,传播的内容和原创能力及内容的集成配置能力越来越成为形成传媒核心竞争力的关键。"

发展初期,各大视频网站为了保持网站运营,服务器宽带的消耗极高,维护费用占了网站运营的绝大部分花费。普通的广告投放最多能够使网站保持收支平衡。网站为了节约成本,大量地复制、拷贝相同的内容,严重的同质化现象除了妨碍有质量的信息的传播,也使得视频网站缺乏核心竞争力并且无法形成品牌效应。同时,自制网络视频质量欠佳,虽然可以博得用户一乐,但难以为网站带来效益,对网络剧自身的发展也难以起到促进作用。

意识到"内容为王"的各家视频网站开始打起了内容战争,其中网络剧就是视频网站营销中很重要的一块。

首先,原创自制网络剧有利于视频网站核心竞争力的建设;不同视频网站自创网络剧,网络剧的水平专业化的同时,内容也具有各家的风格并且各不相同,观众

---

① 艾瑞咨询集团. 2007～2008年中国网络视频企业竞争力评估专题报告[EB/OL]. (2008-12-24)[2014-06-01]. http://www.docin.com/p-5308807.html.

的选择变多,质量也大大提高。选择某一间视频网站的用户,往往是对该网站的视频作品风格比较喜欢和认可,造成了观众的分流。

其次,原创网络剧迎合了手机网络时代的需求——短小精悍的网络剧更适合用手机视频用户的观看习惯。

同时,原创网络剧弥补了各家视频网站在购买视频版权上的消耗,自制的网络剧不仅为自己网站的运营省钱,如果网络剧获得了成功,可以作为资源卖给其他的播放平台用于盈利。不仅仅针对其他视频网站,甚至可以在电视台和视频网站的联合上起到资源互助的作用,增加网站的发展资金。

2. 网络剧营销模式的探索

(1) 同业合作在网络剧营销中的作用

用户的个性化需求导致市场也越来越被细分。视频网站寻求差异化发展,拍摄出具有个人烙印的网络剧作品,更加有利于打造自己的品牌,核心价值也更容易凸现。作为全新的媒体平台,视频网站要和电视台甚至影视公司合作,发挥各自的优势弥补各自的不足。

首先,视频网站上可以上传和播放电视剧、电影资源和综艺节目的网络版,电视台以及影视集团可以为线上活动提供线下营销的平台,实现两者有效的衔接互动,可以促进彼此的发展。

当今视频网站在大剧营销方面已拓展了台网联动的概念,奇艺率先提出"一云多屏"概念,针对PC、平板电脑、手机等不同终端推出客户端,让用户随时随地都可以自由观看,这也为台网联动的进一步发展提供了更好的技术基础。针对这一点,各视频网站可以通过联合制作、购买、推广、播出、营销五位一体,紧密联合线上线下的观众,推动全面营销。通过结合强势传统媒体和强势视频网站,无缝衔接影视大餐,发动全面攻势,以期达到更好的营销传播效果,可以说,这是全营销模式中最富有张力的一种营销手段。[①]

第二,视频网站在为电视台提供更广阔的收视群体的同时,更应该加强对原创作品的推广。根据新时代观众的口味以及观看手段设计、打造出的网络剧,可以为已经成为传统媒体的电视台吸引到更多的受众。2009年底,土豆网宣布,他们将和中影集团合作投资拍摄网络剧《Mr. 雷》,这个举动开启了视频网站自产自销之路。视频网站最大的优势是播放平台,利用影视公司的资源打造自己的原创作品,是提高网络剧质量的快速途径。

---

① 梅洁. 视频网站全营销模式初探[J]. 西南农业大学学报:社会科学版,2012(3):39-40.

第三,在社交网站风行的当下,用户之间彼此的传播效果受到了研究者的关注。这些新的传播手段不仅仅在传播的量上非常惊人,更是比传统媒体覆盖式的传播要精准。以《失恋33天》为例,新浪微博以"失恋33天"为关键词的微博高达560万条,电影官方微博的粉丝突破10万。2011年10月16日到2011年11月15日,电影的关注指数节节攀升。宣传方避开传统媒体的大力宣传投放的宣传手段,借助微博和人人网等社交媒体平台,直接发布有效信息,与目标人群进行直接互动,并在新媒体平台上形成话题效应。通过微博营销,充分利用年轻人的碎片化时间,打破了传统的社交模式,从传播学的角度来看,微博等新媒体的传播受众不同于传统媒体的受众,信息的接受者同时也是信息源以及信息的发布者。用户可以在任何一个碎片化的时间内发送消息,与朋友分享沟通。《失恋33天》抓住新媒体营销的碎片化特征,扩大自己的粉丝数量。① 传统广告传播核心是将产品推销给消费者,消费者被动地接受信息再选择购买产品。新媒体的营销重点是根据消费者的消费路径,创造出让消费者与产品接触的机会,引起消费者的兴趣并且主动关注,消费者主动感兴趣去了解产品的信息,使得后期消费者分享产品的可能性大大提高。

(2) 广告植入在网络剧发展中的作用

随着美剧《绯闻女孩》的热播,剧中男女主角身上穿戴的各式品牌很多逐渐从小众品牌成为了年轻时尚品牌的代表,有些甚至转型上升为高档奢侈品。以 Tony Burch 为例,该品牌最出名的亮相是在《绯闻少女》(见图10.12)中由布莱克·莱弗利饰演的 Serena Van Der Woodsen 所穿的金色亮片连衣裙,影片热播后,该片的追随者竞相模仿,使得该品牌成功冲出北美,受到世界各地时尚潮流年轻人的追捧。广告植入对于电视剧电影作品的好处不言而喻。

广告定制和植入式广告为网络剧提供了非同小可的经济收入。据土豆网自制剧部总监陈汉泽介绍:"和影视剧一样,网络剧的植入广告肯定也要先和客户谈好才会开机。"植入式广告是

图 10.12 《绯闻少女》

---

① 韩学周,马萱.新媒体营销在电影中的推广应用:以《失恋33天》为例[J].北京电影学院学报,2012(2):105-107.

网络剧出品方最基本的成本回收途径,辅以各种前后贴片广告,构成主要收益来源。如《欢迎爱光临》,开拍前便得到了百威英博旗下的劲柠品牌的青睐,并掷以重金对该剧展开了植入式营销;《窈"跳"淑女》开拍时,便已经得到了百度、联想等客户的赞助,平均每个客户投入数十万;搜狐视频联合康师傅打造的真人秀综艺节目《食命必达》更是直接和商家合作,并且将康师傅的产品在节目中作为道具,已经远远超出植入的概念。看到网络剧的"光明钱景",企业主都愿意通过广告定制和植入广告等形式为网络剧的制作提供经济保障,促进了网络剧向专业化方向快速发展。

选择在网络上收看视频的用户,多会有目标地选择自己喜欢的作品收看,鲜明的品牌特色,有利于聚集目标用户,更有利于广告商的投放选择。视频网站通过自制内容形成了各自独特的风格,其精准的客户覆盖吸引到了广告主的注意,展现了视频网站的资源优势和专业水准,以及视频广告的上升空间。视频网站和广告主合作制作的视频广告日益获得了广告主的青睐。

自 2012 年 1 月 1 日起,国家广电总局下达了"全国各电视台播出电视剧时,每集电视剧中间不得再以任何形式插播广告"的通知,这等于给了植入式广告更大的发挥空间,间接对网络植入式广告的发展起到了积极作用。

对于精明的广告商来说,网络剧所面对的广泛的市场和受众,无论从其自身优势上来说还是针对其外围环境,广告商与网络媒体的结合都将会是最佳形式。

爱奇艺自制网络剧《在线爱》(见图 10.13)在还未上映之时,首席合作伙伴银泰网以及冠名赞助的一汽马自达就已经帮助网站盈利千万有余。优酷在 2008 年年底开始涉足网络剧,并取得视频网站发展的极好效应,优酷涉足网络剧的首部作品《嘻哈四重奏》中,对赞助商康师傅的品牌宣传已经不仅仅在于片头片尾打出几行鸣谢的字幕,在整部网络剧中,康师傅精神深入骨髓——女主角小乔被打造成一

图 10.13 《在线爱》

个清新的绿茶女孩,是一次极具品牌精神的植入营销。优酷视频打造的大热网络剧"十一度青春"系列一度在网络上引起一阵巨大的怀念青春的风潮,该片由优酷网和中国电影集团共同出品,雪佛兰科鲁兹全程支持赞助,实现了商业和艺术的一次完美结合。

(3) 明星效应在网络剧营销中的作用

在商业影视剧领域,明星效应是非常重要的一个环节。欧美发达国家的影视作品中,明星阵容强大与否往往可以作为提前衡量作品创收的指标之一。

搜弧视频打造的网络剧《屌丝男士》从第一季开始,就陆续邀请了各路明星加入,持续引起热议。由于明星或名人经常出现在各种媒体中,使得人们格外注意他们的一举一动。

传播学派中的法兰克福派认为,明星是大工业化时代的产物,从其诞生就贴着商品的标签,因此这个源自远古图腾崇拜的现代镜像从来就不乏商业的土壤。

明星的塑造,是通过媒介的力量不断地向大众传达形象的过程积累起来的,一步一步进而达到市场的扩大化,为商业运作打开局面。同时,和商业运作的适当结合对于明星的自身发展起到了促进作用。运用到网络剧的拍摄和推广中,则双方互利,彼此促进。

当前,明星的商业性与消费主义一拍即合。消费主义文化中的观点是,消费者的消费关注点不仅仅只是商品本身,而是在于商品背后的意义。明星营销方式将明星和商品捆绑在一起,实现了两个独立体的意义的关联。大众在选择目标产品的时候,会关注到该商品的品质所呈现出的购买者自身的象征内容,同样,明星代言的产品,会让购买者无意识地将明星的特征考虑在商品价值中,使商品的意义散发着明星的光环。代言明星的品位、风格、身份象征对商品的渗透都将影响到用户的购买体验。于此,消费者的消费行为不仅是对商品意义的消费,也是对明星的消费。将明星价值渗透到网络剧中,抬高了网络剧的地位,提升了网络剧的价值,网络剧受众的广度方面也因为明星而扩大。同时,网络剧可以让明星通过作品在网络上的传播,提高明星自身在网民中的知名度,实现在原本的受众中知名度再提升。成功的营销合作一定是双赢的,符合视频网站发展目标和明星自身发展期许的。明星无形中成为了网络剧的代言人,通过制作团队所选择的的明星来传递网络剧想要表达的感觉和想要吸引的目标受众。利用明星效应带动网络剧的发展不失为一个聪明的选择。

3. 以《纸牌屋》为案例,探索中国网络影视剧营销模式的创新

在新的融媒格局下,4C 战术即顾客(Customer)、成本(Cost)、便利(Convenience)、沟通(Communication)的营销组合的施用具备了进一步拓展的可能,如何利用营销组合的手段使得利益最大化,于 2013 年 2 月上线的美剧《纸牌屋》(见图 10.14)用大胆的实践给出了答案。

《纸牌屋》由全球最大的付费视频服务商奈飞公司(Netflix)定制,自第一季开播以来一举跃升为美国及 40 多个国家最热门的在线剧集,观众人数和总观看时长都高居榜首。大数据时代的来临是奈飞公司《纸牌屋》制作以及运营胜利的背景。

大数据时代,数据的应用和简单的数据分析有其截然不同之处。

首先,大数据所牵涉的数据量巨大,不能用简单的分析工具进行简单测算。

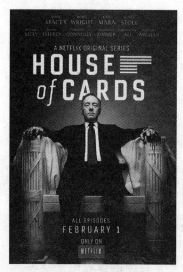

图 10.14 《纸牌屋》

第二,大数据所牵涉的数据类型繁多,网络日志、视频、图片、地理位置信息等无所不包。

第三,大数据中包含的价值密度低,商业价值之高难以想象。以视频为例,连续不间断监控过程中,可能有用的数据仅仅是一两秒。

第四,处理速度快。这都和传统的数据挖掘技术有着本质的不同[①]。奈飞积极开发自己的数据算法和推荐引擎。根据这一推荐引擎,顾客都能在一个个性化网页上对影片做出 1~5 的评级。奈飞将这些评级放在一个巨大的数据集里,该数据集容量超过了 30 亿条。可以使用大数据分析来标识具有相似品味的观众对影片可能做出的评级。通过这系列科技手段,奈飞可以在受众要求之前就为他们提供想要的影视产品。[②]

成就这个奇迹的奈飞公司发展历程是这样的。奈飞公司成立于 1997 年,刚开始主要从事定制 DVD、蓝光光碟在线出租业务。2007 年,奈飞集团看到了网络视频的发展前景,宣布正式进入网络视频市场。和之前的向用户提供电视电影作品不同,奈飞公司开始将电影放上自己的网络平台,用户可以通过订阅直接在互联网上收看电影作品,而无须等待光碟寄到自己手上再放进机器里进行观看。顾客这样做的代价是每月付少许的包月费或者每部付一些观看费用。后期,奈飞甚至将

---

① 蔡爽.大数据搭起的《纸牌屋》[J].中国新时代,2014(2):94-97.
② 车玥.大数据时代影视产品生产规律探寻:《纸牌屋》的启示[J].知识经济,2013(16):117.

业务拓展到电视节目中——观众可以直接在网络上收看原本必须在电视上看的节目。接着，奈飞公司开始将市场营销活动和公司业务以及IT技术相结合，并且要和其他公司的业务区别开来。

除了加入流媒体的行列，奈飞公司把握了大数据时代来临的契机，将大数据运作发挥到了极致。奈飞的评价、推荐算法会通过数量庞大的用户使用信息的分析，为经常收看电影并且作出电影评价的顾客进行影片推荐。奈飞通过遍布全球的定制视频服务器来为数量庞大的用户提供服务。当一个用户点下"播放"按钮，奈飞会迅速筛选出上千个对应视频——选出最适合这位用户使用播放设备的那一个视频。当奈飞通过计算分析，得知某一地区当天最火的影片是什么后，就可以提前为随后的一天预备好片源。最热播的剧集会得到高速闪存驱动的配备，而其他不那么热的内容，则会存放在相对廉价和低速的硬盘里。

在累计大量在线点击数据的基础之上，奈飞几乎比这个世界上的所有人都清楚大家喜欢看什么。它已经知道用户很喜欢大卫·芬奇，也知道凯文·史派西主演的片子很受大卫·芬奇迷的欢迎，同时奈飞还了解到英国拍摄的《纸牌屋》很受这二人的追随者欢迎，三个结果的交集表明，奈飞值得在这件事上赌一把。[1] "我们知道人们正在奈飞上观看什么内容，而且根据人们的观看习惯，我们有能力去了解特定的一部剧集的受众人群可能会有多大，对此我们具有高度的信心。"奈飞通信负责人乔纳森·弗里德兰（Jonathan Friedland）在接受采访时说道："我们想要继续为所有人提供内容。随着时间的推移，我们正越来越善于选择内容，能带来更高的观众参与度。"

值得一提的是，与以往周播剧的模式不同，奈飞在同一时间将整季13集的《纸牌屋》放上网络，"吊胃口"的方式对于网络时代的网民来说早已经不适用，炒作起来的短暂收视率也不是他们所追求的。显然，奈飞公司对于自制剧《纸牌屋》的信心是其放弃吊观众胃口的传统播放形式的核心。当然，第二季全季同时上线是有第一季获得的巨大成功作为保障的。《纸牌屋》第一季的放送，使得奈飞当季收入较去年同期增加18%，达到10.2亿美元。公司单在美国境内就增加了200万订户。在美国网络使用高峰时期，奈飞拥有33%的流量，它和美国众多影视发行商、版权商以及制作公司合作，保障资源库资源的持续丰富。为了保障资源的价值领先，甚至直接垄断最新的电视节目；《纸牌屋》也是通过"立即观看"服务，观众只可以通过奈飞的网络平台收看该节目。

---

[1] 朱卓雅. 从《纸牌屋》的崛起反观"奈飞模式"[J]. 金田, 2013(11): 437, 441.

奈飞的成功当然不仅仅只有利用了大数据时代赋予的科技力量这一条。奈飞开发的系统,将视频信号向手机、iPad等终端辐射。与传统付费有线电视相比,互联网电视更加个性化、可选资源更多也更加方便。而美国等发达国家拥有相对完备的版权保护法规,帮助奈飞公司等视频产业公司保护了自己的资源;同时,美国用户也愿意为正版资源掏钱,在消费者行为习惯上大大促进了这些网络视频网站放心大胆地专注于开发自己的产品。

大数据是流行词汇,是未来趋势,但数据是死的,未来会有越来越多的公司开始学习奈飞模式,利用数据完成对目标客户的分析以达到产品推广等工作。但是,如何准确地让数据说话才是网络视频网站"起死回生"的关键。从《纸牌屋》的制作、上映到播放手段的全新尝试整个过程中,奈飞有现在的发展态势,大数据分析所起的作用居功至伟,而完整的产业运作才是将大数据产业化并使得公司盈利的核心。

国内拥有大数据分析能力的如阿里巴巴、腾讯等公司在业界也都是领军人物。但是,那毕竟只是少数,我国的大数据分析正在起步阶段,我国影视观众通过社交网络和电影评分网站分享自己的观影感受已经成为一种新的习惯。通过收集此类伴随观看行为,可以分析受众的群体心理从而获知受众的观影偏好。而事前的受众喜好预测,可以降低影视产品的投资风险,提高全行业的盈利能力。同时,我国的视频网站也开始探索对受众的点击观看行为进行分析,例如,视频网站酷6网就试图凭借母公司盛大网络的"盛大云"技术,通过数据分析、云计算以主题形式把用户感兴趣的内容全部呈现出来,同时对用户进行分析,进而将合适的视频分发给用户。目前这项技术尚在探索之中,在可预期的将来可以投入到运用当中。同时,以国内综合发展状况分析,在视频网站做数据分析的目标人群中,目标观众的年龄大多集中在20~40岁之间的城市有产年轻人,年龄大于或小于这个年龄段,以及知识水平、财力水平有限的人都很难进入大数据的统计范围。在和美国不同的状况下,国内视频网站想完全照搬奈飞的《纸牌屋》模式显然并不现实,大数据分析需要的分析材料牵涉广泛,是国内视频网站所不能望其项背的,其背后的社会经济、政策发达程度也是我国暂时所不能达到的。

我国网络视频网站以及专业的互联网网站现今可以学习的地方则在于利用科学技术又一次发展的契机,尽可能地扩大市场需求的同时,提高市场占有率。

例如:首先要清楚用户的需求,对症下药,专业的数据分析公司通过对收视率数据的分析得出目标受众感兴趣的作品类型,以及目标观众所喜欢的明星和制作班底;接着,通过用户重合度分析,找到喜欢目标电影电视作品的受众喜欢的导演、演员人选以及编剧风格——这也是《纸牌屋》的导演、主角最后选定的途径——制片方了解到喜欢《纸牌屋》的观众中很大一部分为大卫·芬奇和凯文·史派西的粉丝;再次,通过对网站注册用户的信息分析了解目标观众的类型,确定之后的推广手段;第四,定义网民行为,了解网民的收看习惯,根据数据结论来左右播放方式。

最新一季引起专业领域广泛注意的《纸牌屋》就是以数据分析的模式取得成功的最新案例。紧随其后的美国各大互联网公司纷纷摩拳擦掌,试图进入该领域分得一杯羹。

10.5 其他网络视频

10.5.1 网络综艺节目

1. 综艺节目网络化传播

起初,国内的视频网站上可以收看一些电视上收看不到的综艺节目,如中国港台地区、日韩以及欧美的综艺节目。视频网站上众多的选择,满足了不同观众多样的需求。同时,观众避免了在固定的时间守在电视机前等着看综艺节目,而是可以选择自己方便的时间段在网络上收看节目。综艺节目通过网络播放弥补了电视台放送综艺节目的不足,让观众拥有更多的自主权。综艺节目的主持人和嘉宾,也会通过不同的网站主办的各类活动和观众有相当多的互动,在推广了节目的同时,也可以直接获取观众的反馈,这是网络媒体特有的,也是非常重要的优势。

现今,视频资源越来越多,但高质量的视频却乏善可陈。国内视频网站花高价从各大电视台甚至海外电视台购买综艺节目的独播权,以提高竞争力。但单纯地把视频网站作为另一个播放平台,并不能体现综艺节目的网络特质,并且会重走网络剧发展初期,对互联网利用不足而导致的资源浪费的老路。国内各大门户网站很快认识到了制、播分离的不利,并针对这些不足采取了相关的措施。

国内首个综艺脱口秀节目《大鹏嘚吧嘚》由搜狐视频出品,是一档完全由视频网站自制、播放同时取得成功的综艺节目。包括搜狐视频在内,爱奇艺、优酷等国内一线视频网站都不断地推出了自己制作的综艺节目。2011年,爱奇艺参考电视台和一些优秀制作公司的框架和机制,创建了自己的综艺节目制片人、导演团队,以期在未来源源不断地创作出互联网出品的高规格综艺节目。①

以爱奇艺为例,2013年11月,爱奇艺宣布了内容独播策略,率先挖掘综艺节目的网络价值。自2014年起,《爸爸去哪儿》(见图10.15)、《康熙来了》、《快乐大本营》、《天天向上》等国内最热门综艺节目,以及十九档韩国最热门综艺节目,将只能在爱奇艺、PPS双平台看到,并且坚持"独家播出、不分销、不换剧、不赠送"。网络综艺节目的用户覆盖已经快要赶超电视,多屏立体式传播使得视频网站的市场份额还将继续增长。以《快乐大本营》为例,艾瑞IVT数据显示,综艺节目网络覆盖人数达4800万,这是不少电视当家综艺节目都无法实现的成绩。爱奇艺首席营销官王湘君表示:"综艺节目更多是围绕内容和核心收视人群的需求进行打造,而这

图10.15 《爸爸去哪儿》

---

① 刘珊.网络视频自制新动向:从奇艺进入自制综艺内容说开去[EB/OL].(2013-03-06)[2014-06-01]. http://wenku.baidu.com/link?url=Q4g5eGjyS4nCqlRKnBrFfYWpMweeMKZYj-q0KzuuwOkX4DuDOfg0vfk4gG1CWSH1q8X3IyBef1NCi8cy6U3m3js57D4wO28hkJRkskwW7SO.

个核心收视人群恰恰和营销当中所要追踪的目标人群重合,天然存在着非常高的人群营销价值。爱奇艺具有绝对的节目储备优势和营销价值开发优势,将为广告主提供和综艺节目全方位互动的整体包围式营销解决方案。"

网络已经成为人们获取电影、电视等数字内容的重要媒体,而电视节目的网络化传播更是具有典型性。其中,除了电视节目在网络上的播放等方式以外,网络互动、网络推广的便利,更使得综艺节目网络化不断发展。综艺节目网络化的优势类似于网络剧的传播过程。

首先,网络综艺资源上传后,受众不再需要在固定的时间将自己"绑"在电视面前,受众可以选择自己方便的时间上网收看;同时,收看设备不再局限于难以移动的电视机,受众可以通过平板电脑、手机等移动设备收看网络综艺节目;其次,社交网络的发展更是使得网络综艺乃至网络视频拥有电视所不能比拟的优势,边看边评,边看边聊已经通过互联网得以实现,观众们无须相约出门就可以实现"一起看综艺"的理想,这样的过程提高受众的观影乐趣的同时,也降低了受众参与的成本,减少了宣传方面的投入。

面对视频资源同质化现象日益严重,以及越来越高的视频购买费用,单纯地凭借购买电视台制作的综艺节目这种手段,仍然让各大视频网站的囊中日渐羞涩。各大门户视频网站纷纷开始着手寻找适合自己全新的发展道路。而资源自制则是视频网站包括电视台机构竭力投入发展的一块。

2. 综艺节目网站自制

视频网站的内容正从原先的零碎、业余走向丰富和专业。想在内容制作商和版权商的分销环节一家独大,很难做到。但是,自制综艺节目可以帮助视频网站节省大量购买资源的资金,同时大力地调动了网站内部各种资源,使其有效地结合;更重要的是,自制的网络综艺节目乃至网络视频可以和视频网站自身的价值观念相结合,二者可以相得益彰,互相宣传。

接着以爱奇艺和湖南卫视合作上线《爸爸去哪儿》为例子,即使在上面所描述的那样一片大好的情形下,爱奇艺仍旧推出了一系列衍生产品。2013年11月22日,爱奇艺就出品了一档3天立项、15天完成节目制作、由叶一茜主持的网络衍生节目《妈妈在这儿》,透过亮相湖南卫视和爱奇艺,创造了育儿亲子综艺节目的又一王牌,一上线即获得网民的争相观看,斩获了百万播放量,并迅速吸引了广告主的兴趣,据了解节目未播出已经收回制作成本。而在2014年《爸爸去哪儿》第二季中,爱奇艺将推出至少5档高品质的衍生节目,其类型包括"超阵容明星亲子圆梦真人秀"、"中国首档明星亲子海外旅行真人秀"、"室内育儿实景真人秀"、"明星育儿访谈节目"以及《妈妈在这儿》第二季。爱奇艺将通过衍生节目、艺人合作、用户活动、游戏开发等多种形式多角度对王牌综艺进行价值深度挖掘。①

爱奇艺也是国内首个大型专业综艺栏目《恐怖！健康警报》的制作方,爱奇艺表示2011年《恐怖！健康警报》的正式上线,代表着网络视频行业在自制内容的一次全新尝试。至此,视频网站节目自制正式揭开序幕。之后,仅爱奇艺一家,就制作了大量的综艺节目,并形成了专门的视频板块。

在未来的发展中,网络综艺的电视化也将愈演愈烈。这不仅仅是文化发展中,"草根"和"公知"的博弈,更是电视媒体将代表越来越多平民百姓发声的必然趋势。

电视媒体的综艺节目制作模式已经相当成熟,对于视频网站来说,电视媒体的综艺节目制作流程是摸索期重要的手段。但在学习的同时,有效体现网络综艺乃至网络视频的风格是保证不被电视媒体吞并以及自身价值取向的重要途径。

现今,各大门户网站都开设了自己专属的综艺板块,但大多以视频剪辑和配音结束相结合,推出制作上相对简单的新闻评论节目,其中不乏一些有趣、恶搞的评论内容。网站在这个方面的开发,成功的和电视综艺划清界限,以更加独特的网络风格受到观众的欢迎。但是,想要更加长久的发展,除了独到的分析和评论内容,在各方面的改进都需要不断进行。尤其是在传统电视媒体虎视眈眈之下,网络媒体要坚持自身优势,不断进步。

例如,网络综艺的拍摄方式与电视节目所采用的应该是两套标准和体系。这是一个需要不断尝试并且调整的过程。网络视频团队要同时照顾电视观众和网络观众的口味,做好平衡。

在节目内容方面,视频网站制作的视频内容在节目表现形式方面过于"接地气"。国家相关部门对视频网站的言论管制远不像对电视台那么严格,视频网站在节目制作时,在选材角度更加开放,言论更加犀利,作为网络综艺乃至网络视频的独特之处,恰如其分地融合在节目中是至关重要的。

10.5.2 草根自制网络视频

第一个视频分享网站YouTube是由华裔美国人陈士骏在美国成立的,网站皆由FlashVideo或者HTML5视频来播放上传者制作的视频内容。YouTube提供了简单的方法让普通计算机用户上传自己的视频,宽带、摄影器材的普及使得短片信息大行其道,凭借其简单的操作和界面设定,让任何已经上传至网络的视频在几分钟内使全世界观众观看到。

---

① 崔文花.品牌也爱综艺网络独播[J].成功营销,2014(1):58-60.

自制视频中传播的信息视角相对个人化,加之网络视频内容大多时间短、内容幽默、形式新颖自由,突破传统影视作品的局限,同时国家专门监管部门对网络短剧监督也相对不很严苛,网民由传统信息接收者转变成信息发布者,每个人甚至都可以创立自己的新闻频道,上传自己的家庭短片,这样的网络视频引起了很大的风潮。网民不仅仅可以同步点击其他用户上传的海量电影电视剧进行观看,也可以让其他受众收看自己制作的视频。

有网友通过自拍短片分享个人珍藏和心得,有些网友也通过自制短片和社交网站的结合从事商业买卖行为。

美籍华人歌手陈以桐(见图 10.16),早期靠翻唱名曲走红网络,在 2010 年短短的几个月中就成为了 YouTube 上播放次数最多的歌手之一。他演出歌曲的视频通过网络进入亚洲歌迷的视线,2011 年深圳卫视的春节晚会,陈以桐以一首《just a dream》开场,顺利开始了在中国内地的演艺事业。

图 10.16 美籍华人歌手陈以桐

从小学习画画的 Michelle Phan 出生于美国的马萨诸塞州。她在 Ringling 大学学习专业的艺术设计期间,在网络上上传了自己拍摄的简单的化妆教程,吸引来了全球 50 万的观看者,不仅仅帮助她个人走进了专业彩妆界、开设了自己的品牌,更引起了网络在线化妆教程的风潮,这波流行直到今天都还在持续。国内也涌现了大量乐于在网络上展现自己化妆技巧的播客,作品内容也越发专业。

国内的优酷、土豆以及乐视等视频网站在起步初期,主要的视频资源也都是来自分散的受众自制。观众自发私下制作的剧目会被上传到专门的播客网站上,由用户观看以及分享。

图10.17 后舍男生

后舍男生(见图10.17)是国内走红较早的网络艺人。三个来自广州美院同一个宿舍的男生通过拍摄搞笑音乐录影带走红于网络,在第一集翻拍的口型MV发布在网上后,引起网友的关注。随后他们推出了后续的几集。此后他们的MV被许多网站的BBS转载,甚至引起了媒体的关注。被专业公司注意后,后舍男生中的两位主力正式进入娱乐圈,参与了电影的演出同时接下了多个商业广告并且参与代言公益活动。

现今国内的播客网站已经全面专业化、综合化,大量的专业自制作品以及台网联播的视频上线。但是观众自制的视频在各大门户网站上仍旧占据很重要的板块。一些能引起大量观众点击播放的视频,通过人人网、微博或者微信等平台的传播,传播效果仍然不减以往。越来越多的商家也开始关注自制视频这个更加接近广大受众的方向以期造成品牌营销病毒式传播的效果。爱情电影《失恋33天》在上映前,率先通过视频网站上线了一组宣传短片,该短片在七个城市采访几百名失恋的人,通过社交平台投放收获了巨大的宣传效益。网友们也自发地拍摄了不同版本的《失恋物语》,该系列在各大视频网站的播放超过了两千万。

资料显示,2013年中国在线视频行业收入达到148.32亿元,用户数量到达5亿。面对不断扩大的用户群和巨大的市场,视频网站要利用互联网和科技不断发展的优势,将资源有效利用。在传媒界占领属于自己的一块领域的基础上,利用科技和传媒的结合改变人们的生活方式,并使人们的生活更加便利。

第 11 章 网络视频与手机视频

11.1 网络视频

11.1.1 网络视频的概念

网络视频在中国的发展历程可能远早于人们所能想象的,20 世纪 90 年代起国外的网络视频就开始被传入中国。21 世纪,网络视频更是迎来发展的黄金期,一大批专业视频网站大量涌现。2005 年国家广电总局颁发了数十张针对互联网企业的"信息网络传播视听节目许可证",在此契机下,激动网、土豆网等一大批视频网站也应运而生。中国互联网络信息中心的数据显示:该年度中国网络视频用户有 3200 万人,占中国网民数量的 29%。(以上数据来源:中国互联网信息中心和艾瑞咨询。)

由于网络视频在中国较早出现,因此许多学者也对网络视频的概念进行了定义。从网络技术的角度讲,学者们认为网络视频是"内容格式以 WMV、RM、RMVB、FLV 以及 MOV 等类型为主,可以在线通过 Realplayer、WindowsMedia、Flash、QuickTime 及 DIVX 等主流播放器播放的文件内容"。此外,也有学者从网络视频播放内容的角度进行了思考,"网络视频就是在网上传播的视频资源,狭义的指网络电影、电视剧、新闻、综艺节目、广告等视频节目;广义的还包括自拍 DV 短片、视频聊天、视频游戏等行为"。

网络视频的兴起和发展与计算机及网络技术的发展密切相关,而网络视频用户的增长更是网络视频发展的契机,可以预见的是随着网络视频用户数的不断增长,这一行业仍将蓬勃发展。当然,不同学者对网络视频的定义也不同,但如果分析不同学者对网络视频所作的定义,大体上可归纳为两个方面:第一,网络视频是由网络服务商提供的声像数据,其格式是流媒体格式的(以 FLV 流媒体格式为主,这是因为该格式占用客户端的资源较少),基本上所有的网络视频都需要独立的播放器来进行播放;第二,网络视频也可被认为是网络视频对话,技术上是用计算机或移动设备等终端服务器作为载体,借助 QQ、MSN 等聊天软件作为工具,进行可视化聊天的一种应用。这两方面作为网络视频的两个大方向,综合在一起构成了网络视频的概念。

11.1.2 中国网络视频的发展历程

20 世纪 90 年代起网络视频开始传入中国,并且随着中国计算机和网络技术的飞速发展,网络视频从第一批专业视频网站成长到互联网最大的应用服务,仅仅用了 8 年时间。业内一般将中国网络视听产业的发展分为出生期、成长期、成熟期三个阶段。其中,2006 年以前为中国网络视听产业发展的出生期(即行业初期);2007~2010 年为其成长期(即行业高速发展期);2011 年及以后为其成熟期(即行业成熟、再度突破期),并奠定了由网络视频、网络电台、IPTV、手机电视、公共视听等组成的行业基本架构。[①]

2006 年又被专家称为中国网络视频产业发展的初始之年,这一年一大批网络视频网站如优酷网、酷 6 网等如雨后春笋,纷纷涌现。中国互联网络信息中心的数据显示这一年网络视频用户达到 6300 万,占到中国网民数量的 47%,并且中国网络视频收入的总规模达到了 5 亿元。这一时期国内的民营视频网站也开始飞速发展,由最初的三四十家增加到 2006 年年底的 300 多家,并且有 16 家网络视频企业拿到了国外的风险投资,这更刺激了中国民营视频网站的发展。(以上数据来源:中国互联网信息中心和艾瑞咨询。)

2007 年网络视频广告开始出现,中国开始进入了网络广告视频元年。当年百度推出了视频广告发布平台"百度 TV",该平台的发布说明中国在整合中国网络服务链上迈出了重要一步,多数视频企业也开始建立广告销售团队,该年度主流 P2P 媒体软件广告收入也突破千万。截至 2007 年 12 月底中国使用网络视频的网民数量成倍增加,具体数字可达到 1.6 亿,每 1.3 个网民中就有 1 个网络视频用户。中

---

① 中国网络视频的前世今生[J]. 科学之友,2014(2):25-31.

国网络视频收入总规模达到了9亿多元,广告收入为2.5亿元。(以上数据来源:中国互联网信息中心和艾瑞咨询。)

2008年,由于网络视频的市场集中度越来越高,盈利也更为迫切。视频网站开始大力发展广告营销,土豆、优酷等视频网站的营销团队人员都由过去的十几个人发展到了80人以上。经过3年的快速发展和市场培育,网络视频已逐渐成为中国最为普及的网络服务,其用户规模已经达到2亿,市场规模达到13.2亿元,广告收入为5.7亿元。(以上数据来源:中国互联网信息中心和艾瑞咨询。)

2009年,国家级网络电视台开始进入网络视听领域,其突出标志为2009年12月28日"中国网络电视台"的正式开播。此外,上海文广传媒集团的"上海网络电视台"、新华社主办的"中国国际电视台"、湖南广电的"芒果网络电视台"都纷纷进入了网络视听领域,拉开了与民营网络视频企业竞争的序幕。2009年年底,中国网民数量为3.84亿,中国网民视频用户数量达到2.4亿,中国网络视频收入总规模达到17.6亿元,广告收入达到13.6亿元。(以上数据来源:中国互联网信息中心和艾瑞咨询。)

2010年,网络视频在线媒体的覆盖人数和用户黏性都有了大幅提升,其社会影响力也逐渐增大,日渐成为互联网基础性服务和应用平台。2010年12月,中国网民人数达到4.57亿,国内网络视频用户规模达到2.84亿,在网民中的渗透率为62.1%。同时与2009年12月相比,网络视频用户数年增长4354万,年增长率为18.1%。中国网络视频收入总规模为34.1亿元,广告收入为23.6亿元,实现了快速增长。(以上数据来源:中国互联网信息中心和艾瑞咨询。)

2011年,中国网络视频业逐渐走向成熟,这一年网络视频服务一举超越视频搜索服务而成为用户规模最大的互联网应用服务。但与此同时视频网站之间的优胜劣汰也逐渐加剧,从300多家变成了不到10家,视频网站开始形成了搜狐视频、腾讯视频、爱奇艺、优酷土豆、乐视网的"五霸"格局,这一年网络视频正走向规模化、原创化和专业化。2011年中国在线视频市场规模达到62.7亿元,同比增长99.9%,广告收入为42.5亿元。网络视频用户数为3.25亿,年增长率为14.6%。(以上数据来源:中国互联网信息中心和艾瑞咨询。)

2012年,网络视频企业开始开拓除了传统PC业务之外的市场,在移动视频、社交、付费、高清视频、UCG等领域都有所涉足。本年度中国网络视频用户数达到3.72亿,全年市场广告收入为88.3亿元,较上年增长82.7%。在线视频超越社交网络成为中国互联网第一时长服务。(以上数据来源:中国互联网信息中心和艾瑞咨询。)

2013年,移动端成为中国网络视频的发展重点。优酷土豆移动端已占全站流量的20%以上,预计2014年实现营业额过亿的目标。网络视频开始反哺传统视频,优酷自制的脱口秀节目就登上了浙江卫视,并且在黄金档播出。此外,网络视听行业还将业务拓展到了视频终端产品上,机顶盒、小米盒子等都是这一类产品的突出代表。这一年中国网络视频用户数达到3.89亿,在线视频市场规模为52.7亿元,广告市场规模为21.4亿元。(以上数据来源:中国互联网信息中心和艾瑞咨询。)

2014年还未结束,网络视频仍将带来一场数字奇迹。随着4G时代的到来,流量问题将不再制约用户欣赏视频,网络视频也会逐渐加速向移动端转移。今年12月4日工信部向三大运营商颁发了4G牌照,中国4G开启的高速网络时代将有助于网络视频成为移动端最核心的应用,在这一大背景下手机视频也迎来了发展的黄金机遇期。

11.1.3 网络视频技术与制作

和传统媒介不同,网络视频公司面临激烈的市场竞争和生存压力,因此会更加重视用户需求。为了增强用户体验,网络视频公司在技术上不断开拓,现在比较常提到的就是大数据、4K、多屏互动等技术。

作为网络视频公司,通过大数据挖掘用户才能够了解核心受众,有助于改善产品形成核心竞争力。可以使用软件来分析受众的喜好和个性化需求,比如使用SAS统计分析来研究用户信息,使用智能路由器来存储用户的收视数据,在观看过程中为用户推送他们喜爱的视频。大数据在网络视频广告方面运用得更为广泛,在用户分析当中点对点地进行分析,根据反馈去了解用户的喜好,和企业广告投放方式进行对比并观察是否一致,进而去完善整个用户分析的商业模型。

随着运营商网络技术的提升,网络视频公司开始有能力来追求4K的体验。过去,比起广电的电视网络,互联网在带宽上有着较大差距,基本上码流也只在700K左右。但随着网络编码的提升,互联网企业可以建立云转码的平台来提升编码和转码的速度,虽然说现在网络清晰度和质量还比不上传统电视,但随着在整个4K的数据传输和压缩上进行研究,未来会获得更有效率和质量的编码模式。

多屏融合是一项已经被逐渐实现并运用的技术,在网络视频的发展初期主要是指网络视频PC端和移动端的融合。但现在多平台的意义更为丰富:传统电视、乐视、小米平台上都可以进行网络视频收视。通过打造一整套云中心来保证多屏同步的一致性,然后根据不同平台的用户反馈来决定如何个性化地为用户定制视频,不仅网络视频有了多个出口,同时也确保了更好的用户体验。

在网络视频的制作上,使用简单的软件就可以制作网络视频,常用的软件有Adobe Premiere Pro、Montage Extreme、Avid Media Composer等,这些软件都具有强大的数字视频编辑功能,为网络视频剪辑人员高效率的视频剪辑提供了可能性。使用软件的同时还需要掌握一定的剪辑制作技巧,这样才能更好地满足网络视频用户的需求。

易观智库监测数据显示:我国网络视频用户年龄主要分布在18~35岁,占整个网络视频用户的59%,用户年轻的特点和互联网收视的自主性对网络视频剪辑提出了特殊的要求。传统媒体的视频一般倾向于较为公正客观的公众报道,但是网络原创视频却不同,具有高度自由性和个人分享的特色。因此,可在视频剪辑的音效、字幕的使用中补充一些主人公的个人感受,增强互动性和吸引度。比如视频镜头中只是一个人尴尬的表情,根据这一镜头可以再额外配上主人公擦汗的动画图片,这就让人感觉到剪辑师好像在和观众互动一样:"瞧,这个人看起来好尴尬哦。"从而大大增强了视频的表现效果。相比于传统媒体上的视频片段,网络视频具有高度碎片化特征,大多仅仅是表现单一的事件和动作,而且视频片段不是很长,所以对于网络视频而言,每个分隔的小视频应进行适当的情景设置,突出关键情节,可以重复剪辑并突出重要的事件或动作,这样可以最大限度避免观众注意力的流失。适当对一个完整故事进行分割,在保证每个部分叙事连贯流畅的基础上,采取跳跃或简化的方法,有选择性地将相似的镜头类比集中,通过这种方法来突出表现某一种情绪或意念,突出一定的主题并且达到渲染气氛的效果,使得剪辑后的完整视频版本更具有表现力和感染力。

11.2 手机视频

11.2.1 手机视频的概念

手机的可拍摄功能增加了人们捕捉影像的方式,而手机上移动互联网的使用,又极大地改变着人们消费和传播影像的方式。正是由于手机功能的日趋完善,各种影像得以在手机这个"小玩意儿"上自由传播,而人们在观看这些影像的同时,其日常行为方式也会受到影响。正如麦克卢汉所指出的那样:"每一个新型媒体的发展,都深刻地改变着信息传播的方式,一种媒介的出现会在社会中产生新的行为标准和方式,同时创造新的环境而这样的环境又会在很大程度上影响着人们的生活和思维方式"。①

一般来说,手机视频是基于移动网络(GPRS、EDGE、3G、WiFi 等网络),以手机终端为平台,通过各种形式向用户提供影视、原创、娱乐、音乐、体育等类别的视音频内容直播、点播、下载服务等业务。其中从技术上来说,手机视频需要对上传到手机平台的原始视频源进行转码,使其符合手机端的视频格式要求。手机视频转码方式大致有两种形式:离线转码和实时转码。离线转码是指技术人员事先将视频节目源按一定的码率、格式等进行转码,并将这些视频存储后供用户通过手机进行访问。实时转码是指手机用户对某个节目源提出相应的观看请求,手机的转码系统根据用户的请求进行同步格式转换,最终将视频呈现给用户观看。

手机视频同时又可以被看成是一个新媒体形态:单单从技术上来说,手机视频又可以被看成一种移动互联网形态的点对点或点对多点的信息传输方式,一种在具有视频播放功能的手机上来观看手机流媒体的服务形式。而这种信息传播方式,除了具备传统传播技术的特点,比如电视的直观性、广播的便携性外,同时又融合了数字技术的高质量和大容量传输的特点以及网络多媒体的交互性特征。"从传播学的意义上来说,手机动态影像是在手机技术平台上实现的,以多媒体方式对图像视听内容进行个体的自主性传播和大众的个性化传播。"②

11.2.2 手机视频的发展现状

随着移动互联网的升级,手机流量资费的下调、智能终端的普及以及运营模式的创新等,手机视频用户数有了规模性增长,手机视频业务迎来了一个发展的黄金期。美国金字塔调查公司(Pyramid Research)相关研究报道指出,在 2009 年到 2014 年这几年时间里,全球手机用户的年复合增长率将超过 10%,2014 年年初就达到了 5.34 亿。

---

① 张国良. 20 世纪传播学经典文本[M]. 上海:复旦大学出版社,2005.
② 韦旭. 中国手机电视传播研究[D]. 南宁:广西大学,2006.

在 2010 年 1 月 13 日召开的国务院常务会议上,中央政府决定加快推进电信网、广播电视网和互联网的三网融合。而 3G 时代的到来使得多媒体承载和高速优质的数据传输成为了可能。而随着通信行业 3G 革命的推进和 3G 技术在全球市场上的逐渐成熟,传媒行业也正在经历由模拟广播向数字广播的变革期。而对于传媒和电信这两大行业来说,利用变革把握机遇,开发出更为优秀的移动流媒体业务就蕴藏着巨大的商机。而手机视频就可以被看成是继娱乐短信互动平台后的一个巨大的利益增长点。

中国的手机视频市场也处于一个飞速发展期,用户数量不断增长。并且随着中国联通、中国电信、中国移动三家运营商首批获得 4G 运用执照,我国也已正式进入了 4G 时代。在 3G 时代,随时随地欣赏视频也许还并不是那么容易的事,但是在 4G 时代,随着网速的大幅度提升,用户将会享受更为流畅的视频播放体验。此外,媒介方式的革新使得用户需求也日益发生变化,现在用户需求日益多元化、个性化,而手机视频的出现恰好契合了这一特征。快节奏的生活使得越来越多的用户没有时间去观看电视等传统媒介,但通过媒介获取信息的需求依然存在,手机作为用户必备的工具是随时可以用来获取信息的,用户也可以随时用手机来观看视频。并且现代社会人们的时间已被工作分割为零碎的小段,而手机视频的"微、小、碎"特征使得用户方便随时随地收看。

手机视频既包括百度手机视频、爱奇艺手机视频等综合类视频软件,又包括中国网络电视台、湖南网络电视台等以直播为特色的视频工具,还有依托优酷、土豆等视频网站的视频软件,不仅可以在线观看还可以离线下载视频到手机。下面就对这些手机视频软件作简单的案例分析。

百度手机视频是百度推出的一款免费的手机视频应用软件,有视频搜索、视频推荐、剧集提醒、离线观看等多项功能,可以观看的内容包括热门电影、热点新闻、优秀电视剧等。运行软件,将默认打开"热播"界面,手指向右滑动就可以打开百度视频的功能菜单项,包括离线列表、雷达、播放记录、频道等功能项。在频道中,可以看到百度视频极其细致的分类,包括热播、榜单、直播、电视剧、电影、微电影等分类项,我们可以通过分类项很容易找到自己想要收看的内容。在影片播放界面,只要点击播放画面就可出现"下载项",点击就可以直接下载,包括"离线中"、"已离线"、"本地视频"等类别。百度视频的"雷达"功能中的"附近热播"按钮可以让你看到周围人在看什么影片,通过点击自己也可以同步观看。百度手机视频同时具有影音共享功能,在手机上可以收看电脑上的视频。同时使用百度影棒可以实现在电脑上看大片。

爱奇艺手机视频是爱奇艺网站下的一款高清手机视频客户端，使用该软件可以在线观看和下载新闻、电影、动漫、音乐、娱乐、片花和微视频等影视视频。运行软件，主界面下会出现常用的功能菜单，包括导航、推荐、热点、离线观看等功能项，上方主要是搜索功能，点击中间的视频就可以播放相关视频。爱奇艺的视频比PPS、乐视、搜狐、PPTV等手机视频软件的资源库都要丰富，不仅有电影、电视、纪录片等常见分类，还提供财经、公开课、原创视频、汽车等类别。爱奇艺播放方式极为简单，只需要点击视频就可以进行播放，默认以小窗口形式显示在手机上方，下方显示相应的资源列表和评论等，同时也支持离线缓存。

百度和爱奇艺这两款手机视频软件，主要提供的是对各类影视资源的搜索、播放和下载等功能，但也有不少用户喜欢看实时的电视直播，CNTV这款手机软件就可以实现用户用手机看电视的需求。运行CNTV，在主界面上就可以看到热门直播内容推荐，在打开的窗口上也会看到央视、城市频道、卫视等直播类别，点击直播内容就可以欣赏节目了，CNTV直播界面上有推荐的和节目两个选项，推荐的是相关直播节目，相当于节目预告；而节目则是当前正在同步播出的节目，和前面两款软件不同，CNTV不支持离线缓存的功能。CNTV的视频资源很多都来自于各大电视台，因此在资源丰富度上不如流行的在线影视播放软件，而且点播的内容只能够进行分享和收藏，而不能够进行下载。不过CNTV也有自身的优势，其搜集了大量丰富的新闻资源、最新的电视新闻报道、央视的权威评论等，这些都可以在这个软件里面进行收看。

除了以上种类的手机视频软件，还有的视频软件是依托于网站的视频客户端软件，例如优酷客户端软件就是依托优酷作为国内领先的视频分享网站的优势，提供电视、电影、音乐、体育等专门分类项的视频资源播放服务。运行软件在主界面上可以看到当下热门视频推荐，点击即可弹出小窗口进行收看，下方显示播放列表及功能菜单，包括缓存、评论、剧情等。每个视频前面都有广告，双击视频可以全屏播放，同时还可以进行离线下载。和优酷网一样，优酷手机视频软件的"频道分类"相当细致，包括电视剧、电影、纪录片、教育、时尚、生活、旅游等，同时还有专门设置的"专题精编"，在分类的合理性和功能性上，优酷是大大领先其他视频分享软件的。

近年来，一些新的手机视频软件也不断涌现，视频飞搜Flvshow就是其中的杰出代表。该软件依托技术优势，让用户直读所有互联网视频内容，用户不再需要装

n 个视频客户端，使用它就可以搜索到腾讯视频、乐视、优酷、网易公开课、TVB卡通、音悦台、56 等手机视频软件的视频内容。互动电视也是一款极具创新精神的手机软件，传统的手机视频软件只是将视频简单地整合在一起，而此手机视频软件则是加以精心策划和制作，提供选美大赛、全国车展、拳王争霸等精心编排的频道内容。同时还可以在客户端通过用户中心申请成为互动视频社区主播。此外，互动电视还具有播放流畅、超清高清声画同步流畅、下载速度快捷等优势。

11.2.3 手机视频节目制作

手机视频市场可以被看成是继电影、电视之后的第三代视频市场，由于手机自身的特点和现有技术条件的限制，并不是所有的传统视频内容都能适用于手机媒体。现有手机视频内容大多在编排形式上和传统视频度区分不大，各服务端主要提供的是一些传统电视和网络上的视频资源和内容，并未体现出手机视频节目的独有优势。这种直接采用传统节目源所带来的巨大问题是节目内容的过度同质化，手机视频内容也大多与电视和网络端的视频内容雷同，或是仅仅经过加工集成的一个个"缩水式"短视频。因此就必须针对手机屏幕小、分辨率低的固有特点，在镜头运用和视频时间控制上做相应调整。

由于手机小屏幕所能传达的视觉效果不如大屏幕，所以传达的信息量也会被大幅削弱。为了保证及时、准确地将更多信息传达给受众，在镜头运用上应当尽可能减少使用移动镜头，以固定镜头为主，尽量减少使用大全景，多采用可以看清局部但是忽略大景的中近景。如果一定要使用全景画面，可以采用步步推进的特技效果来交代叙事。同时，对于视频时长要进行有效的控制，用户使用手机观看视频多是利用零碎时间，因此剪辑应尽量做到控制时长，每个节目有特殊的兴奋点，以最简单的方式完成叙事。一个适合手机平台播放的新闻类短节目的时长一般在30 秒至 1 分钟之间。此外，手机屏幕尺寸所能展现的空间也相对较小，一个 4 英寸的手机屏幕和一个 24 英寸的电视屏幕相比所能呈现出的视觉效果，在分辨率、色差、颜色数量、对比度等方面相差甚远。因此，为了增强区分度，手机视频的画面色彩应尽量做到鲜亮活泼，尽量减少视频中烦琐的花边包装，采用对比度大的颜色来突出画面感。

11.2.4 手机视频广告

手机或许会继互联网之后被认可为"第五媒体"。随着手机视频用户的增加，手机视频广告或许也将成为一块金矿。其实在2005年年底手机视频广告概念已经出现,当时业内把手机视频广告作为数据库营销的一种表现形式。[①]国外的视频广告公司大多通过使用SAS统计分析软件的数据清理、数据筛选等功能来分析并得到用户的行为习惯。但在中国,大多数企业也只是凭借着基础信息来判断,而不是精准营销。

手机视频广告的展现形式是丰富而多元的,影、音、动画等形式都可以,也可以以故事的形式出现,一般时长在1~3分钟,并且互动功能更加便捷,甚至可以做一些互动问卷来获得即时反馈,这些在国外已经得到较为普遍的应用。随着4G时代的到来,手机视频的带宽瓶颈将不再是问题,只要处理好商业化和用户体验的平衡,手机视频广告还将有很大的发展空间。当然对于一些仅有几分钟的手机视频而言,广告时间太长用户肯定难以忍受,一般广告时间限制在15秒以内会比较合适。

此外,手机视频广告还将为电信运营商提供新的增值机会。电信运营商掌握着丰富的用户资源,同时拥有对手机媒体的掌控权。在此基础上,电信运营商可以发挥自身优势,通过与手机视频制作商开展合作,拓展手机视频业务,把发展手机视频广告作为重要的赢利点。[①-③]

---

① 黄靖.电子运营商的新机会[J].媒介,2013(4):90-92.

② 虞卓.消费主义背景下的青年价值观建设:以美国消费主义时期为例[J].理论界,2006(10):122-124.

③ 王润.论媒介文化视野下"不差钱"搞笑视频热背后的传播现象[J].科技促进发展,2009(9).

附　　录

附录1　中国科学技术大学DV案例

中国科学技术大学校园DV大赛是深受师生喜爱的校园文化活动。自2002年第一届校园DV大赛成功举办以来，中国科大的学子们已经创作了上百部DV作品。

校园DV大赛秉承着"有创意就要实现！有想法就来表达"的理念，鼓励同学们积极展现自己对视听艺术的努力追求，对社会生活的认真思考，对数字技术的不断挑战。校园DV作品类型丰富，取材多样，表达内容新颖独到，反映了中国科大在校学生的所思所想、所感所悟。作品类别涵盖了剧情片、纪录片、实验片、电视散文、专题片、MTV、公益广告等多种类别。作品长度最短的只有30秒，最长的有近两个小时。剧组创作成员少则两三人，多的可达百余人，参赛作品数目也逐年剧增。

中国科大的学子们利用课余时间组成各自的剧组团队，自编、自导、自摄、自演，通过DV演绎丰富多彩的校园生活，表达自己的心声。用年轻的热情对生活进行思考。这种现象已成为中国科大校园文化的一股热潮。经过积累和发展，中国科大的DV创作已渐渐走在了全国理工科高校的前列。下面作者就摘录一些中国科大历届DV大赛的优秀作品，让大家看看中国科大学子的风采。

天涯之路

【片名】　天涯之路
【片长】　25分

【创作时间】　2002 年
【主创人员】

　　　导演　　樊瑞睿

　　　编剧　　樊瑞睿、向继刚

　　　主演　　张拓宇、何灵娜

　　　解说　　向继刚

　　　摄影　　郭扬

　　　剪辑　　朱骏

　　　场务　　刘文杰、徐峰峰、王栋、向继刚

【本片荣获】　中国科学技术大学第一届校园 DV 大赛　最佳成片奖
【剧情简介】

　　"我住在一座大山的旁边,每天,太阳下山前我都问自己一个问题:'我是谁?我在哪里?'问了一千次后,我渐渐地明白了。我是一个人,一个男人……我生活的地方,江湖上的人都称它为:科大。"

　　这里的人们都有自己的梦。

　　有的人梦想着问鼎武林,每日诵读着各种"秘籍"和外国功夫,于枯燥的修炼中期冀着自我的超脱……

　　有的人深感理想与现实之间遥远的差距,开始自废武功,借酒浇愁,带着莫名的悲哀漂泊在世上……

　　当然,这里也有凄美的爱情,脉脉的眼神,驿动的心。他们来到幸福的苹果树下,品尝青色的果实,甘耶? 苦耶?

　　"我们从天涯而来,往天涯而去。曾经以为天涯是很远的地方,然而有一天醒悟时,忽然发现,其实这里就是天涯。其实我们都在天涯。"

　　该片带我们回味了科大校园里熟悉的一幕幕:安静的自习室、热闹的运动场、散步的林荫道,还有黄山路上的网吧和饭馆……配上王家卫风格的解说和有点无厘头的对白,让每一个看过的人都不由地回忆起自己大学里的青葱岁月。

【创作体会】

　　编者按:科大的"树之"话剧社一直是科大 DV 活动的主力军。特别是在 DV 大赛初创时期,他们贡献了《天涯之路》《隔离》等许多优秀的作品,至今仍为同学们津津乐道。这里仅摘录前"树之"社长胡波的一篇文章,感谢这些"拓荒者"们为大赛做出的贡献。

　　在荒漠中前行——写在拍摄 DV 之后　胡波

　　很多人认为科大是文化荒漠,此话触人心弦:文化荒漠? 荒漠? 当沙尘暴来临时,我们看不见彼此,只顾埋头赶路,留给后来人的是什么?

于是,也终于,菁菁校园里,有三五个人先走到一起,凭着热情和对绿色的憧憬,创立了她——树之表演艺术社。通过科大话剧节,我入社结识了他们:风趣的向继刚,热情的刘文杰,畅想的樊瑞睿,还有和善的刘春雷⋯⋯大家性情相投,谈得开怀,笑得爽朗。初期仅十来人的学生社团,小小的,但是会茁壮起来。我们的努力确实很微薄,但是此时此地这微薄的努力显得弥足珍贵!后来人或许还会发现这片我们所称谓的"绿洲",也许那时还是小小的,然而只要能延续下去,我想总还是有希望的⋯⋯

不久前,"树之"人不约而同地参与了科技传播系举办的电视短片策划大赛,共创作了三份作品:樊瑞睿的《天涯之路》,郭飞、郭威的《进行时态》和我的《美丽的一天》。大家都是第一次搞 DV 制作,当时很有新奇感,如今回首别有一番滋味在心头。《天涯之路》历时 20 分钟,有一个 2 秒的镜头却反复拍了近 10 遍。《美丽的一天》的女主角拍一个晨跑的镜头也反复了 n 次,直到最后她乏得都跑不动了。真是:镜上一秒,镜下累倒!

其实这还算不上什么困难,后期制作才是真正的艰辛。剪辑——我们 3 个剧累计有 6 万帧,全是自己一帧一帧剪出来的;配音——我们用 GOLDWAVE 对人声和音乐剪接合成,细致地分辨波形,尽量做到天衣无缝;还有加旁白添字幕也都是精工细作,连续工作了 5 个日夜才看到雏形,将大概 10 GB 的原始数据压缩到 1 GB。历经了多少焦灼等待,看到预想中的成片时,就像看到初生的婴儿一样,当时最想做的就是和大家拥抱,把手紧握在一起!所有汗水的结晶,对观众而言也许就是播放出来的几十分钟,甚至更少,但对我们来说绝不止这些。我们在乎观众的评价,我们已经惬意,在人力、财力、物力不足的限制下,我们第一次拍 DV 已经做到自己的最好了。意义在于过程,结果值得纪念,何其爽哉!

我至今仍回味和大家一起吃"工作餐"的日日夜夜。对工作精益求精,对观众坚决负责,这是大家的态度。我们不怕被人笑话,我们只是这大学校园里敢把自己的敝帚拿出来示人的一个群体。小小的天,有大大的梦想,我们想说:"在这个被称作'荒漠'的地方,也绝不缺乏做这些事的人,稀缺的也许是一种氛围,而这正是我们这些人天真地、也认真地想去改变的。"

【网友评论】

发信人　max(飞扬的牧羊星座)

信区　DV

标题　DV 大赛之我见

第一届 DV 大赛的《天涯之路》是一部很搞笑的片子,可当你看着看着的时候,心里忽然一颤,就被剧中某个镜头或某句旁白感动了……直到看完,还有一点东西值得慢慢回忆品味。

  发信人　Datou's Blog
  信区　　DV
  标题　　几部高校DV作品

  北大的《流年飘飘》、西交的《我的黄金时代》、科大的《天涯之路》,加上《清华夜话》、北师大的《卧室》算是五部了。听说清华还有部《英雄儿女》不错,searching……

  西交的《我的黄金时代》制作最精良,还有西交漫画社的感人插图,演员也可圈可点。《卧室》的剧情很有意思,制作也不错,就是比较恐怖。《流年飘飘》里的演员不太自然,故事还比较真实。《清华夜话》可以看成谈话节目,没有什么主角,反映了大学"卧床会"文化。科大的《天涯之路》有点《东邪西毒》的味道,王家卫和周星驰的文化占了主流,但是看着生活了五年的校园,格外亲切。

【天涯之路剧本】

旁　白	画　面
	放音乐1,轻起,画面对准夕阳下的大蜀山。
"我住在一座大山的旁边,每天,太阳下山前我都问自己一个问题:'我是谁?我在哪里?'问了一千次后,我渐渐地明白了。我是一个人,一个男人。	镜头慢慢向下,左转,看到了科大西区校门。
我生活的地方,江湖上的人都称它为:科大。	音乐达到高潮。停住,一片寂静。
还是每天,当太阳下山后,这里就会一片静寂。	音乐2为背景,远远拍下三教晚上自习室,灯火通明的感人场面。
每一个想问鼎武林的人,都在修炼房里打坐。你不会知道他们从哪里来,就像你不会知道他们要往哪里去。	进入教室,然后镜头向后看到黑板,

因为，他们从天涯而来，往天涯而去。
曾经以为天涯是很远的地方，然而有一天醒悟时，

忽然发现，其实这里就是天涯。其实我们都在天涯。（稍快）

这里的人们所常见的莫过于武功，

而武功之中最常见的莫过醉仙望月步、飞龙探云手，

还有练武人的最高境界——睡梦罗汉拳。

这里的人们所最常见的书莫过于武功秘籍，但有一本每个人手里都有，每个人都在莫名其妙地苦练它。红色的，上面写满了比'般若波罗蜜'还难记的文字。

黑板上赫然写着 US，渐渐地看清是 USTC，镜头向窗外延伸。
西区的夜，宿舍楼，实验楼。

湖边的灯……直上黑色的蓝天。

音乐 3 起，
一群大一学生在老师带领之下上体育课，练太极，
旁边有哥们在踢球，用花哨的步伐过人。抬头看了一眼，抬脚就射。
镜头很快地转，晃到了三教，三教前的黑板上，有人写道："拿我文曲星的哥们，劝你赶快还给我否则……我的电话是……"
上课时同学都是浑浑噩噩，有人睡觉，然后镜头向旁边一斜看到了著名的红宝书 GRE，翻开的一页上写着"绝望中寻找希望，人生终将辉煌"。
接着黑镜头，宛如一个睡着的人。

我也在这里。在这里寻找我的前途，
苦心钻研各种武功典籍，
当然还有外国功夫。

然而，我却觉得，

现实与理想差距是这样的远。

我所努力做的，却不是我最初想要做的。

而又有几人是在做自己真正想做的事呢？

音乐4起，
镜头从上摇到下，宿舍里书桌上的一叠书（很高），
最底下还有好大一堆英语辅导资料。
切到图书馆的底部，
向上一直到15楼更高的地方，停。

音乐停，出现环境声，
有人在宿舍里打游戏，
有三台电脑的宿舍，外面在玩 CS，中间在打 KOF，里面在看电影。

这时镜头切到宿舍外的走廊，向前推，还有晃动，这是一个人在走路的感觉，迎面来个学生见到摄像机，略点头，高叫一声"班主任好！"镜头也是一晃，表示点头。接着进入刚才打游戏的那间宿舍。见电脑全都是关着的，刚在打游戏的人都伏在电脑桌上自习或看书。听门响一齐向这边看过来。

我认为我是对的，就像别人都认为我是错的……

莫名的悲哀，我借酒浇愁。你尝过醉的滋味吗？

可以专心于酒，可以把酒当作唯一最好的朋友，可以向酒说话，它不会不理你，它也不会嘲笑你，它不会用要去练功推脱它的义务，当然它也不会问我从哪里来，要往哪里去。因为那是我也不知道的事情。

最怕是醒，醒来的时候，会发现天地虽大，哪里又能容我？

我开始自废武功，我开始漂泊，虽然漂泊的并不只我一人。

每到这个时辰，她都会来。

轻轻地掠过浮华的人群。

音乐5起，
黄山路，一群人在饭馆喝酒。一个长时间、长距离的镜头，把黄山路看个通通透透（前边的小吃街，中间的联大（现为合肥学院）和后面的网吧。
还有到西区门前的长长的宽宽的静静的路）。

来到宿舍门口，夜已深，有人在门外叫："大爷，开一下门吧！"无奈，徘徊。
一转来到深夜的网吧，登记时特写前面的人写的证件号全是PB开头。

出门对月。暗下来。

音乐6起，
图书馆门前，有一个非常漂亮的女孩在等校车。
车来了，清晰的她，衬在拥挤的、没有秩序的、都是面目狰狞的人的背景之上。

我在什么地方,她当然不知道。

而她在哪里,却没有人比我更清楚一些。

如果说是太上老君让我遇到她,那么我又何必错失他的美意呢?

一个一个的切换,闪过西区的1、2、4、5号楼(男生宿舍楼),定格于3号楼(唯一的一栋女生楼)。

又回到车站,她换了件衣服,镜头上前,表示男生上前,听到一个男生的声音"你好"。

女孩回头,她的确非常漂亮。三教里有一个八卦图,这时的画面:那个八卦在旋转。

当旋转停止时,镜头向旁边拉远,有一男一女在八卦的两边站立,对视。这时只有两个人的声音。没有解说,没有别人,没有音乐,没有手机铃声……他歪着头,她也歪着头;他把头直起来,她也直起来;他做个鬼脸,她也做;他笑了,她也笑了;他不笑了,含情脉脉地看她,她也不笑了也看他。镜头又开始转,看到女孩秀丽的面庞和男生的背影,在慢慢转到另一边。这时像是有人走过一样,镜头黑。

响起音乐7,

于是,我约了她一起去看了一场浪漫的皮影戏。

当然,是在我常去的地方——藏经阁二楼。

那一晚是如此的美妙。从藏经阁出来,我们又去街上赶集。她说想去扭洋秧歌。

黑过之后看到男生的位置不变,女孩站在了他的旁边,两人已经来到了图书馆的二楼,镜头继续按原来的方式转,看到了男生的笑脸,当然还有女孩的脸(背景有很多人,都是模糊的),再转到女孩的这边时,男生充满爱意地看她一眼,又一次转到背后,拉远,发现他们是站在别人后面看免费的"无声"电影。(别人戴耳机看,他们干看字幕)镜头渐渐退出那里来到门外,但还是看着他们。最后模糊成一片光影。

光影退化成一轮月亮,嘈杂的黄山路上,两人漫无目的地并肩走,远远听见他们谈话。

男生问:"你……今天作业都写完了吧。"
女孩点头,"嗯!"
"那你明天都有什么课?"
"挺多的……你,会不会,跳舞?"
"什么舞?"
"嗯,慢三,会吧?"

	"嗯,不好意思,不会。" "啊?哦!你是喜欢蹦迪吧!(有点兴奋)" "哦,那呀,我也不会。" "那你都会什么舞?" "都不太会……"
可我不会。于是她就顺着我。	"那我们去哪?"(男生怯声问) "逛街好了。"
只是在街上走……只是在街上走。	向前,远景,把灯光和人都拍下来。 很多声音:打游戏的,吃东西的……
我们之间什么都没有说,晚上的夜市让我记忆犹新。 那一天是壬午年二月廿四。	这时不需要定着哪个人拍,很多人,很多情侣。不知道哪一对是他们。 渐黑。
她说过,她很喜欢扭那些洋秧歌。	在图书馆的顶端俯瞰科大,每一处美景都让镜头留意。这是一个阳光灿烂的早晨。 背景解说开始, 说完女孩也说(只是在回荡着声音):"(是在边蹦迪边说)你喜欢跳吗?我好喜欢呀!" 音乐5起,很轻,

她也说过，她仍是单飞之雁。

她说，她不喜欢蛮夷之地，她喜欢在这里怀古评今。

她说过，我是条不错的汉子。

她还说过，我们做君子之交吧。

她走了，因为我只会笨拙地扭那洋秧歌，因为我无法使她更快乐，还因为我的武功差。我没有办法打倒她现在的，或是将要成现在的，或是现在也许是将来不是的，或是现在已经是的将来还会是的，身边的那个，或是那些男人，或是男人们。

我开始有些无聊了，

我开始笑了，

"我也是很寂寞的，要是有人聊天就好了。"

"你会出国吗？"

"（很可爱的）我想我也不会，这里挺好。"

"你是个很特别的男生。"

"我们……还是做朋友吧。"回声。

这时着重将镜头落在人多的地方。
捡几个有特色的科大男生，偷拍再一次的拉远（像幻灯一样打出来）。

闪出科大几座有点艺术气息的雕塑，

虽然我的眼里全没有一丝快乐。"

闪出杨振宁、严济慈等一些雕像的笑脸。

最后,男生站在郭沫若像前,作郭老的样子,双手抱在胸前笑。镜头拉远,很远很远……音乐隐。

这时镜头是全黑的,单单听见旁白
时常做梦,梦到送我来这里的那条路……

火车一声长啸。

音乐介绍
音乐1　选自游戏《仙剑奇侠传》,有气势。
音乐2　选自游戏《仙剑奇侠传》,悠寂。
音乐3　选自游戏《仙剑奇侠传》,有节奏,快。
音乐4　选自游戏《仙剑奇侠传》,过渡性,有思潮起伏的感觉。
音乐5　选自游戏《仙剑奇侠传》,深沉,悠远。
音乐6　选自游戏《仙剑奇侠传》,曲调同5,但节奏快一些,有飘然的感觉。
音乐7　选自游戏《仙剑奇侠传》,浪漫漫步。
片尾音乐　选自游戏《仙剑奇侠传》,超脱。

西红柿炒鸡蛋

【片名】　西红柿炒鸡蛋
【片长】　20分
【创作时间】　2002年
【主创人员】
　　导演　戴乐
　　编剧　戴乐
　　主演　姚晓溪、李湛

剪辑　戴乐

【本片荣获】　中国科学技术大学第一届校园 DV 大赛　优秀成片奖

【剧情简介】

　　在很多人眼中,玫瑰承载着爱情的热烈,巧克力浸润着爱情的甜蜜。可又有谁能想到,一盘简单的西红柿炒鸡蛋,竟成了一段感情的见证呢?……

　　故事开始于科大校园外一个普通的小饭馆,男主人公李瀚海与女主人公江雪映二人似乎还是初次相识。李瀚海要的一份西红柿炒鸡蛋,拉开了一段感情的序幕。两个人一路走过,不知去过了多少大大小小的饭馆,感情也日渐亲密,然而李瀚海对那盘西红柿炒鸡蛋始终情有独钟。女主人公开始还觉得有趣,可随着时间的推移她逐渐对那盘菜感到厌烦,裂痕渐渐产生。终于有一天她再也无法忍受,在李瀚海点菜时又一次说出那熟悉的"西红柿……"时,她失控地站起,转身离去。

　　故事发展到这里也许已经可以结束了,命中注定他们只能在茫茫人海中擦肩而过,从此在已不再相交的圆中各自生活。而李瀚海最后给江雪映的一封信却让一切真相大白,原来那盘普通的西红柿炒鸡蛋,竟蕴含着他童年一段辛酸而又刻骨铭心的回忆,只是为了不想让她有太多歉疚而一直隐瞒……

　　镜头在科大校园中穿行。草木青翠如故,甬道上依然是行色匆匆的人群,却已然物是人非,不由想起那句诗——"帘影碧桃人已去,履痕苍藓径空留"……

【创作体会】

　　坦白说,对于这部作品,自己觉得不甚满意。毕竟是第一部短片,存在很多缺陷和很多需要改的地方。选择此类题材,是因为在很多人眼中,爱情都是永恒的主题,这里只是希望通过一个不太单薄的爱情故事,讲述感情中常见的分分合合。第一次搞 DV 创作,最大的感受是一个好的剧本,特别是分镜头剧本是最重要的,否则,后期的剪辑时间可能会超过拍摄时间。另外,就我所知,新入手拍 DV 的人通常都会犯一个毛病——拖沓,所以能剪的地方尽量剪,能在五个镜头一分钟说完的事情就不要用两分钟甚至五分钟。虽然自己已经很注意这一点,但在拍摄与剪辑过程中仍然犯了一些错误,有机会要重拍一次。

【网友评论】

　　(1)"选材很特别,这样一盘普通的菜肴,竟将两个原本不相识的人连在了一起,并让他们相知相爱,伴着他们走过初识的小心而会意,走过后来的幸福与甜蜜,可最后却成了使二人感情产生裂痕并最终导致分手的导火索,让人感慨……"

　　(2)"几个简单的画面,几段平实的话语,加上一份普通的菜,便书写了一个让人看后无比感动的爱情故事,也许爱情便是如这盘西红柿炒鸡蛋般简单。"

　　(3)"感觉很好,一部相当好的片子,无论从立意上还是从最后对画面的处理上。去食堂都不敢点这盘菜,呵呵……"

（4）"看后最大感受:既然曾那么真切而又用心地拥有过,曾那么真实地因拥有而充实快乐过,就要珍惜它。只有真正用心珍惜过,才能在失去时不因此而倍感懊悔无奈……"

（5）"很不错,但个人认为后面那段取景是否太长了点,差不多有十来分钟,占据了几乎三分之一的片长。取景,作为拍摄时渲染剧情的一种手法,在这里使用地似乎有喧宾夺主之嫌,很大程度上冲淡了剧情。虽然说我可以理解他在一个将要离校的时刻,身心都被一些很真切的感情充斥着,这些景观也包含着作者对自己生活了四年的大学校园的眷恋与不舍,但就我的理解,争取把它压缩在五分钟以内会更好。"

【专家点评】

当时是第一届 DV 大赛,不论是创作过程还是很多组织宣传等工作都是第一次尝试,这部一等奖作品最终反映也没有预想中强烈,但可以看到的是,作为 DV 大赛的"开山之作",它无论从选材还是从艺术表现手法上来讲都无疑是成功的。随着"西红柿爱情"在这部 DV 作品的影响下逐渐植入每一位科大人心中,校园 DV——这种时尚的艺术表现形式也为相当一部分学生所接受并喜爱,为后来的第二、三届比赛人才云集,各类优秀作品层出不穷打下坚实的基础。此后 DV 风靡科大校园,也产生了一大批好作品,可以说相当一部分源于这部《西红柿炒鸡蛋》的成功。

隔　离

【片名】　　隔离（又名《天使与海豚》）
【片长】　　24 分 29 秒
【创作时间】　2003 年
【主创人员】
　　导演　潘刚、李衡
　　编剧　潘刚、李衡
　　主演　樊瑞睿、韩文谦
　　摄影　王栋
　　剪辑　向继刚
　　场务　刘文杰
【本片荣获】　中国科学技术大学第二届校园 DV 大赛　最佳成片奖、最具人气奖

【剧情简介】

一段发生在"非典"时期的特殊情感……

外地归来的张枫(男主角)被隔离观察,阴错阳差地跟胡世渊(女主角)安排在了同一个房间。张枫隐瞒着胡世渊,没有向服务员换房,就这样住了下来。素未相识的二人,在冷战中挨过了第一个夜晚。

胡世渊是一个可爱、单纯、有点任性的女孩儿,天天和男友通电话,排解隔离时寂寞的心情,盼着四天后他来接自己出去。张枫则整天捧着一本《等待戈多》在看,显得有点木讷。慢慢的,胡世渊和张枫相互熟悉起来。她兴致勃勃地跟张枫讲起自己和男友一见钟情的浪漫史,却话不投机,被张枫笑作"单调的爱情"。

第三天,胡世渊病了,张枫照顾了她的起居,还不由分说地用从当兽医的爷爷那里学来的"三脚猫"功夫给她胡乱治了一气,竟然起了效果。她的身体好转,两个人的关系渐渐近了。张枫用硬币耍把戏"骗"胡世渊,她不服气就偷吃了张枫的晚餐。看着张枫又气又饿的可怜样子,她有点爱怜的把头靠向了他的肩膀……

当夜,张枫讲述了自己大学里的故事,他说他在等待他的"戈多"。他给好奇的胡世渊读起《等待戈多》的剧本。胡世渊在他的朗诵声中睡去,而他对着梦中的她,读出了自己的心声……

第四天早上,胡世渊同张枫道别。临走前,张枫坦白是自己有意没有换房,却不知道原来胡世渊一直都清楚这件事。张枫没有挽留住她,她走了,只剩下张枫和他的《等待戈多》。

【创作体会】

  主演不是主角——潘刚

"主演不是主角,在这部短片中,有两个主演,但是只有一个主角张枫,女主演只不过是一个配角而已。因为女主演所扮演的角色就是我们平常所见到的一个清纯可爱、不谙世事的单纯女孩。而男主演,则经历了一个由起点到终点再到起点的过程(未肯言明)。就像人生一样,我们在小孩的时候以不尿裤子作为成功,在老年的时候也是啊!我主要是想用它来表现我所理解的人生。"

  《隔离》产生的前前后后——向继刚

《隔离》获得了最具人气奖,这是我们最看重的奖项。很多人问我:"你们是怎么拍《隔离》的?"我就在这儿把前前后后仔细地讲给大家。

  灵感爆发:

一个同学在"非典"时进了招待所隔离,回来眉飞色舞地讲和一个女生隔在了一起,每天聊天、打牌、看电视。我们开玩笑说他爽了,他神色一黯:"人家有男朋友了。"大家纷纷扼腕,潘刚却心有不甘,晚上躺在床上开始瞎想一男一女错误地隔离到一块儿会发生什么。其实他一直被蒙到鼓里,那个同学就是和一个男生隔离在一块儿。

当时正巧胡波(时任"树之"话剧社社长,我们的坚强后盾)准备参加 DV 短片大赛,写了一个本子《"非典"来袭》请潘刚修改。潘刚就说:"你这样平铺直叙地写'非典'怎么样怎么样,还不如从一个侧面来反映一些人与人之间的东西,就说这个隔离,打牌看电视,太无聊。要是男的和女的隔到一起,啊,咳咳……"

"那个男的一直看书,那女的不理"樊瑞睿接下去。

"那女的名字要中性一点儿,前台服务员才会搞错。"潘刚补充。

"两个人要抢电视看。"

"你不是会拍硬币么?把那个女的唬了。"

"对,对,对,还有……"

"那就拍出来吧,"胡波拍案而起,"我给你们联系女演员!"

关于结尾:

2003 年 11 月 30 日,中国科大"树之"彩叶话剧节在西活二楼第二场演出。到场的观众是幸运的,他们看到的是《隔离》最初的结尾,"女主角没有离去,又回到那个屋子,用硬币玩起了当初男主角'骗'自己的把戏,问男主角'你选正面的字,还是反面的花?'"。这个结尾在我看来是给人以希望、思考和回味的结尾,同时也是节奏感把握最好的结尾,可以说整片是一气呵成的。

在第一个结尾出来以后,潘刚送给老师看,根据老师提出的一些批评意见进行了修改。他们一组人的心境在这时也发生了一次质的突变,想把这心中的苦闷表达出来,宁愿自己再掏 138,又拍摄了大家 27 号看到的结尾。以我个人的观点来看:寓意很深,但节奏不好,给人一种老也完不了的感觉……而 27 号大家看到的结尾,可以说是某种妥协的产物。

安徽经视《第一时间》的主持人问我:"《隔离》这部片子是不是要表达一种大学生对爱情的渴望?"我回答说:"这个年龄的我们或许不知道爱情是什么,我们只有自己理解的东西。有的人把他的理解付出了实践,而我们只是用我们手中的 DV 把它展现出来与大家共享。"

【网友评论】

网友1 科大 BBS

发信人 porpoise(~~心不化妆~~)

信区 MPHY

标题 Re:《隔离》产生的前前后后

很有幸看了两遍第一个结尾,第一次是在黑黑的寝室里,最后差点没哭出来;

第二次是在礼堂,和着各种各样的表情与情绪,感觉也很不错。

就以第一个结尾随便作点评价：

整部 DV 基调压得比较低,节奏也松弛;这种感觉正好配合着非典时期人们的无奈,抑郁,并时隐时现着与生活的奋争(戏中巧妙地将此表现为男女主人公之间的层层矛盾)——更恰当的说,它主要为了表现当代大学生心理阴影的一个缩影,从剧中提到的《等待戈多》中的寓意可见一斑。

在惆怅中麻醉妥协,或是勇敢地跳出来该放的放下来;

生活正和我们玩着一场心理游戏:表象背后的真实世界兴许是那么的可爱;

如果说生命交给我们的唯一还有什么可以值得郁闷的,也许正是——你忘了自己还有能力地去"希望"。

DV 的结局就是个很好的例子:当男主人公还陷于抑郁时,殊不知女主人公之前表现的种种只是有心和自己开的玩笑,就连那个翻硬币的把戏也是她本来就会的(导演可能不同意我的说法～)

网友 2   科大 BBS

发信人   wjdandnewton

信区   MPHY

标题   Re:《隔离》产生的前前后后

(编者按:本文作者和导演、主演为室友)

Porpoise mm 对《隔离》的想法和潘导、向导的真实意图相差甚远,看来一千个人看《隔离》,就有一千种理解。当然重要的是我们在用自己的方式欣赏着我们内心世界所设定的主旨,这又何尝不是一种快乐呢?原想窥测道之奥妙,却只能在无数个侧面来欣赏,真是此物不可芳,可芳非此物啊。

关于导演的意图,我只记住了一句话——《隔离》中出现的所有人物都只是配角。这确实是一部作家电影,潘导想借此将其对这个世界的看法与感受表达出来,至于我们能否看得出来不是其目的。整部片充满了冷幽默,狂笑中,众人是否感觉到又被《隔离》所注视,那么真正的"隔离"又在哪里呢?是我们的心与现实不能达一?是我们的理想受挫?是我们苦苦寻觅,却又无法寻觅?抑或是人与人之间种种隔阂?我想欲理解此片,则应对导演的心态有所了解,他的苦闷、犹豫、彷徨、希望,以及对整个未来的再次振作。令我感到欣慰的是导演本人已慢慢走出了曾经的阴郁,重新燃起生活的希望。一个人能够通过这一部 DV 最后拯救了自我,这也许才是《隔离》给导演本人带来的最具有戏剧性的效果。

网友 3   科大 BBS

发信人   zhaohui(挠头:来如流水兮逝如风)

信区　DV

标题　《隔离》个人观后感

　　我想《隔离》的主线就是不成熟的男女感情。女孩的第一个男友便是一见钟情式的,之后的感情也一般。GG每天打两个电话来,感觉上像是例行公事。女孩让这份感情苟延残喘着,同时也在寻找"出轨"的可能。从明知房间没有住满而让男生住进来,到吃光了男孩的干粮后想把头靠到他肩上,都是一种欲试又止的心情的反应。当然最终理智还是让她没有继续留恋这份带着冲动的邂逅。

　　短片的意思我想就是男孩读的剧本(抱歉我没看过《等待戈多》的原文,只能猜测了),年轻的人们渴望爱情,但并不知道谁才是那个另一半。于是只能留意注视着每一个路过的人,希望他就是自己等待的戈多。但总是失望地发现不是,于是继续等待。

【专家点评】

　　在我看来,《隔离》近乎撒野。在非典时期不但不合情理地让一对毫不相识的男女同居,让女孩子大嚼香肠,速吞方便面,尽失斯文;还让男孩子不顾礼教地动手动脚,压迫对方"爬下,放个屁,一会儿就好了"。其实,从一开始两人对非典送来的同居机会就是欣赏的,只是心照不宣而已。因为是欣赏,这就注定了他们之间的感情是非典型性的。居而隔离,灵肉折磨,情感角斗——作者捣鼓出来的故事就是这么野,就是这么烫。但野而有味,其味攻心,或许这就是人们喜欢它的理由。

　　《隔离》是一部较为深刻的作品,艺术形式表现成熟,叙事流畅生动,在封闭的空间里流动着丰富的感情,平淡中富有深意,表达出人与人之间的美好情感,细节处理精彩,在不瘟不火中有幽默感。

依然单身

【片名】　依然单身

【片长】　19分37秒

【创作时间】　2003年

【主创人员】

　　导演　杨天彬

　　编剧　杨天彬

　　摄影　金彦

【本片荣获】　中国科学技术大学第二届校园DV大赛　优秀成片奖

【剧情简介】

即将跨入科大校门的我和同学相约一定要在校园里谈一次恋爱。科大的学业是繁重的,但我还是对爱情充满了期待。当室友们告诉我科大没有爱情时,我仍坚持走自己的路。然而生活却不尽如人意,科大女生的稀少让我有一丝无奈,路上某女生高傲而冷峻的目光令我信心全无,于是有意无意地和科大女生保持着距离。在平淡的生活中一年很快就过去了,我非但没有找到女朋友,甚至连一个女性朋友都没有。

转眼到了大二,看到周围的同学已经谈起了恋爱,我又鼓起勇气,主动找同学认识了安大的女生小莫。我们通电话、逛超市、看碟子、吃饭,渐渐地我发现自己越来越喜欢她,甜蜜又充满期待。一次小莫请我帮忙做作业,我费了九牛二虎之力完成时已错过了约定的时间,当我很失落地闲逛时却无意中遇到了小莫和她的男友。美丽的梦破碎了,往昔的点点滴滴在心底泛起,我的心很痛。伤心失望过后我终于大彻大悟,我开始觉得爱情并不是生活的唯一,单身的我依然能够享受生活的温暖。

就在此时,仿佛有股神奇的力量,我接二连三地遇到同一个可爱的女生。上帝的窗打开了,明天又会是怎样的呢?

【创作体会】

《依然单身》是我参加科大第二届DV大赛的作品。最初的想法是用影片剪辑的方式来记录一段大学的心情故事。爱情永远是校园里年轻学子们热情高涨的话题,然而现实未必如人意,在大学几年我一直没有得到渴望中的爱情,深深感受到其中的寂寞与苦闷。在这种情况下产生了拍一部片子来描绘自己的大学爱情生活的想法,正好有DV大赛的机会,我便以自己的生活为蓝本,稍加艺术夸张,写了这个剧本。在片子里面,我描写了一个普通科大男生的爱情生活,那是一种稚嫩的单纯的爱情,酸酸的甜甜的感觉,多年后回头看又是无比怀念的青涩的青春岁月。我觉得科大学生也是需要爱情来滋润的,在理性的学习中多一些感性的浪漫。不知道别的学生是不是赞同,反正我是这样认为吧。

【网友评论】

(1) 那些悠长的校园小路,那些似曾相识的青涩的面孔,令我们想起了曾经的校园岁月,那些年轻的喜悦和忧伤也曾是我们的经历。离开校园多年,偶尔看到这部片子,真是感慨万千。青春的梦不管是否成真,追求本身就是美丽的,值得珍藏在时间的水晶瓶里,蓦然回首时细细回味。

(2) 该片以朴实的手法真实地展现了象牙塔中的爱情渴望和迷惘。剧情构思精巧,情节跌宕起伏,演员们的本色表演虽然稚嫩但很真实。片中一些无厘头的场景更是让人难忘。比如"我"和小莫见面那场戏,为了在气势上先胜对方,"我"在众室友的配合下摆出了黑社会老大会客的威严的派头,却掩饰不了内心的紧张,慌乱中将可乐打翻在自己身上,众室友手忙脚乱地帮我擦拭时,小莫安静地递过来一包纸巾。这种戏剧性的变化让人捧腹大笑之余体会到了一丝酸涩的味道。

无间道之科大大话版

【片名】 无间道之科大大话版(见图1.1)

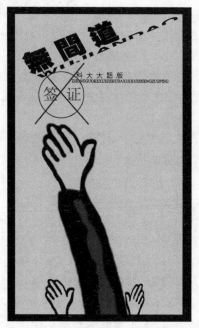

图1.1 《无间道之科大大话版》

【片长】 12分2秒
【创作时间】 2004年
【主创人员】
　　导演　查琳玲
　　编剧　查琳玲、叶文、陈芳
　　执行导演　叶文、张邓锁
　　摄影　叶文

剪辑　张邓锁

【本片荣获】　中国科学技术大学第三届校园 DV 大赛　优秀成片奖、最佳后期制作奖

【剧情简介】

出国是多数科大学子的梦想，整天背着书包、行色匆匆的陈永仁就是其中之一。

但是再好的 GPA、TOFEL、GRE 也没能在出国的路上助他通行，陈永仁在签证这一关遇到了史无前例的阻力，他已经失败了六次。

失落无助时，经朋友指点，陈永仁"投靠"了科大签证界的"老大"韩琛。

韩琛丰富的经验和背景，令陈永仁信心倍增。

不巧，再次申请，又遇上两个极端贪财的签证官，第七次申请仍不得不以失败告终。此时他与韩琛的关系开始恶化起来。韩琛所谓的 FBI，也在教学楼的大厅里探头探脑。

街头，陈永仁和曾经的恋人阿 May 不期而遇，当初的分手只源于陈永仁出国的执着。如今，阿 May 依然美丽温柔，陪伴她的是快要结婚的男友。

发生的一切让陈永仁怅然若失，感慨万千。

本片根据普林斯顿大学师兄的作品改编。

【创作体会】

从小就想当个导演，用镜头来讲故事，然而这回真的让我当上个导演，却感到手足无措了。当我刚刚对摄影中的推、拉、摇等有一个模糊的概念时，就摩拳擦掌地开始着手分镜。因为我们的故事是根据电影《无间道》改编的，所以我力求在镜头上也能模仿得很相像。然而，在实际的拍摄过程中，我的这一想法很快就宣告破产。虽然早有"高手"提醒过我，一台简单的 DV 机与拍电影的一系列设备是不可同日而语的，然而只有真正投入到拍摄中才能真切体会到其中的差异。由于大家都是初入门的新手，对 DV 机的各种性能不了解不说，就连端稳机器也很困难。同时推拉镜头又不能达到期待中的匀速平稳。因而在拍摄中我们不得不简化原来的脚本，尽量避免移动 DV 机，而是固定地拍摄一组组画面。

【网友评论】

xqyang 于 2004 年 11 月 14 日 00:27:24 星期天提到：

《无间道之科大大话版》，这也是一个模仿片，但从改编后的故事情节上来说无疑获得了成功，也极大地贴近科大校园生活。从一些细节拍摄上来说也是很成功的，我比较喜欢开头壮行的那段，阿 May 那段也不错。唯一不足的是故事连贯性不够强，不过将观众假想为看过原作的基础上应该问题不大。打分：7。

circleblue 于 2004 年 11 月 14 日 01:06:23 星期天提到：

《无间道之科大大话版》开始放精彩片段时很不错,但是后来看完整部感觉没有想象中好,有些模仿的比较生硬。

【无间道之科大大话版剧本】

字幕 《涅槃经》第十九卷：

"八大地狱之最,称为无间地狱,为无间断遭受大苦之意,故有此名。"

1. 宿舍　日内

旁白："我,陈永仁。科大学生。学号,PB95306000。GPA,3.76。托福,650。GRE,2400。申请签证六次被拒。我苦苦思索过,但百思不得其解。哥们骂我是猪头,他说,在科大这块地盘上,出来签证的没有不知道韩琛的。韩琛是一师兄,在签证这行混了很多年,可谓道中高手。江湖有江湖的规矩,游戏有游戏的规则。我决定跟他。"

[誓师(字幕)]

2. 郭沫若像前　日外

钟声,郭校长石像。

韩琛在对一批学弟做最后一次训话,他虔诚地对着老校长石像鞠躬,威严地转过身,用严厉的目光扫视着在场的所有同学,结果大家无一幸免,全被"扫"得不寒而栗,于是一时间气氛紧张得令人窒息。

韩琛似乎对这一变化相当满意,不觉一笑。

韩琛："二十年前,阿美利加培训中心,开张大吉,我和师弟们雄心壮志,谁知好景不过十几年,每人平均被鬼子拒3.3次,两年内损失了一半学员。"

说到伤心处,他情不自禁地转过身对着郭沫若石像高喊："校长保佑！算命的说今年是秃头当道,万夫莫开,不过我不同意,我认为,出来签证的,是拒是过,要靠自己决定,你们拿到 offer 最好,奖学金最高。路怎么走,要你们自己来挑。"

韩琛的笑是真诚而充满期待的,但陈永仁却没来由地有种冷森森的感觉,看到拿到大家面前里面盛着二锅头的杯子,更是觉得此行凶多吉少。

随着韩琛的一句："好了,祝你们在领事馆一帆风顺！干杯,各位师弟。"

一时间,一群有志于出国的热血青年情绪空前高涨,大有当年荆轲刺秦的感觉,故事就此也拉开了帷幕。

[新的尝试(字幕)]

3. 领事馆大厅　日内

几个人正在等待。

陈永仁(自语)："这次和上几次不同,这次我没有感到紧张(手一抖,水泼了出来)。"

旁白："下一个,陈永仁。"

陈永仁整理衣装,准备上楼。

4. **领事馆办公室　日内**

陈永仁被叫到签证官办公室。

敲门。

旁白："请进。"

字幕："签证官。"

签证官甲："PB95306000,三个月前你来签证过,你一共来过几次?"

陈永仁："六次,四次被秃头拒,一次金发,一次水枪,签证官。"

签证官乙："你觉得这次我们会给你签证吗?"

陈永仁："对不起,签证官,不清楚,但如果被拒,我还会再来。因为坚持就是胜利。"

签证官甲："PB95306000,你先出去吧。"

陈永仁："是,签证官。"

签证官甲："八百,又一笔签证费。"

签证官乙："好了,拒来拒去,你也不嫌烦。"

5. **领事馆外　日外**

随着震山响的大门声,陈永仁灰溜溜地被关在领事馆门外,再一次光荣拒签,他绝望地说:"这已经是第七次了。"

刘建明(满怀同情):"这哥们真惨!"

[郁闷(字幕)]

6. **黑暗的角落　日内**

陈永仁:"不是被秃头拒,就是被水枪 check,怎么过啊,你来试试啊?"

7. **二教天桥　日内**

韩琛着一身又炫又有型的白色风衣,满脸严肃闪亮登场(配《英雄无敌》中的音乐)。走近陈永仁,本已心情郁闷的陈永仁看到自己一身的烂牛仔,更是自惭形秽,于是一场舌战不可避免,口水泛滥成河。

韩琛:"你说,你被 check 已经好长时间了,我千方百计跟 IS 联系,说你不是恐怖分子,你还到处打人,你是不是真的心理变态啊,你还想不想要签证了?"

陈永仁:"明明说好了三个月,三个月之后又三个月,三个月后又三个月。都快三年了,老大!"

韩琛:"你对我态度好一点行不行,现在 FBI 可能已经派人来了,我去跟他们说你是基地组织的成员,你一辈子不用申请,我也不用烦了。"

陈永仁:"你想要我怎么样？天天提醒自己是学生,连做梦的时候都说给我签证,给我签证,我是 f1,这样？"

韩琛无言以对,只能沉默。过了一会儿,他觉得有必要扯开话题,缓和气氛。

韩琛:"将来回国有什么打算？"

陈永仁:"不知道。"

陈永仁气仍未消,不耐烦地扭过头去。他靠着扶栏,远眺了一会儿,心情也随之平静下来。

陈永仁:"做教授。"

韩琛:"什么？"

陈永仁:"科大教授。我拿到普林斯顿的 PhD 就回来。做不了教授还可以开公司嘛!"

韩琛:"经费从哪来？"

陈永仁:"我怎么知道经费从哪来？！不都是空手套白狼？"

韩琛(懒得与之争辩):"下次还是有希望的,啊!"

陈永仁:"你少来,这句话,我听了九千多次了。"

8. 二教大厅　日内

两名 FBI——傻强和迪比亚路正在二教大厅研究如何分辨科大是否有恐怖分子。因为基于问题的绝密性,两人理所当然地戴了黑色墨镜,颇有感觉。

傻强(很有把握的):"我知道怎么分辨恐怖分子了!"

迪比亚路:"怎么分？"

傻强:"就是正在做事,但又不专心做事,看着我们的,肯定是恐怖分子。"

于是两人就环视大厅里各色人群,眼前的景象让人触目惊心:用公用电话打电话的,上网际快车的,用茶水机接水的,甚至是那些在教室里上自习的人,几乎都用复杂而又警觉的眼光对他们暗送"秋波"。

迪比亚路:"对呀,那满楼都是恐怖分子了？"

傻强:"好多的!"

[彷徨(字幕)]

9. 华联门口　日外

陈永仁正要去采购,迎面走来曾经的女友。

陈永仁:"这么巧?"
女友:"对啊,刚好在这里买东西。"
陈永仁:"好久没见。"
女友:"两三年了吧。"
陈永仁:"你还好吗?"
女友:"我要结婚了,你呢,不是早就去美国了吗?"
这时一男子从后面走来。
男子:"阿 May!"(很自然地接过她手里的东西,并大方地朝陈永仁笑笑)
陈永仁:"你男朋友啊?"(尴尬的)
女友:"是啊。"
陈永仁:"你好。"(笑了笑,但很不自然)
男子:"你好。"
女友也觉得气氛有些尴尬,轻声地对未婚夫说了几句。
女友(对未婚夫):"你先等一下,我和老同学还有几句话要说。"
男子:"把东西给我吧,你们慢慢聊。"
陈永仁:"你男朋友很疼你啊!"
女友:"是啊。当初你为了出国和我分手,现在怎样?"
陈永仁:"我还在等签证。"
女友颇感意外,一时不知该说什么。
陈永仁:"Bye。"
女友:"Bye。"

10. 花园　日外
郁闷中的陈永仁独自在花园的长凳上苦苦思索。

［坚持不懈(字幕)］

黑场　旁白
签证官甲:"PB95306000,三个月前你来签证过,你一共来过几次?"
陈永仁:"七次,五次被秃头拒,一次金发,一次水枪,签证官。"
字幕:
谨以此片献给所有科大已经经历过,正在经历着和将要经历申请签证的朋友!

流人寝室史

【片名】　流人寝室史
【片长】　24 分
【创作时间】　2004 年
【主创人员】
　　导演　江卓尔
　　编剧　江卓尔
　　摄影　朱加伟、班小猛
　　后期制作　江卓尔
【本片荣获】　中国科学技术大学第三届校园 DV 大赛　最佳成片奖、最佳编剧奖
【剧情简介】
　　流人者，漠视陈规守则，手段有效而出人意料，风格诡异也……——摘自流人入门宝典
　　他们是一群××××（四字俗语，如热爱生活、活力四射、魅力不俗、玉树临风……）的青年，机智幽默，不循常规。他们紧密团结在"流氓头子"——老刘的周围，高举"流人"的大旗，用自己的方式在青春舞台上演绎出一段段精彩的故事。
　　宿舍遭遇突击卫生检查，"流人"们略施小计"偷天换日"，原本凌乱的寝室居然评分高高在上，还从隔壁"打劫"来一周的免费午餐……
　　数学中有一个著名的猜想：世界上任何两个人之间的朋友链不会超过六个人。你能想象"流人"们是如何利用这个理论帮老刘找到心仪女孩的电话，成就了一桩美事的么？
　　兵者，诡道也。在魔兽争霸的世界里，长久以来流传着一段不败传说。菜鸟玩家老刘"以逸待劳"，骗过前来观战的漂亮 mm，谈笑间挫败了"骨灰级"的锐火……想成为游戏高手的你，这个故事一定不要错过。
　　他们 DVing，他们快乐着……
　　捧腹之余，我们也总能从片中找到自己大学生活的影子，找到一些我们这代人的特色，一种无拘无束、敢作敢为的青春。
【创作体会】
　　导演/编剧　江卓尔
　　说不清什么时候有了记录我们寝室历史的想法。无数的搞笑经典，深厚的兄

弟情谊,让它们都随风而逝,未免过于可惜。开始是用文字,直到我偶然见到DV大赛的通知,用DV记录我们的生活,用DV与他人分享我们的快乐,是个挺好的主意。当时只是一个想法,一看截稿的时间:9月20日……再一看当天是9月19日! 于是,几个小时后,我寄出了剧本第一幕初稿,报了名。传说中的《流人寝室史》就这样诞生了。从2004年10月7日,2:55 PM第一个镜头,到2004年10月14日,10:07 PM最后一个镜头,计算机忠实地记录下我们的拍摄脚步。为了追求最好的光线和色彩效果,绝大部分的镜头都是在中午完成,害得剧组成员放弃了一贯最为"享受"的午睡。

或许由于拍摄的就是大伙儿自己吧,整个过程轻松而愉快,笑料不断,从我们的花絮中就可以看到不少。当然,也有几点遗憾。开始拍摄时,表演上有点生硬,不少镜头的设计也显得不妥,比如有些长镜头最好能分成多个不同角度的单镜头,移动镜头使用得过多等。不过,我们不是为了参赛而拍摄DV,而是为了记录生活而参赛的,记录下我们的创意、笑声、活力和青春。正因为这样,我们记录得真实而自然。做不到专业的摄影,但我们给大家带去了活力和笑声。

片子在同学们中引起了很大兴趣。我想,这样的片子应该很容易引起同学们的共鸣,拿最佳人气奖还是有竞争力的。没想到拿的是最佳成片奖+最佳编剧奖。呵呵,挺高兴的,那是多少奖金啊……

一千个读者就有一千个哈姆雷特。《流》可以当成一部纯粹的搞笑片来看,但我更想表达的还是一些更深层次的东西,一些我们这代人的特色,一种无拘无束、敢作敢为的青春。二十年的时间,已经足以诞生出一代新的思想和新的人类、新的世界。

【网友评论】

《流人寝室史》,看介绍好像是2003级的dd们拍的,非常值得赞赏。以宿舍生活为主题的片子去年就有一些,但《流人寝室史》明显更加接近影片的基本要求,看得出作者费了很大的功夫。在我看来基本上是很成功的,尤其是几个演员的表现,比较真实,如果要挑点毛病的话应该是故事连贯性不够强,主题有些凌乱。总体来看应该是本届最成功的一部短片,打分:9。——科大BBS xqyang

《流人寝室史》在一群2003级的dd手中诞生,确实令偶惊讶,潜力不可限量啊! 几点小问题,镜头画面比较单调,景别很小,后半部分有点冗长多余的感觉,但这是吹毛求疵了。至少他们在镜头的稳定意识上比我们的第一次做得好。——科大BBS Herhaps

在原创DV剧中,《流人寝室史》将校园生活表现得生动而活泼,而且精美的制

作是它的一个亮点,这着实让我们激动了一把。——科大 BBS　EndlessWaltz

第七日

【片名】　第七日(The Seventh Day)(见图 1.2)

图 1.2　《第七日》

【片长】　24 分 43 秒
【创作时间】　2005 年
【主创人员】
　　导演　孙浩
　　编剧　孙浩
　　剪辑　孙浩
【本片荣获】　中国科学技术大学第四届校园 DV 大赛　最佳成片奖
【剧情简介】
　　学校湖边,总有一个女生在那张长椅上坐着看书,那桃红色的背影总是在他的眼中泛起微微的涟漪。终于有一天,女生落下一副耳机在长椅上,而男主人公也终于鼓起勇气借此上前搭话。

有研究表明,最聪明的人也仅仅使用大脑记忆处理信息能力的10%。终于有一天,最新的科研成果使脑力的充分运用成为可能,而男主人公参加了第一批人体实验,这使他成为一个博古通今的人物,但实验的负面效应也开始渐渐显现出来,幻觉和噩梦不断困扰着他。

女生被男主人公所感动,成为他的女朋友。在两个人交往过程中,虽然他的"特异功能"让女生体验到了许多浪漫刺激的场景,但也渐渐开始不能忍受生活中时时可能受到的亦真亦幻的惊吓。女生劝他放弃实验,但他不想失去得到的一切。女友再也无法忍受这样的生活,决定离开他。一个人独自在所有曾经留下回忆的地方徘徊,不断想起两人往昔的美好过往,一边是超凡的能力,一边是过去那样普通人的生活,他将如何选择呢?

又一次在湖边见到女生,但女生却不认得他。原来,两人交往的一切不过是一场很长很长的梦。

中国古代的"黄粱美梦"是对弗洛伊德"梦的理论"最好诠释——梦里的一切都是真实的,至少在做梦的当刻,我们对幻觉给予完全的相信。时代不同,聪明而富有想象力的我们做的可是高科技含量的科幻梦,不过再怎么科幻,对爱的渴望却是千古不变的真理。

【创作体会】

创作这部DV的初衷其实很简单,我是一个非常喜欢电影的人,过去一直在看别人拍的电影,如今学校为我们提供了这样一个良好的条件,为什么不拍一部自己的片子呢?

今年"五一"开始写剧本,一有灵感就写下来,而灵感的到来常常是不分时间地点的,所以那段时间一直把剧本带在身边,到六月份,故事基本成形,而后又经过一些删改,直到"十一"开始拍摄前才最终定稿。我写的这个故事,从一个梦开始,有一些爱情,还有一些科幻,最终又回到现实中。之所以编了这个有点科幻色彩的故事,是因为在我脑中闪现的那些灵感大多与现实有些距离,远离了现实,要么是鬼片,要么是科幻片,我更愿意选择后者。用爱情这一永恒的主题作为主线,将那些分散的灵感串连起来,同时也通过这个爱情故事来表现一种爱的方式。

"十一"开始拍摄,其实就拍了两三天,累积拍摄时间不超过8小时,可用影像素材就更少了,两盘60分钟的带子都没装满,一方面是因为那段时间天气很不配合,一直是阴雨不断,光线好的时间太稀有;另一方面演员正在准备出国考试,时间不很充裕,所以很多地方都是一次就pass。

虽然拍摄的素材显得有些少，表演也不是很到位，但我对自己的摄影技巧和镜头把握还是比较满意的。这也得益于自己学了一点摄影知识，还有上半年拍摄《希望今天遇见你》时，摸索并积累了一些镜头运用的技巧。

后期制作是我最得意的地方，BBS上有帖子说这部DV其他方面都很一般，就是靠后期制作撑起来的，这虽然不是什么赞誉之辞，却说得我很开心。如果说拍DV的人是在玩DV的话，我玩得最开心的时候就是后期制作的时候，当我面前放着一堆素材可以任我"摆布"时，我感觉自己就是"上帝"。

我从10月10号左右开始后期制作，到11月1号才完成，平均每天花了5个小时左右。开始是用自己的电脑进行处理，随着制作的深入，各种剪辑、滤镜、转场、特效的运用越来越多，电脑硬件开始吃不消了，于是我去网吧找最牛的电脑来继续工作，1GB内存、AMD3000+的处理器、X700的显卡、三星997显示器，都是些令人振奋的数字。用高配置的电脑来进行后期处理，最大的好处是实时预览比较流畅，可以根据预览效果来不断完善不足之处。

拍DV不是为了评奖，但拿奖必然是对DV人莫大的肯定和鼓励。到11月1号《第七日》后期处理大功告成的时候，原本跌落的信心开始再度回升，心想最佳后期制作肯定是没问题了，就看是否能问鼎最佳成片了。最后这部片子得了最佳成片奖，真的很开心，但未能被评为最佳后期制作，心底还是有一点小小的失望。

【网友评论】

　　relives（努力～～奋斗＋想念）："貌似有点马后炮，不过我也是不吐不快。本片首先要赞的是后期制作和摄影。后期制作的剪辑功力很不错，使得全片很有镜头感和张力。第一个亮点是，男主角蹲在水边丢石子。主角出手的动作和石子在水中扑腾的镜头衔接得很好，窃以为这个地方一定拍了很多遍。因为根据石子出手到落水，时间非常之短，普通的DV很难一次到位跟上，所以这一定是多次拍摄后剪切拼合而成的。第二个亮点是，东区二教小湖对面的风景。貌似我看过的东区二教对面的风景不是如此静止如风景画般的美丽。摄影的功力很强。第三个亮点，就是无数的电影镜头与DV镜头的衔接，《剪刀手爱德华》《黑客帝国》《后天》等。就连那条鱼，那只蚊子，那个I love u，男主角醒来时眼皮的特写都是从其他影片中剪辑出来的。第四个亮点，就是曾三次出现的，黑白场景中女主角美丽的桃红色的衬衫。第一次是男主角想送情书时，女主角桃红色的衬衫极大地表现了女主角的美丽动人。后两次，都是为了表达在男主角灰色的回忆中，女主角鲜活灵动的样子。这个手法与《辛德勒的名单》中黑白场景下小女孩鲜红的帽子，非常相似。

　　其次要赞的是本片的音乐和配音。男主角的配音很温柔很好听，同学说像《重庆森林》里金城武的配音，呵呵。18楼的那个心形灯光出现时的《等你爱我》真是点睛啊,太煽情了。

再次要赞的是创意。那个18楼与《黑客帝国》揉在一起的创意实在太棒了。

最后要赞的是男女主角了。这是我看过的 DV 里面,看起来觉得最舒服的一对情侣了。男主角还蛮帅的,女主角很温柔可人。另外,女主角的背影拍得真的很美,尤其是靠在男主角肩膀上的那头秀发,看起来好温柔,另外那件桃红色的衬衫,颜色实在太正了。"

absolutely(白玉有纹):"有幸在公映之前就观赏了本届最佳成片奖得主《第七日》。最初就被它开篇的唯美画面和与画面浑然一体的音乐吸引住了,由于当时没戴眼镜,就更加执着于那模模糊糊的第一感觉,就是美。接着男主角的配音再一次吸引了我,在视觉不发达的情况下,听觉格外灵敏。

更要赞一下这部片子的后期制作,这是最值得称道的地方。完美无瑕的画面色彩处理,稳定的镜头,加上美好的声音,真挚的台词,飘逸的故事,这是我见过的制作最精良的校园 DV,可说全然美丽毫无瑕疵。只可惜没有演员的表演成分,配音和口形基本上对不上。也许这样飘逸的 DV 根本不需要演技。

总的来说,很完美,希望下次有和导演合作的机会。"

jojozhou(be passionate):"作者说他是每天去网吧,晚上6点去,12点出来,连续好多天才做完的。好敬业,赞~~。"

【专家点评】

该作品风格独特,本来梦是比较难以表现的情景,但作者通过后期剪辑较为成功地再现了这个过程,可以说这一点是比较难得的。此外,该作品的视听语言也比较成熟,构思完整有新意,镜头转换具有想象力,配合表现内容所插入的一些电影镜头弥补了自己由于设备等条件限制造成的拍摄欠缺,同时配乐也很精彩,起到了带动情绪,推动影片剧情发展的作用。全片生动、真切,颇有诗意。

自 圆

【片名】 自圆(见图1.3)
【片长】 51分57秒
【创作时间】 2006年
【主创人员】
　　导演　李承东
　　摄影　杨明
　　脚本/剪辑/配乐/特效　李承东

图1.3 《自圆》

副导演/监制/宣传/文案/字幕　牟威圩

【本片荣获】　中国科学技术大学第五届校园DV大赛　优秀剧情片奖、最佳导演奖

【剧情简介】

裴孝仁从一场昏迷中醒来,发现自己失去了记忆,还陷入了一宗可疑的命案。女朋友罩心被杀,而他昏迷在现场。戚教授负责治疗失忆的裴孝仁,黄局长接手调查案件真相。好友马玘陪在裴孝仁左右,似乎忠心耿耿。

然而有一天,裴孝仁在自己的信箱里发现了一段记录了罩心被杀过程的视频,视频中他掏出刀狠狠捅向罩心,然后匆促地逃离了现场。很快,裴孝仁接到了一个勒索电话,勒索者声称自己知道一切。这个勒索者是谁?裴孝仁陷入了深深的恐惧和困惑中。

一天,马玘将裴孝仁约出见面,冷不丁将裴孝仁按倒在地,怒吼着:"为什么你要杀死她?"然后狠狠地掐住了他的脖子,裴孝仁挣扎着,眼前渐渐一片黑暗……

再次醒来,裴孝仁陷入了困惑中:罩心没有死,温存地陪在身边;父亲身穿白袍,声称自己是医生,还告诉裴孝仁,自己已经抢救无效去世了;黄局长出现在病房里,声称自己是陈律师,前来办理遗产手续。难道之前的一切都只是一场梦?

裴孝仁陷入了对生活、对身边每一个人的深深怀疑中,似乎一切都很正常,可是似乎所有人都在算计着什么……

有一天,裴孝仁偷偷地打开了罩心的笔记本电脑,电脑里记录了关于人脑、记忆的大量资料,难道一切都是她在捣鬼?终于有一天,裴孝仁掏出刀,捅向了覃心,然后匆促地逃离了现场。

这一幕是何其熟悉……

Sometimes, it is hard to get rid of the circle.

【创作体会】

拍电影是我非常向往的一件事。但不是说拍了一部,就没有了向往;电影可以拍一辈子。

喜欢拍电影是因为电影可以表达出自己许许多多的想法。有时候甚至是一些你不想别人知道的想法,在你无法释怀的时候,你往往可以通过创作晦涩地说出来。即使别人无法看懂,甚至是没有看出来,你总算是说了出来,就像是告诉一个无关痛痒的人一个天大的秘密。当然电影的创作并不是为了这个目的,只是说可以是这样的。

很早就有了拍摄的念头,只是碍于设备、演员的缺乏,一直没有付诸行动。《钥匙》是我自己的第一部作品,它仅仅是用 DC 可怜的拍摄功能拍摄的,而且由于许多原因,无法丰满情节。这就使得原本就比较复杂的故事跳跃太快,最终出来的效果很不令人满意。然而这次经验非常可贵,并且每每想起它,总有一种很有趣的感觉。虽说自己的创作过程中没有刻意去凑情节,但是出来的故事却包括了自己许多思索过的话题:暴力、阴谋、同性恋、魔高一丈等。

在大四比较清闲后,我们就开始讨论要真正地搞个 DV。可是我的想法就不只是想变成校园 DV,这样的圈子太小,总觉得困住了自己。于是就想拍一部像样的电影,而不是仅仅反映校园的 DV。当时在脑海里就有一些灵感,这些灵感多来自于大卫·林奇的几部作品。同时,我自己对主题的构思也比较清晰了。在一个寒假的构思后,情节也浮出了水面。终于在一个行雷闪电、风雨交加(请允许我渲染一下气氛)的夜晚,一鼓作气把初步剧本写了出来。剧本是出来了,但并不意味着这就可以一路凯歌了——还得找人给意见。很庆幸的是,我们那圈里就有那氛围。一个个长得像个大文豪,一个个长得像艺术家,由不得你不黯然神伤没能活在里头。回到剧本。剧本就是这样,创作的人怎么看怎么逻辑,而别人怎么看怎么莫名。就是在冰天雪地的早晨也会有人暴跳起来喊:"老大,馒头怎么砸死人啊?"

还是开个社员大会的好。于是把演员们召集起来,让他们自己念自己的台词,看看有没有别扭的地方,看看有没有站不住脚的石头。不过没有工资的演员们还是不好服侍啊,在以后的日子里领悟到每次动员都得比预期晚点,有时甚至临时取消。这种时候还挺沮丧的,而且还会有位老哥过来拍拍你肩膀说,习惯就好。在这样折腾了几番后,剧本总算是出炉了。

然后说说选角。选角不是选美,不是说女人长得像某个超女,男人长得像某个好男儿就选上了。当然也不是选丑了。不过很"不幸",我身边就是有那么多才华横溢,极具演艺天赋的人,又一次由不得你不黯然神伤。眼睛比较亮就会发现我们的演员有几个是"树之"社的。值得一说的是俺们那个摄影师可是很牛的,耳朵稍灵的人也知道就是"树之"社社长,整天口里唠叨着"你是我温暖的手套、冰冷的啤酒"的那位马路同学。选角的事就这样水到渠成了。最重要一点是:如果要在一分钱不给的情况下拍好你的DV,你要选脾气好的,甚至是任劳任怨,你叫他装马他就装马,你要他装牛他就装牛的演员(不是指痴呆)——当然这年头要是没有那么点文化,装牛还是装不出来的;又或许是那种有着共同理想,做了几年演员梦的人。我想,如果每次拍摄都被泼冷水,梵高都要自杀的。

　　拍摄的过程也比较坎坷。记得第一场是在我们租的一个房子里面。大家好像状态都不怎么样,拍了一个下午像是在拍喜剧。可恶的是那个该死的摄影为了省DV的电池,每次我们刚开始笑的时候就cut掉了,最后连喜剧也不像了,十足是在拍郁闷至极的文艺片。在业余的情形下,导演对演员的要求不能太高,但是又不能低得对不起自己。在这个DV时代,导演基本都是集编剧剪辑等于一身的。如果把基本的喜怒哀乐都没搞好的话,连自己都得拍案而起,何况观众呢。最后可能还不得不雇个大汉在礼堂门前叫喊:"不准带西红柿鸡蛋进场!"后来演员们可谓渐入佳境了,专业地还跟我讨论起镜头来。可是好景不长,我们扎堆的都是大忙人啊。今天这个说要去西门吹雪,明天那个又说要去东门吹水,后天又不知道是哪个要去哪个门吹头发。情势复杂兼严峻,我不得不把握每次拍摄的时间。这样还远远不够,我又把剧本稍微减了些东西(这就导致了某些情节更加晦涩了),然后还得在每次拍摄之前准备好该拍的镜头。因为大四一完啊,大家不知道要到哪个世纪才能碰头了,少一个镜头就很有可能毁了整部片子。

　　两场暴力戏是重头戏,也是拍摄期间最难忘的两场。两个男主角的那场特别有意思。我叫男一号含一口番茄酱,男二号挥拳过去后,他就顺势喷出番茄酱。男一号被"打了一拳"之后,估计是死活想对着镜头喷,没想到全喷在了男二号身上。众人笑翻腰。男二号一点笑不出来,在打人的那场面就特地给了男一号一拳。那拳刚好挥在男一号鼻子上,男二号顿生内疚,抱着男一号笑了。另外一场比较苦。那是在一个小坡上,男女主角雨中的"决斗"。合肥的六月天还是有雨的,不过还是要个盼头啊。终于等上某天下雨了,就跑到那个小土坡上去拍摄。刚开始说血用番茄酱,后来觉得不像,就叫演员用红墨水。演员开始是不愿意的,红墨水可是不好洗。还是男一号敬业,首先搞起了红墨水。这墨水真跟满神牌啫喱水的效果一样好,我非常满意。然后又要倒在泥水之中,男女主角那个敬业没得说。离开的时候才发现,NG 的次数多了之后,小坡的草就少了很多。

拍摄过程还有许多小细节,这里就不一一叙说。很多专业的演员都说喜欢拍电影。我想如果你也去尝试做个演员,你也会喜欢上拍电影的。无论是什么样的电影,过程总是很难忘的。当然专业演员的话还要饱受各种批评,业余的话心理上轻松多了。

剪辑是我自己一个人完成的。值得一说的是,后期的剪辑啊,比拍摄辛苦得多。每场 NG 都要看几遍甚至几十遍,找出最满意的一个镜头。有时候看了一些笑场,自己会忍俊不禁;但是有时候工作时间长了之后,对着那堆原始片断会想吐。特效镜头是最难的一部分。你真的需要自己一个人找个软件来摸索,每一个镜头都是自己的血汗结晶。如何去实现你想要的特效,通常要花上你几天的时间,或许在马桶旁边坐着想会比较舒适,因为你不知道你什么时候又想吐了。最后就是配乐。配乐也不简单,因为我们没有那种金牌制作人之类的,只能从别人电影里录下来,配到自己的电影里面去。要找到满意的配音也不算太难,但是每每这种配乐在那个电影里都有人在讲话啊,气喘啊,打斗啊什么的。这样导致我在很长一段时间里都在漫无目的地翻看自己已有的电影,同时间也下载了一堆莫名其妙的影片,希望哪天突然在床上跳起来大骂一句,然后来个"真是踏破铁鞋无觅处,得来全不费工夫啊"。

千山万水啊,总算盼到头了。于是传给各大专家们评价。这样又得折腾上一段时间。还是副导热心,在不省人事的一个月黑风高杀人夜里(据说是喝了点酒)对每个细节作了笔记。我拿到那份笔记的时候,顿时想起小学学的那篇课文——《珍贵的教科书》。我立马开始研究这些细节,果然很多自己没想周到的地方,但是有些地方我就坚持己见,而且还跟副导谈我的想法。副导也不容易啊!当然其他人也给了或多或少的宝贵意见。不过可惜的是,还是有人没看懂;也有说情节不合理的。情节经不起推敲是意料中的事了;另一方面来说也是我一个想法吧。我是相信所有发生的事都是小概率事件的,所以没什么逻辑。不过如果是比较超现实的手法的话,也没必要再谈逻辑了。这又不是说一个"馒头"就让我没做成好人。说到这就突然想说个题外话。我觉得小时候的一些事是很能留阴影的,我自己就感悟很深。虽说不至于毁掉我做好人的机会,但是也有可能是"一朝被蛇咬,十年怕井绳"。

【网友评论】

Hiall:"如果把 DV 的前半段看作是裴孝仁昏迷中的错觉或梦境(当然可能编剧不是这么想的),那么正是这些错觉或是说梦境导致了他的悲剧。这些错觉与裴孝仁醒来后的现实不相符,使得他心中疑窦丛生,无法释怀,最后迁怒于他的女友。

裴孝仁把女友一个无意识的动作误解为他的女友要杀他,因而举刀捅向了无辜的女友。他为什么会误会呢？因为他先前的梦境先入为主,潜意识中已经认定他的女友会杀他。即使他自己也知道他有的只有怀疑,而毫无确凿根据。我们当中很多人都常常犯'有罪推定'的错误。当对某人或某事产生怀疑时就很难分清哪是客观证据,哪是主观推断。大家都知道那个典故么？一个人丢了斧子,怀疑是他邻居家的小孩偷的。因此他就观察那个小孩举止,觉得那个小孩的一举一动越看越像小偷。后来他的斧子找到了,他知道冤枉那个小孩了,就觉得那个小孩怎么看怎么像好孩子。

还有,往往一些在你看来荒唐的事情,而别人看来很正常。因为一个人不可能了解到另一个人身上每时每刻发生的事情,也不可能了解到另一个人每一时刻都看到了什么。就像裴孝仁祈求那个律师相信他所说的关于他的梦境。那个律师似乎很坦然地回答我相信你,但是他心中根本不相信那些荒唐的说法,可能还认为裴孝仁脑子有问题呢。现实生活中我们虽然不总会把梦境中的东西当成真的相信,但是我们也不能保证不会把不相关的事情联系起来,或者搞错相互之间的关系,从而引出一些荒唐的事情。

其实我一直有这样的想法,那就是：

尽管客观世界就一个。而我们每个不同的人眼中看到的世界却是不一样的。我们每个人所看到的外界形态与自己内心世界有很大关系的。你眼中看到的世界其实是你内心的一种折射。也许就是所谓的仁者见仁,智者见智。

同样的,当你给一个人说一段话表达一定内容或情感的时候,这个人似乎是明白了你所说的话的内容和包含的情感,其实不然。人与人之间的交流很难达到那么高的效率。他能准确无误地明白70%的内容和情感,就很不错了。要么这个人很了解你,要么这个人有很强的领悟力。

但是我们为什么通常察觉不到身边的人看到的其实跟自己看到的并不相同呢？或者我们也并不觉得别人总是频繁地误解你的话语呢？因为我们也没有真正准确地领悟别人眼中的世界或者准确地领悟别人对你的反馈。因为我们还是按照自己心中的那个世界去理解别人的世界,按照自己先前的意思和情感去理解别人的回答。

好了,话题扯远了。言归正传。

其实不必计较于别人有没有误解DV。每个人有每个人的生活,每个人的生活重心都不一样。如果你总被别人误解,那么可能你从DV中看到的更多是关于误解的话题。如果你或你的朋友执迷于游戏、金钱等,你就会看到更多关于这些的内容。

每个人都有向他人倾诉的诉求。只要创作人员表达了想表达的内容,那就行了。如果一味要求所有人都看到创作人员所想表达的那一层,恐怕只会让自己平添许多牵挂、遗憾吧。算不算也跳进了一个自己设下的圆呢?"

jingrong:"看了一遍,不知道'自圆'是片子的'自圆'还是男主角的'自圆'。这个片子给人一种首尾相接的感觉——这就是片子的'自圆'吧。而男主角的'自圆'在于他第二次醒来,把所有现实生活中没有发生的事,他都让它发生了。例如杀死自己的女朋友。这让我想到是不是人都有一种本能,把原来没有发生的事,自作主张地让它发生。即使后果不是你可以承受的,只要它是你熟悉的就好呢?是人喜欢待在熟悉的环境不能接受外界的一丝改变吗?那个纸上的'置之脑后而后生',说的就是男主角第二次醒来,只要他装作什么都没有发生,他就可以继续生活下去吧。但是他却没有领会到,只在前面的事情上兜圈子。我应该敬佩他的勇气可嘉还是为他的执着感到可悲呢。如果真的与MT713联系起来,那男主角真的是一个可悲的受害者了!人,总是自身与环境的产物,不是吗?

这部片没有累赘,每个镜头后面都似乎有个深层的意思。简洁的画面,不简单的情节,是我喜欢的类型。但是思想太黑暗了,看不到希望……世上的公理是看你变得是否够强而定的,跳出这个圆,生活肯定会变得更好。"

【专家点评】
　　男主人公以其令人叹服的演技,全身心地融化于这个超现实主义的令人窒息的故事情节之中,使人震撼。

沫寞

【片名】　沫寞(momo)
【片长】　16分26秒
【创作时间】　2006年
【主创人员】
　　导演　马可敬
　　编剧　汪臻真
　　摄影　马果、方博
　　剪辑　朱东民、陈卓
　　场务　朱啸宇、苏林
【本片荣获】　中国科学技术大学第五届校园DV大赛　最佳剧情片奖

【剧情简介】

　　沫寞喜欢照相,虽然她看不到颜色,但世界在她的眼中是那么有趣。

　　她通过相机观察身边的人和事:食堂里互相亲昵的情侣;自习室里的变态男;在科大悄悄上演又心酸落幕的暗恋故事……不过,善良的沫寞可是巧妙地成全了一对情侣哦。

　　沫寞的镜头悄悄地追踪着一个男生,看着他打球,看着他滑旱冰,看着他在校园各个角落来来去去……终于,沫寞鼓起勇气走向他,却不经意暴露出自己的缺陷——色盲,为此自卑的沫寞惊慌失措地逃走了。没过多久,沫寞看到男生的身边多了一个女生,于是她黯然离开。

　　沫寞不知道,这个校园里,她可不是唯一的摄影爱好者,有一位神秘人士也一直通过相机镜头在默默观察她呢。从某天开始,心情不好的沫寞常常在意外的角落发现神秘人士留下的礼物,还有安慰的话语,她灰色的心情似乎渐渐明亮起来。

　　可是,这个神秘人士究竟是谁呢? 有一天,在室友的提醒下,沫寞在镜头中捕捉到了他! 可是他立刻转身逃走。沫寞毫不犹豫地追了上去。追着追着,他的身影消失在了大街上熙熙攘攘的人潮中。沫寞在马路中央迷惘地四处寻找着,红绿灯在闪,然而沫寞看不清颜色,恍惚中一辆汽车冲了过来,沫寞捂住了眼睛……

　　一双温暖的手将她带离了危险,睁开眼,是一张温暖的笑脸:"以后,都由我来陪你过马路吧。"

　　新的故事拉开了序幕……

【创作体会】

　　《沫寞》是 2006 年我们上专业课时,作为一个课程作业而拍摄的。我们小组一共有 8 个人,虽说之前大家都看过不少的电影,但要说到实际拍摄,我们可都是新手——除了知道"跳轴"等稍显专业的术语之外,真正的实践需要我们从零开始。

　　最初拍摄时非常郁闷。一个简单的镜头我们常常需要翻来覆去地拍上好几遍才能达到预想中的效果,就拿沫寞吃口香糖这个镜头来说,拍了不知道多少遍,估计当时演员的腮帮子都嚼酸了,而剧务则在一边担心:待会还有钱去买口香糖么? 而且由于前期大家的沟通不是很充分,在拍摄的过程中,导演、演员、摄影对于镜头的理解会存在不同程度的偏差,结果使得大家对一些镜头不是太满意,也出现了一些摩擦,但幸运的是我们很快发现了这个问题,在之后的拍摄过程中主动地交流彼此的想法,合作也逐渐变得融洽起来。感谢我们小组所有的成员!

　　在拍摄的过程中我们有时会有意外的惊喜。像影片开始不久那扰人的苍蝇声就是我们的剧务现场"制造"的,却几可乱真,让沫寞也连说:"真像是夏天里一只苍蝇很烦人地在身边飞来飞去。"这样一来,沫寞的表情自然也就生动起来了。影片中间那个帅帅的小弟弟去拉一个可爱的小妹妹的手的情景,剧本里本来是没有的,只是大家那天拍了几个镜头之后,看到有小孩在旁边玩耍,就想为什么不拍拍他们呢,这是很有意思的呀。于是就有了上面的那一幕,而这个镜头在放映的时候也从观众们的笑声中得到了认可。这其实也算是我们拍摄态度的一个转变吧,最初我们是严格按照分镜头剧本来进行拍摄的,一个接一个,剧本上怎么写的,就老老实实地照着拍,虽然有序,却未免死板了一些。而后来随着大家拍摄经验的增多,我们也有了一些现场发挥,比如因地制宜地调整剧本,适时地增加一些情节,看起来随意了不少,但大家却少了几分紧张,添了许多乐趣——我们是在拍摄 DV,更是在"玩"。

最后的剪辑过程却是痛苦的,这一点也不夸张。在我们开始的设想中,拍摄好了各个镜头之后,后期的剪辑不过就是把它们按照顺序拼接起来就行了,和搭积木没有什么区别。到了实际操作的时候才知道这真是特错大错。首先,我们最开始经过多次拍摄得到的镜头,在后期制作的时候却发现用不上,倒是一些当时认为拍得不好的镜头现在却可以派上用场了,而且最糟糕的是有些镜头我们还需要去补拍,但是截止时间又快到了,当时真有点焦头烂额的感觉。另外,编辑软件可不像摄像机那么好摆弄,再加上当时几个拍摄小组都在一个机房里剪辑,机器不太够用,素材、工程文件常常需要拷贝来拷贝去,难免会出差错。当你突然发现前一天辛辛苦苦做了好几个小时的剪辑都没有保存下来的时候,除了用"欲哭无泪"来形容,也就没有什么别的好说的了。为此,我们的编剧还委屈地哭过。说到这,要特别提一下我们的技术指导孙浩同学,他在后期剪辑的过程中给我们非常多的指导和帮助,非常感谢他。而且剪辑不是一遍就可以成功的,剪了一遍之后,发现不满意的地方需要再去调,再发现,再调……以至于到后来,我们的剪辑直说:"我不想再看这部片子了,再看我就要吐了。"

所幸地是,我们的片子得到了大家的认可,被评为了中国科大第五届校园 DV 大赛剧情片一等奖,那一刻我们是最开心的,拍摄过程中的郁闷、辛苦,也变成了我们百说不厌的乐事、趣事。

现在回过头来再看《沫寞》,我觉得这部片子本身就是对我们最大的奖赏。就像前段时间看真人版的《变形金刚》,相信许多 80 年代的同龄人都会倍感亲切,因为它让我们看到了我们的童年,想起了那时的欢乐。而我们无疑是幸运的,因为我们有了一部属于我们自己的《变形金刚》。

【网友评论】

LittleFishee:"人生原本是彩色的。对于每个人来说都一样。《沫寞》的色调也是彩色的。那么鲜亮,那么朝气蓬勃。那是校园中的彩色,那是一个 19 岁的花季少女身边的彩色,也是她心中的彩色。她的手中总是握着一台照相机,随时随地记录下她身边的彩色,和她心中的彩色。只是这相机后面的眼睛,无法体会到这鲜亮的色彩。沫寞天生色盲,她的眼中只有两种色彩——黑与白。白色是明亮的颜色,黑色是昏暗的颜色。沫寞的人生原本也该是如此,简简单单,非黑即白。沫寞也总是十分苦闷,为自己的孤单而苦闷。如果不是因为这该死的色盲,是不是早就应该告别单身了呢?那个打着篮球的帅哥,是不是早就应该注意到自己了呢?至少她不会拿起一支错误的圆珠笔,然后在帅哥面前落荒而逃。但沫寞拥有彩色的心灵,这让她走进了多彩的校园,在多彩的年代,继续自己多彩的人生。那台相机记录下来的,总是她心中的彩色。有的时候,相机里的故事由她自己演绎,她也演得丰富多彩。当她看着成双成对的同学们走在浪漫的校园小路上时,其中的一对却也来自她的帮助。她的心灵丰富多彩,就注定了她的人生绝不仅仅是黑与白的叠加。因为白马王子就在不远处,默默地看着她。王子并不帅,但她不会在乎。他会在公主的周围默默地关心着她,会记录下公主的一举一动;他会在雨天给公主送上干爽的球鞋,会陪着公主耐心地过马路。而最让沫寞感动的是,他知道她就是那个公主。人生,原本就是彩色的,对于每个人来说都一样,只要你的心中拥有一份纯真的色彩。"

管华冀:"仔细地看完了这个短片,其实觉得还是挺有意思的。在主题的表现上,《沫寞》似乎超出了当下大学生DV短剧对于爱情过于频繁的同质化表现。具体而言,爱情虽然贯穿短剧全篇,但显性的行为上的暧昧已被相对弱化,对人物细微的心理把握反倒成为该剧的一个亮点。观察别人异样时的调皮、暗中撮合情侣时的喜悦、自己形单影只时的无奈、颜色面前的彷徨,面对追求者时的满足……各个细节都较好地展现出了人物性格——少了一些做作,多了一些率真,当然也不乏一些淡淡的幽默。在情节的设计上,《沫寞》中两个孤独的摄影人的故事倒也能给人一些思考,这似乎与卞之琳先生在《断章》中表述的'你站在桥上看风景,看风景的人在楼上看你。明月装饰了你的窗子,你装饰了别人的梦。'那种意境有异曲同工之妙。我们总是习惯于去观察别人,并将其作为我们生活情趣的重要源泉。但当我们成为别人的观察对象时,这同样不啻为一种幸福的体验。造化弄人,苦苦寻找的幸福往往就在我们身边,我们的视而不见或许只是因为我们在心理上还不习惯成为被观察者。《沫寞》中音乐的运用和表现同样给我留下了深刻的印象。弱化同期声和后期配音,强调背景配乐,这不但减少了表演本身的难度,也适度掩盖了片子的部分瑕疵。可以看出,制作者在音乐的选择上是花了一番精力的,声话对位的感觉很强,给人一种流畅和谐的体验。褒扬之词显然是不宜多说的,不妨看看硬币的另一面吧。就节奏而言,《沫寞》在前半部分表现的还是不错的,但到了后面却有种仓促结束的感觉。坦白地说,从女主角发现男主角到两人成为情侣这一段发展得实在太快了,缺乏适当的铺垫,让人觉得匪夷所思。色盲的女主角在红绿灯面前彷徨及遇到危险再到被救这一段安排得似乎也不是很合情理——色盲者过马路依靠的只是观察交通信号灯吗?在镜头的处理上其实该片也可以做得更好,例如在女主角不断看见成双成对者后独自徘徊等较长的镜头中,景别的切换可以更加丰富,避免给人以单调的感觉。"

附录2　中国科大:我们DV,我们快乐

疑虑重重:理工院校为何偏爱DV

日前,中国科大人文与社会科学学院发起主办了首届数字影像研讨会,旨在搭建业内交流平台,共同探讨理工科院校校园DV文化现象。《大众DV》杂志、深圳电视台DV生活频道、中央电视台《发现之旅》栏目、栗宪庭电影基金会、云南大学东亚影视人类学研究所等相关单位均作为特邀代表参加了会议。2008年12月12日和13日,美丽的万佛湖畔展开了一场唇枪舌剑的激烈研讨。

"校友学子共聚一堂,感悟大学美好时光",2008年9月19日晚,中国科大校庆50周年前夕,"大学时代,DV重温"主题晚会在东区水上报告厅隆重举行。晚会于晚上6点40分开始,而不到6点全场就已座无虚席,6点半的时候场内已站满了观众,之后赶来的同学很多都未能挤进会场。

中国科大的校园DV活动何以从最初的班级团日发展到今天这样的辉煌业绩?五届校园DV大赛百余部多元题材的参赛作品,在全国大赛中频频获奖,尤其是前不久在第五届中国纪录片国际选片会上师生共包揽6项大奖?为何每年的校园奥斯卡盛典一呼百应?热情如此高涨?作为理工科名校的中国科学技术大学,为何如此热衷于DV?

带着这样的疑虑,我们来了解一下中国科大的校园DV发展历程。

揭秘：缘起偶然亦非偶然

然而，DV进入中国科大，却是一个很偶然的机会。

那是2002年10月的事情。作为科技传播与科技政策系0025班级支部申报的一项主题团日活动，首届校园DV短片策划大赛拉开了帷幕。在活动组织者最初的设想中，只是要面向全校的同学征集一个短片脚本，一个能够视觉化的创意，并没有奢望这些参赛的稿件最终能够拍摄出来。40多个手写的、打印的、风格各异的、不同格式的剧本，出自这些从未接触过影视制作的同学的创意，的确让人惊讶，不经意流露出的新奇和生疏，促使所有参赛者和组织者想要试上一试：究竟这些幻想中的情节拍摄出来会是怎样的效果？紧接着，参赛的同学们快速地学会了后期制作的软件，从校电视台借来了机器和设备，物色了群众演员，克服了各种困难，经过了近一个月的拍摄与制作，《天涯之路》《西红柿炒鸡蛋》等8部DV作品成片终于诞生了。

在公映晚会上，看着校园里的一幕幕熟悉的场景被搬上银幕，一个个身边的同学竟然摇身一变成了片中的演员，观众的反应异常热烈，掌声如雷，公映的礼堂充盈着惊喜的尖叫声。

人文与社会科学学院执行院长汤书昆教授当即公开表示："这样的活动很有意义，以后我们要投入更大的精力，为校园DV的发展提供更优越的条件。"DV创作逐渐走在了全国理工科高校的前列。因为从一开始定下的主旋律就是"我的DV，我的生活"！因而非常奇妙地在这所理工科名校里激发起了超乎寻常的自编、自导、自演、自制的热情。在百余部正式播映的DV片中，大部分是表达自己生活意趣的剧情片，创作性的追求十分鲜明，而且相当地谐趣化、浪漫化，一改往常中国科技大学学生严谨板正的印象。可以说我们的DV是科学生活的痕印，文学抒放的心怀，最终形成了非常好看的DV作品。

我们的DV大赛秉承着"有创意就要实现！有想法就来表达"的理念，鼓励同学们积极展现自己对视听艺术的努力追求，对社会生活的认真思考，对数字技术的不断挑战。校园DV作品类型丰富，取材多样，表达内容新颖独到，反映了中国科大在校学生的所思所想所感所悟。作品类别涵盖了剧情片、纪录片、实验片、电视散文、专题片、MTV、公益广告等多种类别。作品长度最短的只有30秒，最长的有近两个小时。剧组创作成员少则两三人，多的可达百余人。参赛作品数目逐年剧增，从第一届DV大赛的8部作品到第五届DV大赛的36部参赛作品。

揭秘:快速发展事出必然

接下来的几年里,DV这一新生事物在科大迅速蓬勃地发展起来了。

在中国科学技术大学校教务处素质教育平台的支持下,以科技传播与科技政策系牵头组织展开的校园DV活动得到了中国科大校党委宣传部、学生工作处、校团委以及中国科大校友总会杨亚校友基金的鼎力支持,活动关注度越来越高,师生参与热情日益高涨,每年11月份的校园DV颁奖典礼则是把校园DV活动推向了一个年度高潮。中国科大校园DV颁奖典礼阵容庞大,素来有"校园奥斯卡颁奖盛典"的美誉。在这个热情洋溢的晚上,中国科大校园大礼堂2000个座位座无虚席,掌声笑声不绝于耳。在2004年理工科大学校长艺术论坛以及2005年的本科教学评估工作中,来自全国各所高校的专家现场观看了我校学生DV公映晚会,并给予了一致好评。教育部艺术教育委员会副主任杨瑞敏也充分肯定了校园DV在理工科大学校园文化建设与人文素质教育方面的积极作用,对于中国科大在艺术教育方面取得的成绩给予了高度评价。

DV活动的开展,从选题策划、审核到详细拍摄文案形成,到剧组班子组成,拍摄实施及后期制作完成,再到专家评审会及反馈修改,到最后的公映播放,经过了层层的锤炼和反复的推敲,才得以展示给广大观众。整个过程为营造校园人文气氛、培养综合素质人才起到了积极的推动作用。

为了提高广大学生的文化艺术修养,促进校园DV的创作,学校还建设了数字文化教学实验中心以及校园DV拓展中心,建设了中国科大快乐DV频道的视频播放交流网站,设立校园DV大赛组委会常设机构,还举办了一系列DV制作知识的培训和讲座,开设了"数字影像制作"、"影视鉴赏与制作"等课程,开展校园DV大赛,邀请国内的相关专家来校与同学们交流,为校园DV的发展提供了肥沃的土壤,为校园DV的创作搭建了良好的软硬件平台。为了提升同学们的创作品位和创作水平,以校园DV大赛为依托,该中心多次邀请国内著名专家如:DV文化现象研究学者北京电影学院的教授刘军、《DV@时代》杂志社总编吕尚伟、中央台第一套《发现之旅》策划艺术总监廖烨、国际先锋影像艺术专家赵树林、著名剧作家徐晓斌、著名纪录片专家冷冶夫……多名学者前来讲学,与广大爱好者零距离交流,并主办了第二届国际影像艺术节(2003年3月)和第三届中国纪录片交流周(2006年4月)活动。在2007年中国科大第五届校园DV大赛获奖作品公映的同时,还牵头开展了全国理工科大学生DV影像展播活动,与兄弟院校一起交流分享DV带给大学校园的思考与快乐。在第三届中国纪录片交流周上,除了放映一年多来中国本土的最优秀的纪录片外,还有各种研讨、讲座等丰富活动。来自日本山形国际纪录片电影节、韩国釜山国际电影节、法国马赛国际纪录片电影节等著名电影机构的负责人和选片人以及中国优秀的纪录片作者吴文光、王兵、黄文海、鄢雨、季丹等导演均出席本次活动交流,著名的纪录片学者吕新雨、张同道、张献民等也前来参加各种研讨或进行讲座。这是中国纪录电影史上阵容最强大、层次最高的盛事之一。中国科大也多次派代表外出交流,参与了北京大学生电影节、安徽电视台DV研讨会等交流活动。

时任中国科学技术大学校长的朱清时院士认为:"大学生在培养高尚道德情操和创新能力的同时,也应学会生活,懂得欣赏生活。DV大赛对营造学校的人文气氛、提高同学们的综合素质起了很大的推动作用,衷心地欢迎同学们参与其中,展现自己的生活,展示自己的才华。"

成果与快乐共存

中国科大的校园DV活动不仅在学校里得到广大师生的积极响应和参与,也在全国的各类DV赛事中频频获奖。

最初是第二届大赛作品《隔离》获得了北京大学生电影节的优秀作品奖,第三届DV大赛作品《流人寝室史》获得了北京大学生电影节第六届录像短片大赛业余组剧情片优胜奖,这是该电影节的最高奖项之一。在教育部主办的第二届中国大学生暑期在线影像大赛中,中国科大的DV作品《流人寝室史》《循环》获得了全国前六名的好成绩。

最近的一次获奖是在2008年11月25日至12月2日,由国家广播电影电视总局中国广播电视协会、文化部中外文化交流中心、中央电视台等单位主办,中国广播电视协会纪录片工作委员会、广东省中山市广播电视台承办的"中国·中山第二届国际环保纪录片周暨第五届中国纪录片国际选片会"在广东省中山市举行,来自世界各地的1400余部纪录片参与各个奖项的角逐,我校师生共获6个奖项。此次中国纪录片国际选片会DV类的参赛作品达到500部以上。中国科大校园DV拓展中心暨校园DV大赛组委会选送了32部作品参评,其中有4部作品分别获金银铜奖:材料科学与工程系金秋野等同学创作的DV作品《一室之鼠》获得了该届中国纪录片国际选片会DV类节目金牌奖,电子科学与工程系焦建兵等同学创作的《暑假,我们在秦岭》和物理系王昉等同学创作的《我是女生》获得了银牌奖,材料科学与工程系李欣益等同学创作的《军歌嘹亮》获得了铜牌奖。

DV创作活动有助于营造校园人文气氛,繁荣校园文化。同时作为视觉资料,它的传播也成了社会大众了解认知中国科大校园文化的一个风景靓丽的窗口。中国科大的校园DV已成为一种极具特色的校园文化并受到了社会的广泛关注,中央电视台、安徽电视台、合肥电视台的多家媒体都对中国科大的校园DV活动进行了采访和报道。校园DV大赛在中央电视台《当代教育》栏目、安徽经济卫视《第一时间》栏目、《中国教育报》、《安徽日报》、《新安晚报》、《DV@时代》、《大众DV》杂志等众多大众媒体上都有过相关报道。

经过多年的积累和沉淀,中国科学技术大学DV活动与成果的结晶——《我的DV,我的生活——中国科学技术大学DV作品集》图书及《中国科学技术大学DV精品全集(2002~2008)》DVD音像资料现已再版,与广大师生校友及社会人士再次会面。

尾声:我们DV,我们快乐!

在首届数字影像研讨会上,业内专家们纷纷对校园DV发表评论,虽然质量和水准业余,未完全迎合DV数字平民影像叙述方式的主流风格,但在高校尤其是理工科校园内,有其存在的必然性和核心价值。一方面,它让渴求人文关怀的理工学子得以表达内心世界并创造了共享平台,在校园内得到广泛共鸣。这是一种内心最真的渴求,我们不必去要求他们的作品一定要具有怎样的专业水准,也无论他们诉说的故事是否在关注着社会的各个角落,他们表达着自己,体验着一种全新的尝试,并且从中得到快乐,这就已经很足够了。另一方面,作为教育者,学校相关部门发现了DV的价值,并且为学子们创造了良好的平台,这也体现出一种教育者的责任和气魄。

在活动不断开展的同时,同学们的参与热情也日渐高涨,他们纷纷拿起数字摄像机,拍下自己身边的生活,参赛选手们自发成立剧组,自编自导自摄自演自剪,一切都是自己动手DIY,尝试着创作的欣喜与快乐。我的DV,我的生活!我们DV,我们快乐!

更多详情请点击中国科大"快乐DV频道":http://dv.ustc.edu.cn。

附录3 影像的窗户:DV 传播与大学形象塑造

在视觉文化背景下,数字技术的普及应用、DV 的个性化创作属性以及高校独特的教育环境,共同催生了大学生积极创作与传播 DV 的文化现象。DV 从大学理念、大学行为、大学视觉等方面有效承载着大学形象的社会传播,优势异常鲜明,同时也是一把双刃剑。高校管理者应重视并积极引导 DV 的选题与扶持 DV 创作,让 DV 在网络环境下更好地传播,从而服务于大学的社会形象塑造。

大学形象是大学客观状况的综合反映。所谓大学形象,是大学与社会公众(包括大学的师生员工)通过传播媒介或其他接触过程中形成的,社会公众对于某所大学的整体认知、印象和评价。大学形象是一个大学办得成功与否的重要标志之一。[1] 而大学形象塑造是提高大学知名度、美誉度,增强其内部凝聚力和组织的社会竞争力的有效方法。DV 在大学形象传播的过程中,由在校大学生作为传播主体,通过个人或团体原创的 DV 影像作品加上网络上易于流通分享的传播渠道,面向同龄青年群体向下辐射到中学生、向上辐射到刚入职人群及毕业校友等,在影像的流通中带动大学形象的宣传和社会塑造。DV 影像作为一扇透视大学形象的窗户,已成为高校管理者不可忽视的传播力量。

一、大学 DV 文化盛行的主导因素分析

DV 的出现,打破了已往摄像制作权只掌握在少数一部分专业人员手中的垄断局面,让过去站在圈外的普通人也能展现自我。另一方面,大量涌现的 DV 玩家也并非个个都是艺术天才,很多人抱着卡拉 OK 的心态,自娱自乐创作 DV 作品。大多数 DV 人对现实生活有着很多的思考和想法,用热情和真诚创作着生活,创作

---

[1] 马志强.论大学形象的内涵:兼谈大学的人文精神[J].浙江传媒学院学报,2007(4):56-58.

着独有的 DV 文化。① DV 文化因其非主流的特征，被形象地称为"草根"文化。

　　高校学生用 DV 创作的现象在最近十年发展迅速，从最初的《清华夜话》首次以非官方影像的形式展示了清华大学学生的真实生活状态及形象特征，接着全国高校的大学生纷纷用 DV 来进行表达，国内的各类大学生 DV 影像大赛如北京大学生电影节、教育部高校影像大赛、四川金熊猫电影节大学生影像单元、国际民间影像节大学生 DV 单元、上海大学生电影节等，赛事层出不穷，各个高校也纷纷拉开了 DV 影像创作活动的大幕，甚至以各高校为主办方开始辐射到周边地区乃至邀请全国兄弟院校参与，彰显着大学生独特的个性与青春激情。北京大学团委早在 2005 年展开的"北京大学青年流行文化与大学生思想政治教育"调研中，六类原创文艺：原创歌曲、文学作品、原创动漫、校园 DV、舞台剧、曲艺作品"哪种原创文艺样式的影响更大"，结果校园 DV 占 41.5%，DV 成为了继文学作品之后最受欢迎的原创文艺形式②，这一数据在最近几年比重还要大幅提升。高校学子热衷 DV 的现象绝非偶然，究其原因，可从以下几个方面分析：

1. 视觉文化时代为 DV 提供生存环境

　　校园 DV 作为影像表征为主导的媒介文化，印证了本雅明以图像或影像传递信息、解释世界的方式将成为主流，"当代文化正在变成一种视觉文化"（丹尼尔·贝尔）和"世界被把握为图像"（海德格尔）等理论。因此，DV 文化的诞生符合了当前文化转型时代潮流，得到了新闻媒体关注、企业公司援助、社会各界追捧，网络上各类搞笑视频、家庭录影片段不断让人捧腹，相对于传统的文字和图片，影像显然更具解读优势和传播优势。视觉文化时代成就了全民影像的可能性。

　　在视觉文化背景下，越来越多的毕业生在离校之际有了一个新的需求：拍摄母校的纪念视频，将那熟悉的声音，那一草一木一人一事用数字摄像机记录下来，或与他人分享或日后独自品味。西安交通大学 DV 作品《我的黄金时代》的创作诱因，即为纪念作者美好的大学生活。据调研，大学生创作的 DV 的动因中，纪念大学时代的生活是重要的创作因素。

2. 技术普及应用为 DV 创作带来全新机遇

　　DV 是由多家著名家电巨头联合制定的一种数码格式。从世界上第一台数字

---

① 张健康. DV 传播：自由及其批判[J]. 中国传媒报告，2003(3).
② 张少兰. 论校园 DV 发展趋势对大学生思想政治教育的启示[J]. 电影评介，2007(15)：11-12.

摄像机诞生到现在的 19 年当中,存储介质从 Mini DV 带到超大硬盘,总像素从 80 万到 400 万,影像质量从普通 DV 到高清 HDV,具备夜间拍摄、光学变焦、光学防抖、投影机等多种功能,数字摄像机的技术本身发生着巨大的变化,摄像机体积越来越便携,功能越来越强大,价格日趋低廉,方便随时随地进行拍摄创作。如今,电脑、手机在高校大学生中的覆盖率几乎为 100%,拥有数码相机的大学生人群在不断扩大,拥有或者易于接触到 DV 的大学生人数也在日趋增加。

3. 个性化表达诉求为 DV 提供丰富资源

在校大学生拥有青春、梦想与激情,能主动支配的时间宽裕,这为创作个性化的 DV 作品提供了丰富的资源条件。学子们或独自一人或组成小团队集体创作,自编自导自拍自演,用简单的家用数字摄像机加 PC 机进行后期处理,就可完成全部的工作。他们使用喜爱的流行音乐和美学手法,有时模仿影视剧而又体现自己独特的思维与个性。DV 创作呈现出的审美取向为中国传统美学思想和西方现代思潮的多元共生。最 in 网络的语言、最潮的原创词汇、周星驰的无厘头、侯孝贤的长镜头、王家卫的语言、贾樟柯的纪实、胡戈的恶搞等构成了异彩纷呈的影像表达。中国科大的 MTV《梦想的舞台》甚至是原创歌曲及原创音乐。中国科大版《无间道》反映中国科大学子为出国求学而作出的不懈努力,女生宿舍剧《9520》在创意上有宫廷剧《金枝欲孽》的痕迹,反映同一个宿舍的女生为赢得爱情而煞费心机。各个大学开展的 DV 活动主题如"我的 DV,我的生活"、"我的 DV,我做主"、"青春梦想"、"青春的力量"等,涵盖高校学子在学习、生活、校内外社会实践工作、择业、恋爱等方面的个人思想的细微变化。

4. 大学环境为 DV 的创作与传播提供有效保障

影视教育已经成为通识教育中的重要组成部分,引起一些高校教育和管理者的重视。各个高校以 DV 传播作为校园文化的主题活动纷纷投入相关资源,如清华大学校园 DV 文化节、华南理工大学赫尔墨斯文化节 DV 短片大赛等,为青年大学生 DV 创作提供了较好的条件与保障。中国科大以校园 DV 拓展中心组织和带动校园 DV 创作,成为校园文化建设的精品项目,并开始尝试把 DV 宣传片纳入 DV 大赛的创作单元,依托 DV 作为视觉资料易于流动传播、易于被感性认知的特性,创作一批宣传片、故事片、纪录片、MTV、动画、flash 等多种形态的中国科大 DV 作品,建立"中国科大快乐 DV 频道"网站,通过网络推广、招生宣传、校际交流等手段,从而带动社会大众对于大学品牌形象的认知与认同度的提升。

二、大学形象塑造，DV 传播优势鲜明

大学精神和大学文化，是大学形象的核心。① 大学形象对大学的生存和发展具有越来越重要的作用。借鉴企业形象理论，可以把大学形象划分为三个结构层次：(1) 大学理念形象。由办学理念、校训、校风、长远发展目标等大学文化的精神要素构成的大学形象子系统。(2) 大学行为形象。这是由学校的管理体制、运行机制、制度体系以及师生员工的群体和个体行为规范等要素构成的形象子系统。(3) 大学视觉形象。则是由学校的标识、办学硬件条件、校园风貌等构成的大学形象子系统，包括校名、校色、校标、校徽、校歌、设备设施、建筑、自然环境等。② DV恰好可以从大学理念、大学行为、大学视觉这三个方面承载大学形象的社会传播，从以下几个方面可以得以印证：

1. DV 作为一种视觉影像载体，易于承载大学视觉形象

由大学生创作的影像取材和拍摄地大多在校园内，大学的校门、校名、标志性建筑、自然环境、学校标识等大学视觉形象系统不可避免地在镜头叙事的过程中穿插体现，宿舍、实验室、自习室、食堂等内部环境的硬件条件作为拍摄的场景也得以展示。DV 影像对于展现学校的硬件环境具有较为突出的作用。一些美学素养较高、摄影功底较好的大学生甚至可以把平时不起眼的校园角落拍出很唯美的感觉。《西红柿炒鸡蛋》剧中两分钟雨中校园的镜头伴随着轻柔的音乐，结合煽情到落泪的故事情节，简直就是一部科大风光 MTV，让观众留下深刻的印象，乃至该片公映后一段时间，有一些科大女生逢人便问你有没有看过《西红柿炒鸡蛋》。科大第二教学楼背后，不常光顾的一条林荫道和特征并不鲜明的湖面，成了科幻 DV 剧《第七日》的主要叙事地，竟可以如梦境般美丽，乃至于孕育出美妙的爱情故事。正如葛优和舒淇版的《非诚勿扰》成就了北海道爱情之旅一样，很多著名电影的拍摄地都因电影中的美化效果吸引了大批的游客不远千里来观光，富有美感的 DV 作品亦可以用独特的画面展现校园的视觉形象，从而给观者留下深刻印象。

2. DV 作为一种文化形态，可展现独特的大学文化及精神特征

科大人勤奋学习，不要命的上科大；科大人红专并进，坚持以学术为本。这在

---

① 杨寅平. 现代大学理念构建[M]. 北京：中央编译出版社，2005.
② 吴剑平，高炜红. 我国大学形象战略论纲[J]. 清华大学教育研究，2009(8)：54-58.

科大原创 DV 中很容易找到这些文化精神特征。

在《天涯之路》中，USTC 被解读为科大人尽皆知的 United States Training Center(美国训练集中营)，背景为科大的出国率乃全国之最，高达 30% 以上，且主要为赴美国深造。科大 DV 剧中的爱情故事，多在男主人公臆想的情节中邂逅，而在真实的故事里依然单身，背景为中国科大作为一所以理工科见长的研究型大学，男女比例高达 7∶1，成功追求到女生的男生可谓人中之龙，而其他男生从不放弃对于爱情的幻想，也就多了一份幻想式的 DV 创作热情。在科大机器人足球屡屡摘得世界冠军的背景下，创作出《我的机器人室友》也就不足为奇了。在《隔离》中，主人公大一读《广义相对论》，觉得太深奥了，大二开始读武侠小说如《天涯·明月·刀》，大三时觉得那些简单的书把生活描写得太简单了，于是试着用另一种眼光解读生活，开始读《老子》，直至完全思维混乱，大四的时候开始他的《等待戈多》，就像剧本中的两个流浪汉在夕阳下等待着一样。戈多是谁？没人知道，等待是彷徨的青春追梦状态，也许这也是不少科大学子思想成长的轨迹写照。在《流人寝室史》中，江卓尔用六度空间理论为室友找到了回家过节的女友的家庭号码，因为理论上世界上任何两个人之间都可以通过六个人建立起联系。这是如科大这般的理工科院校学生的绝对理工式思维才能构思出来的巧妙剧情。

3. DV 的记录特性和创作条件受限，促成 DV 影像具有一定的可信度

DV 是观察生活的眼睛，是记录生活的一支笔。大学生创作 DV 的灵感，来源于对真实生活的体验和感悟。用有限的硬件条件来拍摄创作，拍摄的天气不可改变，拍摄场地不能搬进影棚，展示的是真真切切的校园环境，而声音多为简单的现场同期声。在剧情上，把无巧不成书的诸多巧合编制在一起，但大多取材于身边真实的生活故事。DV 中的表演也多是同学们平时生活中形象的本色表演。在后期制作上，他们并不娴熟的后期功底决定了最常用的仅是简单的素材剪辑、添加字幕、音效调整等功能。网络上很多流行的 DV 片段其实就是真实镜头的抓拍，如一秒千金的珍贵镜头《9·11 事件》，DV 的便捷性成就了 DV 的记录属性。DV 的有限创作条件决定了很多镜头是无法拍摄或者无法后期合成的，只能在真实的基础上做文章。可能的抓拍以及在真实环境下的摆拍，构成了 DV 拍摄的主要特征。电影再完美，你尽可以大胆怀疑；DV 再离谱，有理由相信部分的真实性。

4. DV 传播的受众与大学形象宣传的重点人群基本吻合

大学通过开展形象宣传工作可以提升社会认同度。大学形象宣传的对象分为中学生及其家长、高校师生、毕业校友、合作或潜在合作者及其他关注高等教育的

人士、普通社会大众。DV作为电影的子分类，以网络传播为主要传播渠道，其受众主要是青年大学生，并以同龄青年群体向下辐射到中学生、向上辐射到刚入职人群、毕业校友以及高校教师等，在校大学生毕业或就职不久之后，又可返校深造成为研究生群体。因此，DV的传播受众吻合了大学形象宣传的受众对象，通过DV来传播大学形象，乃有效传播之载体。DV的受众人群虽然数量有一定局限性，但其传播效果不容忽视。

《隔离》的公映，科大学生看着非常开心地笑了，兄弟院校的学生看了笑了，科大的老师们也笑了，可是电视台某评委看了以后愣是没笑，憋了半天提出来一个问题："没有光，虫子不会自己爬到盘子里，这句台词中盘子和虫子有什么特别的含义吗？"高校的食堂餐盘屡屡发现虫子，此等小事何足挂齿？这算轻的了！如此等等，大学生原创DV中的冷幽默和大学文化背景，只有局中人方可体悟，这与官方和主流的影视作品是有显著区别的。此老先生事后大发感慨，洋洋洒洒创作了《盘子，虫子和野餐》的长篇影评，感叹科大的DV闪耀着理性的光芒，很美，这场群英会给了自己一次营养丰富、大开眼界的野餐。

5. 网络传播环境下，DV影像无孔不入

在互联网上，每个人都是媒体发布者同时又是受众。网络环境为DV影像传播提供开放式交流阵地。在互联网上，有着丰富的DV传播平台资源，从最早的"三杯水DV文化网"到优酷视频、土豆视频，各个门户网站纷纷开辟DV板块如新浪DV、网易视频等，在线即时点播高清电影视频的技术瓶颈攻克之后，DV的上传、在线点播与下载交流所向披靡，甚至在个人微博上可随时发布与转载DV作品。各大搜索引擎也相继升级，从最早的文字搜索，到图片搜索再到现在的直接搜索视频资源。影像，已经嫣然成为了文字、图像的并列词，借助网络之翼，带领社会大众大踏步跨入了全新的影像时代。

三、结束语：大学形象塑造，不可忽视的DV传播

DV的传播优势如此鲜明，若不加以规范和引导，就像其他任何媒介一样，随时可能成为一把双刃剑。大学生不应该只在影像文化中一味庸俗恶搞，或出于猎奇心理将镜头对准敏感的灰色边缘地带。网络上著名的大学生DV影像作品《完美动物》所展示的格调，似乎是一群放浪形骸的大学生的灰色生活空间。若无其他代表性DV作品展示该校的正面形象作为补充矫正，则社会大众对于该校的学风

难免产生一丝质疑。若校方不加以正面引导与支持,仅靠学生自娱自乐任意发挥,再加上网络的放大传播效应,这对于大学的社会形象塑造来说,损失不可低估。

DV创作可以很草根,完全由学生独立自主创作,更可以合理规范和疏导。耶鲁大学校方动员校内各专业背景的学生联合创作的宣传片《我为什么选择耶鲁》,为耶鲁的大学形象增色不少。校方在恰当的机制下可对于DV的选题进行筛选与引导,一方面展示优美的环境艺术和大学生活状态,另一方面,反映崇尚学术的优良学风、催人进取的大学精神以及健康向上的大学文化。同时,对于DV创作的软硬件资源给予扶持,有策划有重点地将具有文化代表性的本色DV作品在网络上加以推广传播,那么,大学生DV创作必然会兼顾高校的社会形象与主流价值判断,从而服务于大学的形象塑造,形成一股有益于大学形象传播的力量。

影像的窗户已打开,愿高校DV在阳光下、在春风里,快乐健康地成长。